Yumizhongzhi

职业技能培训鉴定教材

农艺工——玉米种植

(初级 中级 高级)

主　编　王友德

编　者　董志新　陈树宾
　　　　段震宇　桑志勤

审　稿　唐晓东

中国劳动社会保障出版社

图书在版编目(CIP)数据

农艺工——玉米种植：初级 中级 高级/人力资源和社会保障部教材办公室，新疆生产建设兵团劳动和社会保障局，新疆生产建设兵团农业局组织编写. —北京：中国劳动社会保障出版社，2011
职业技能培训鉴定教材
ISBN 978-7-5045-8823-4

Ⅰ.①农… Ⅱ.①人…②新…③新… Ⅲ.①农业技术-职业技能鉴定-教材②玉米-栽培-职业技能鉴定-教材 Ⅳ.①S②S513

中国版本图书馆 CIP 数据核字(2011)第 021923 号

中国劳动社会保障出版社出版发行
(北京市惠新东街1号 邮政编码：100029)
出 版 人：张梦欣

*

三河市华骏印务包装有限公司印刷装订 新华书店经销
787毫米×960毫米 16开本 20.75印张 401千字
2011年2月第1版 2022年1月第8次印刷
定价：47.00元

读者服务部电话：(010)64929211/84209101/64921644
营销中心电话：(010)64962347
出版社网址：http://www.class.com.cn

版权专有 侵权必究

如有印装差错，请与本社联系调换：(010)81211666
我社将与版权执法机关配合，大力打击盗印、销售和使用盗版图书活动，敬请广大读者协助举报，经查实将给予举报者奖励。
举报电话：(010)64954652

教材编审委员会

主　　任　李勇先（新疆生产建设兵团副秘书长、农业局局长）
副主任　　曲德林（新疆生产建设兵团劳动和社会保障局副局长）
　　　　　彭玉兰（新疆生产建设兵团劳动和社会保障局副局长）
　　　　　刘景德（新疆生产建设兵团农业局副局长）
　　　　　苗启华（新疆生产建设兵团农业局总畜牧师）
委　　员　多　林（新疆生产建设兵团劳动和社会保障局就业培训
　　　　　　　　　处处长）
　　　　　杜之虎（新疆生产建设兵团农业局种植业管理处处长）
　　　　　黄国林（新疆生产建设兵团职业技能鉴定中心主任）
　　　　　丁卫东（新疆生产建设兵团农业局乡镇企业产业指导
　　　　　　　　　处处长）
　　　　　张利淇（新疆生产建设兵团农业局园艺处副处长）
　　　　　宋安星（新疆生产建设兵团职业技能鉴定中心副主任）
　　　　　李宏健（新疆生产建设兵团兽医总站畜牧科科长）
　　　　　尤满仓（原新疆生产建设兵团农业局处长）

教材编审委员会办公室

主　　任　多　林
副主任　　杜之虎　黄国林
成　　员　宋安星　冉　颢　尤满仓　陈纪顺　李晓梅　唐晓东

内容简介

本教材以《国家职业标准·农艺工》为依据,结合新疆生产建设兵团玉米种植实际经验编写。教材在编写过程中紧紧围绕"以企业需求为导向,以职业能力为核心"的理念,力求突出职业技能培训特色,满足职业技能培训与鉴定考核的需要。

本教材按职业等级分为初级、中级、高级三个部分,详细介绍了玉米种植的最新实用知识和技术。全书主要内容包括:玉米基础知识,玉米的播前准备,播种及播后管理,施肥与灌溉,玉米病虫草害,收获与储藏,玉米栽培基础,播种及苗后管理,施肥,灌溉,调控,病虫草害的防治,机械收获和防灾减灾,玉米的光合作用与产量的形成,玉米空秆、秃顶、缺粒的原因及预防措施,肥水管理与调控技术,田间试验与农业技术推广,玉米育种及良种繁育,植物保护及病虫草害防治,玉米防灾减灾技术。每一单元后安排了单元测试题,供读者巩固、检验学习效果时参考使用。

本教材是初级、中级、高级玉米种植操作人员职业技能培训与鉴定考核用书,也可供相关人员参加就业培训、在职培训、岗位培训使用。

前　言

　　为满足各级培训、鉴定部门和广大劳动者的需要，人力资源和社会保障部教材办公室、中国劳动社会保障出版社在总结以往教材编写经验的基础上，联合新疆生产建设兵团劳动和社会保障局、兵团农业局和兵团职业技能鉴定中心，依据国家职业标准和企业对各类技能人才的需求，研发了农业类系列职业技能培训鉴定教材，涉及农艺工、果树工、蔬菜工、牧草工、农作物植保员、家畜饲养工、家禽饲养工、农机修理工、拖拉机驾驶员、联合收割机驾驶员、白酒酿造工、乳品检验员、沼气生产工、制油工、制粉工等职业和工种。新教材除了满足地方、行业、产业需求外，也具有全国通用性。这套教材力求体现以下主要特点：

　　在编写原则上，突出以职业能力为核心。教材编写贯穿"以职业标准为依据，以企业需求为导向，以职业能力为核心"的理念，依据国家职业标准，结合企业实际，反映岗位需求，突出新知识、新技术、新工艺、新方法，注重职业能力培养。凡是职业岗位工作中要求掌握的知识和技能，均作详细介绍。

　　在使用功能上，注重服务于培训和鉴定。根据职业发展的实际情况和培训需求，教材力求体现职业培训的规律，反映职业技能鉴定考核的基本要求，满足培训对象参加各级各类鉴定考试的需要。

　　在编写模式上，采用分级模块化编写。纵向上，教材按照国家职业资格等级编写，各等级合理衔接、步步提升，为技能人才培养搭建科学的阶梯型培训架构。横向上，教材按照职业功能分模块展开，安排足量、适用的内容，贴近生产实际，贴近培训对象需要，贴近市场需求。

　　在内容安排上，增强教材的可读性。为便于培训、鉴定部门在有限的时间内把最重要的知识和技能传授给培训对象，同时也便于培训对象迅速抓住重点，提高学习效率，在教材中精心设置了"培训目标"等栏目，以提示应该达到的目标，需要掌握的重点、难点、鉴定点和有关的扩展知识。另外，每个学习单元后安排了单元测试题，方便培训对象及时巩固、检验学习效果。

本系列教材在编写过程中得到新疆生产建设兵团劳动和社会保障局、兵团农业局和兵团职业技能鉴定中心的大力支持和热情帮助，在此一并致以诚挚的谢意。

编写教材有相当的难度，是一项探索性工作。由于时间仓促，不足之处在所难免，恳切希望各使用单位和个人对教材提出宝贵意见，以便修订时加以完善。

人力资源和社会保障部教材办公室

目 录

第一部分 农艺工——玉米种植（初级）

第1单元 玉米基础知识/3—16
第一节 玉米在农业生产中的地位/4
第二节 玉米的分类/7
第三节 玉米的生物学特性/11
第四节 玉米的栽培常识/14
单元测试题/16

第2单元 玉米的播前准备/17—24
第一节 土地准备/18
第二节 种子准备/19
第三节 农机具准备/21
第四节 物资准备/22
单元测试题/24

第3单元 播种及播后管理/25—34
第一节 播种期的确定/26
第二节 播种技术/27
第三节 播种质量的要求/29
第四节 播后管理/31
单元测试题/34

第4单元 施肥与灌溉/35—52

第一节 土壤及肥料使用/36
第二节 施肥技术/44
第三节 玉米生长对水分的要求/47
第四节 灌溉技术/49
单元测试题/51

第5单元 玉米病虫草害/53—72

第一节 玉米主要病虫草害识别/54
第二节 农药安全使用常识/68
单元测试题/72

第6单元 收获与储藏/73—82

第一节 收获/74
第二节 储藏/77
单元测试题/82

第二部分 农艺工——玉米种植（中级）

第7单元 玉米栽培基础/85—115

第一节 玉米生产现状/86
第二节 特用玉米生产及发展前景/94
第三节 玉米的形态特征与器官构成/101
第四节 玉米栽培技术要点/110
单元测试题/115

第8单元 播种及苗后管理/116—127

第一节 确保"五苗"措施/117
第二节 培育壮苗/124
单元测试题/127

第9单元　施肥/128—161

第一节　玉米的需肥特点/129
第二节　土壤供肥特点/131
第三节　化肥的合理施用/140
第四节　测土配方施肥/152
单元测试题/161

第10单元　灌溉/162—168

第一节　玉米的需水规律/163
第二节　干旱与涝害诊断/167
单元测试题/168

第11单元　调控/169—176

第一节　调控基础/170
第二节　调控方式/172
单元测试题/176

第12单元　病虫草害的防治/177—191

第一节　玉米病害的综合防治/178
第二节　玉米虫害的综合防治/182
第三节　玉米地杂草的防治/186
单元测试题/191

第13单元　机械收获和防灾减灾/192—200

第一节　玉米机械收获/193
第二节　危害玉米的自然灾害与预防/197
单元测试题/200

第三部分 农艺工——玉米种植（高级）

第14单元 玉米的光合作用与产量的形成/203—215
第一节 玉米的光能利用与群体结构/204
第二节 玉米产量的形成/208
第三节 新疆玉米吨粮田的发展/211
单元测试题/215

第15单元 玉米空秆、秃顶、缺粒的原因及预防措施/216—223
第一节 玉米空秆、秃顶、缺粒的原因/217
第二节 玉米空秆、秃顶、缺粒的预防措施/221
单元测试题/223

第16单元 肥水管理与调控技术/224—236
第一节 玉米栽培中肥水管理的原则/225
第二节 玉米综合调控技术/233
单元测试题/236

第17单元 田间试验与农业技术推广/237—262
第一节 田间试验和生物统计基础/238
第二节 农业技术推广应用/255
单元测试题/262

第18单元 玉米育种及良种繁育/263—281
第一节 玉米育种目标的确定/264
第二节 玉米自交系的选育/268
第三节 玉米杂交种的选育/272
第四节 玉米良种繁育/275
单元测试题/281

第19单元 植物保护及病虫草害防治/282—307

第一节 植物保护的基本知识/283
第二节 植物病理的专业知识/286
第三节 农业昆虫的专业知识/294
第四节 玉米有害生物及其预防措施/302
第五节 化学防治及其农药使用技术/304
单元测试题/307

第20单元 玉米防灾减灾技术/308—319

第一节 玉米生产中发生的灾害类型/309
第二节 玉米主要气象灾害及减灾对策/312
第三节 新疆干旱地区玉米生产流域规划
　　　 问题分析/316
单元测试题/319

第四章 入侵植物风险评估与检疫管理 /288-308

第一节 植物入侵的本底状况 /288
第二节 植物检疫的发展现状 /288
第三节 本地区植物检疫现状 /294
第四节 主要有害生物的具体防治措施 /302
第五节 生态防治及其系列国用技术 /304
[单元测试题] /307

第五章 主要气象灾害成因及对策 /309-316

第一节 主要生物地质灾害成因 /309
第二节 主要生态气象灾害成因及对策 /312
第三节 湖南主要地区主要生态气候减灾
   的综合对策 /316
[单元测试题] /315

第一部分 农艺工——玉米种植（初级）

第1单元

玉米基础知识

- 第一节 玉米在农业生产中的地位 /4
- 第二节 玉米的分类 /7
- 第三节 玉米的生物学特性 /11
- 第四节 玉米的栽培常识 /14

第一节 玉米在农业生产中的地位

→ 了解玉米在农业生产中的地位
→ 理解玉米的分布与栽培特点

一、玉米生产的重要意义

1. 玉米是重要的粮饲作物，是发展畜牧业的优质饲料

玉米营养丰富，适应性广，产量高，既是人类的重要粮食，也是公认的"饲料之王"。目前，我国玉米播种面积和总产量均占粮食作物第一位，60%~70%玉米作为饲料。发展玉米生产对保证国家粮食安全、改善人民生活、促进畜牧业发展有重要意义。

2. 玉米是发展食品工业的主要原料

玉米子粒中含有丰富的淀粉、蛋白质、脂肪、糖分、维生素、胡萝卜素、纤维素以及矿质元素等营养成分。近年来，一些以玉米为主要原料的食品加工业正在兴起。用玉米初级产品经深加工制成的玉米膨化食品、玉米片、方便粥、烤饼、饼干、罐头等产品受到消费者青睐，市场前景广阔。

3. 玉米是重要的工业原料

以玉米子粒和副产品为原料加工的工业产品已经达到3 000多种。玉米子粒中的淀粉含量达70%以上，以玉米为原料生产淀粉，可得到化学成分最佳、成本最低的产品，广泛用于造纸、食品、纺织、医药、化工等行业。以玉米淀粉为原料生产的燃料乙醇是一种清洁的"绿色"燃料。

4. 玉米在合理轮作中的作用

玉米具有适应性广、种植制度灵活等特点，有利于合理轮作，提高复种指数，增加土地利用效率。同时，玉米根深叶茂，生物产量高，秸秆还田后，有利于耕层形成团粒结构，可增加土壤有机质和养分含量，改善土壤物理性状，提高土壤生物活性。

二、玉米生产概况

1. 种植面积与产量

玉米在我国国民经济中占有重要的地位。其主要分布于东北地区、黄淮海地区、南方丘陵地区以及西北和西南广大地区，是我国主要粮食作物之一。新中国成立以来，我国玉米生产取得了令世人瞩目的成就，播种面积由1949年的1 106.6万hm²扩大到2009年播种面积3 118.3万hm²，总产量由1 175万t增加到16 397.4万t，其播种面积和总产量在粮食作物中均占第一位。在世界上，我国玉米播种面积和产量都仅次于美国，名列第二。自20世纪70年代起，随着玉米杂交种的使用和栽培技术的不断提高，玉米已成为我国粮食产量增长最快的农作物，为我国的粮食增长作出了贡献。

2. 玉米的分布与栽培特点

我国幅员辽阔，玉米的分布较广，东自台湾和沿海各省，西至新疆及青藏高原，南自北纬18°的海南岛，北至北纬53°黑龙江省的黑河都有栽培。但主要集中分布在东北、华北和西南山区，大致形成一个从东北向西南的斜长形地带。在这一地带内包括内蒙古、黑龙江、吉林、辽宁、河北、山东、河南、山西、陕西、四川、贵州、广西壮族自治区和云南13个省（区），其播种面积占全国玉米总播种面积的80%以上。

（1）北方春播玉米区。本区大部分位于北纬40°以北，包括黑龙江、吉林、辽宁全省，内蒙古、宁夏全区，河北、陕西两省的北部，山西省的大部分和甘肃省的一部分地区。这是我国玉米的主要产区之一，约占全国玉米播种面积的27%。

本区属寒温带或半湿润气候，无霜期较短，冬季温度低，夏季平均气温在20℃以上。全年平均降水量在500 mm以上，且降水量的60%集中在夏季，可以满足玉米抽雄灌浆期对水分的需求。但春季蒸发量较大，容易发生干旱。本区玉米生长期间雨水条件充沛，温度适宜，日光充足，构成了玉米高产稳收的自然因素。

本地区玉米栽培制度上基本为春播一年一熟制。以玉米单种，玉米、大豆间混作为主要栽培方式。只有南部部分地区有向一年两熟制发展的趋势。

（2）黄淮海平原夏播玉米区。这个地区处于淮河秦岭以北，包括河南、山东两省，河北省中南部、陕西省南部，江苏、安徽省北部。这个地区是我国最大的玉米产区，约占全国玉米播种面积的40%。该区的气候条件属于温带半湿润气候，除个别高山地区外，每年4—10月的日平均气温都在15℃以上。年降水量500~600 mm，日照时数多数地区都在2 000 h以上。因为这个地区温度较高，无霜期较长，日照、降水量也比较充足，因此，这个地区是栽培玉米的最适宜区。

在栽培制度上，这个地区有两种栽培方式：

1）一年两熟制。冬小麦收获后，播夏玉米。采用这种栽培方式的主要有山东、河南、河北省南部和陕西中部地区。

2）两年三熟制。春玉米——冬小麦——夏玉米。这主要是在北京、保定附近，由于气温较低，冬小麦播种期较早，所以多采用这种方式。

（3）西南山地玉米区。这个地区主要包括四川、云南、贵州全省，湖北、湖南两省的西部、陕西省的南部、甘肃省的一小部分。这个地区是我国主要玉米产区之一，约占全国玉米播种总面积的25%。

该区的气候条件是亚热带、温带的湿润半湿润气候。因为各地的地形、地势多变，故其气候变化比较复杂。除个别高山地区外，4—10月份的平均气温都在15℃以上。玉米的有效生长期一般都在205天以上，南部以及一些低谷地区一般在300天左右。即使在高山地区，玉米的生长期也在150天以上。这个地区的全年降水量在1 000 mm左右，而且主要集中于4—10月份，雨量分布也比较均匀，因此非常有利于多季玉米栽培。但是，这个地区阴天过多，一般在200天左右，所以，导致了在玉米生长季节光照不足，这是本地区玉米栽培上的不利因素。

在栽培制度上，该区由于受不同的地理环境的影响，所以产生了以下三种不同的栽培方式：

1）在高山地区，以一年一熟春玉米为主。这主要是因为高山地区海拔较高，年平均气温较低，玉米生长季节短。

2）丘陵地区，以一年两熟的春玉米或一年两熟的夏玉米为主。

3）平原地区，以一年三熟的秋玉米为主。

总的来说，根据不同的地形、地势的影响，该区可划分为这三种不同的栽培方式。其中，一年两熟制、一年三熟制为本区的主要栽培方式。

（4）南方丘陵玉米区。该区主要包括广东、广西、福建、台湾、江西等省区，江苏、安徽两省的南部，湖北、湖南两省的东部。本区为我国水稻的主要产区，玉米的栽培面积不大，占全国玉米播种总面积的5%左右。

该区气候条件属于亚热带、热带的湿润气候。其气候特点是：气温高、霜雪少、生长期长。一般3—10月份气温在20℃左右，适于玉米生长的有效温度日数在250天以上，年降水量在1 000 mm以上，有的地方达1 700 mm左右。这些气候条件都有利于多季玉米生长。

在栽培制度上，过去该区以一年两熟制为主；现在，栽培制度有新改变，部分地区开始推广秋玉米。此外，广西等地种植双季玉米，广东湛江一带种植冬玉米。今后随着栽培制度的改革，该地区玉米播种面积还有可能扩大。

（5）西北灌溉玉米区。该区主要是指天山雪水流域地区，主要包括河西走廊和新疆维吾尔自治区全部。玉米播种面积仅占全国玉米播种总面积的3%。

这个地区的气候条件属于大陆气候。气候干燥，全年降水量在200 mm以下，甚至有的地方全年无雨。日照较充足，但生长季节短。在栽培制度上主要以一年一熟的春玉米为主。

（6）青藏高原玉米区。该区包括青海省和西藏自治区，以畜牧业为主，玉米栽培历史较短，播种面积较小，仅占全国玉米播种面积的1%左右。过去主要以种植青稞

（裸麦）为主。但近几年来，从当地种植玉米的情况看，表现出玉米高产的现象，因此，今后在该区种植玉米大有发展前途。

总的看来，玉米栽培较集中的地区还是前面的三个区，即北方春玉米区、黄淮海平原春夏播玉米区和西南丘陵玉米区。这三个区加在一起约占全国玉米播种总面积的90%。单黄淮海平原春夏播玉米区就约占40%，而且根据该区的气候等自然条件，该区可划为我国的玉米种植带。

第二节 玉米的分类

培训目标
→ 了解玉米的分类方法
→ 了解玉米的生产用途

一、按胚乳质地、子粒形状及有无稃壳分类

通常，玉米按胚乳质地、子粒形状及有无稃壳分类，可以分为硬粒型、半马齿型、马齿型、爆裂型、甜质型、糯质型、有稃型等，如图1—1所示。

a)

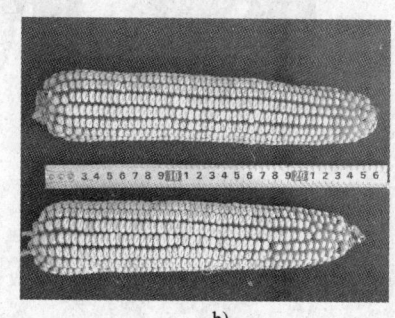
b)

c)

第一部分 农艺工——玉米种植（初级）

图1—1 玉米按胚乳质地、子粒形状及有无稃壳分类
a) 硬粒型 b) 半马齿型 c) 马齿型 d) 爆裂型 e) 甜质型 f) 糯质型 g) 有稃型

二、按生育期分类

根据玉米生育期的长短,可以分为早熟品种、中熟品种和晚熟品种三类。

1. 早熟品种

春播生育期 80～100 天,所需 ≥10℃ 积温 2 000～2 200℃;夏播 75～85 天,所需 ≥10℃ 积温 1 800～2 100℃。此类品种植株生长矮小,叶数少,总叶数 14～17 片,果穗子粒较小,多属硬粒型,一般产量低。

2. 中熟品种

春播生育期 100～120 天,所需 ≥10℃ 积温 2 300～2 500℃;夏播 85～95 天,所需 ≥10℃ 积温 2 100～2 300℃。此类品种植株生长中等,叶数适中,总叶数 18～20 片,果穗和子粒中等,以半马齿型为多,产量中等偏高。

3. 晚熟品种

春播生育期 120～150 天,所需 ≥10℃ 积温 2 500～2 800℃;夏播 100 天以上,所需 ≥10℃ 积温 2 300℃ 以上。此类品种植株高大,茎秆粗壮,叶数多,总叶数 21～25 片,果穗粗大,子粒重,多属马齿型。

由于温度高低和光照时数的差异,玉米品种在我国南北地区间相向引种时,生育期会发生变化。一般规律是:北方品种向南方引种,常因日照短、温度高而缩短生育期;反之,向北引种,生育期会有所延长。生育期变化的大小,取决于品种本身对光温的敏感程度,对光温越敏感,生育期变化越大。

三、按用途与子粒组成成分分类

根据子粒的组成成分及用途,可将玉米分为特用玉米和普通玉米两大类。

特用玉米是指具有较高的经济价值、营养价值或加工利用价值的玉米,这些玉米类型具有各自的内在遗传组成,表现出各具特色的子粒构造、营养成分、加工品质以及食用风味等特征,因而有着各自特殊的用途、加工要求。特用玉米以外的玉米类型即为普通玉米。

特用玉米一般指甜玉米、糯玉米、高油玉米、高赖氨酸玉米、高淀粉玉米、爆裂玉米、青贮玉米、笋玉米等。

1. 甜玉米

甜玉米又称蔬菜玉米,既可以煮熟后直接食用,又可以制成各种风味的罐头、加工食品和冷冻食品。甜玉米之所以甜,是因为含糖量高。其子粒含糖量还因不同时期而变化,在适宜采收期内,蔗糖含量是普通玉米的 2～10 倍。由于遗传因素不同,甜玉米又可分为普甜玉米、加强甜玉米和超甜玉米三类。

2. 糯玉米

糯玉米又称黏玉米，其胚乳淀粉几乎全部由支链淀粉组成。糯玉米具有较高的黏滞性及适口性，可以鲜食或制罐头，我国还有用糯玉米代替黏米制作糕点的习惯。由于糯玉米食用消化率高，故用于饲料可以提高饲养效率。在工业方面，糯玉米淀粉是食品工业的基础原料，可作为增稠剂使用，还广泛地用于制作胶带、黏合剂和造纸等工业。

3. 高油玉米

高油玉米是指子粒含油量超过6%的玉米类型，由于玉米油主要储存在胚内，直观上看高油玉米都有较大的胚。玉米油的主要成分是脂肪酸，尤其是油酸、亚油酸的含量较高，是人体维持健康所必需的。玉米油富含维生素F、维生素A、维生素E，卵磷脂含量也较高，经常食用可减少人体胆固醇含量，增强肌肉和心血管的机能，增强人体新陈代谢，提高对传染病的抵抗能力。因此，人们称之为健康营养油。玉米油在发达国家已成为重要的食用油源，美国玉米油占食用油的8%。

4. 高赖氨酸玉米

高赖氨酸玉米也称优质蛋白玉米，即玉米子粒中赖氨酸含量在0.4%以上，而普通玉米的赖氨酸含量一般在0.2%左右。赖氨酸是人体及其他动物体所必需的氨基酸类型，在食品或饲料中欠缺这些氨基酸就会因营养缺乏而造成严重后果。高赖氨酸玉米的营养价值很高，相当于脱脂奶，用于饲料养猪，猪的日增重较饲用普通玉米提高50%～110%，喂鸡也有类似的效果。

5. 高淀粉玉米

高淀粉玉米是指子粒淀粉含量在72%以上的玉米。玉米淀粉是各种作物中化学成分最佳的淀粉之一，有纯度高（达99.5%）、提取率高（达93%～96%）的特点，广泛应用于食品、医药、造纸、化学、纺织等工业。据调查，以玉米淀粉为原料生产的工业制品达500余种。

6. 爆裂玉米

爆裂玉米的突出特点是角质胚乳含量高，淀粉粒内的水分遇高温而爆裂。一般作为风味食品在大中城市流行。

7. 青贮玉米

青贮玉米是指在乳熟后期至蜡熟期收割，将全株（包括茎叶、果穗）都用于发酵制作饲料的玉米品种，专门用于饲养家畜、家禽。

8. 笋玉米

笋玉米是指以采收幼嫩果穗为目的的玉米。由于这种玉米吐丝授粉前的幼嫩果穗下粗上尖，形似竹笋，故名笋玉米。笋玉米的食用部分为玉米的雌穗轴，以及穗轴上一串串珍珠状的小花。它营养丰富、清脆可口，别具风味，是一种高档蔬菜。根据消费者的需要，通过添加各种作料，可制成不同风味的罐头，这种罐头在国际市场上很有竞争力。

第三节 玉米的生物学特性

- 了解玉米生育习性，掌握玉米生长发育特点
- 掌握玉米生长发育对生态条件的要求

一、玉米的一生

从播种到新的种子成熟，叫做玉米的一生。它经过若干生育阶段和生育期，才能完成其生命周期。

1. 生育阶段

在玉米的一生中，按形态特征、生育特点和生理特性，可分为三个不同的生育阶段，每个阶段又包括不同的生育时期。这些不同的阶段与时期既有各自的特点，又有密切的联系。

（1）苗期阶段。苗期阶段分为播种期、三叶期、拔节。

玉米苗期是指播种至拔节的一段时间，是以生根、分化茎叶为主的营养生长阶段。

1）播种期至三叶期。一粒有生命的种子埋入土中，当外界的温度在8℃以上，水分含量60%左右和通气条件较适宜时，一般经过12～15天即可出苗。等长到三叶期，种子内储藏的营养耗尽，称为"离乳期"，这是玉米苗期的第一阶段。这个阶段土壤水分是影响出苗的主要因素，所以浇足底墒水对玉米产量起决定性的作用。另外，种子的大小和播种深度与幼苗的健壮也有很大关系。

2）三叶期至拔节。三叶期是玉米一生中的第一个转折点，玉米从自养生活转向异养生活。从三叶期到拔节，由于植株根系和叶片不发达，吸收和制造的营养物质有限，幼苗生长缓慢，主要进行根、叶的生长和茎节的分化。玉米苗期怕涝不怕旱，涝害轻则影响生长，重则造成死苗，轻度的干旱，有利于根系的发育和下扎。

（2）穗期阶段。玉米从拔节至抽雄的一段时间，称为穗期。拔节是玉米一生的第二个转折点，这个阶段玉米的生长发育特点是：营养生长和生殖生长同时进行，即叶片、茎节等营养器官旺盛生长和雌雄穗等生殖器官强烈分化与形成。这一时期是玉米一生中生长发育最旺盛的阶段，也是田间管理最关键的时期。

（3）花粒期阶段。玉米从抽雄至成熟这一段时间，称为花粒期。玉米抽雄、散粉时，所有叶片均已展开，植株已经定型。这个阶段玉米的生育特点是：营养体的增长基本停止，而进入以生殖生长为中心的阶段，出现了玉米一生的第三个转折点。

2. 生育期和生育时期

（1）生育期。生育期是指从出苗到成熟的天数。生育期长短与品种、播种期和温度等有关。一般早熟品种、播种晚和温度高的情况下，生育期短，反之则长。

（2）生育时期。在玉米一生中，由于自身量变和质变的结果及环境变化的影响，不论外部形态特征还是内部生理特性，均发生不同的阶段性变化，这些阶段性变化，称为生育时期，其各生育时期及鉴别标准如下。

出苗期：50%的幼苗出土高约2 cm的日期。

三叶期：植株第三片叶露出叶心3 cm。

拔节期：植株雄穗伸长，茎节总长度达2~3 cm，叶龄指数30左右。

小喇叭口期：雌穗进入伸长期，雄穗进入小花分化期，叶龄指数46左右。

大喇叭口期：雌穗进入小花分化期、雄穗进入四分体期，叶龄指数60左右，雄穗主轴中上部小穗长度达0.8 cm左右，棒三叶甩开呈喇叭口状。

抽雄期：50%的植株雄穗尖端露出顶叶3~5 cm。

散粉期：50%的植株雄穗开始散粉。

抽丝期：50%的植株雌穗的花丝从苞叶中伸出2 cm左右。

子粒形成期：植株果穗中部子粒体积基本建成，胚乳呈清浆状，也称灌浆期。

乳熟期：植株果穗中部子粒重量迅速增加并基本建成，胚乳呈乳状后至糊状。

蜡熟期：植株果穗中部子粒重量接近最大值，胚乳呈蜡状，用指甲可以划破。

完熟期：90%以上的植株子粒干硬，子粒基部出现黑色层，乳线消失，并呈现出品种固有的颜色和光泽。

二、玉米生长发育对生态条件的要求

玉米属禾本科玉米属，学名玉蜀黍（Zea mays L.），起源于美洲大陆，属短日照作物。

温度、光照、水分、矿物质营养及土壤等是玉米生长的环境因素，它们及其相互作用都直接或间接影响玉米的生长发育。

1. 温度

玉米是喜温作物，要完成生育周期需要一定的积温。通常，以10℃作为玉米生物学零度，高于10℃的温度才是有效温度。玉米不同生育时期对温度要求不同。

播种：播种下限温度6~7℃，适播温度10~12℃。

苗期：下限温度6~10℃，适宜温度18~20℃。

拔节至抽雄：气温稳定在18℃玉米开始拔节，适宜温度24~26℃。

抽雄至开花：下限温度19~21℃，适宜温度25~27℃。

灌浆至成熟：下限温度15~17℃，适宜温度22~24℃，日差较大有利于养分的积累,气温低于16℃或高于25℃都不利于干物质的积累和输送。当气温降至20℃时子粒灌浆缓慢,降至18℃时灌浆速度显著减慢,当降至16℃时灌浆停止。

2. 光照

玉米是短日照作物,喜光,全生育期都要求强烈的光照。出苗后在8~12 h的日照下,发育快、开花早,生育期缩短,反之则延长。玉米在强光照下,净光合生产率高,有机物质在体内移动得快,反之则低、慢。玉米的光补偿点较低,故不耐阴。玉米的光饱和点较高,即使在盛夏中午强烈的光照下(10万 lx),也不表现光饱和状态。因此,要求适宜的密度,一播全苗,要匀留苗、留匀苗,否则,光照不足、大苗"吃"小苗,造成严重减产。

3. 水分

玉米不同生育时期对水分的需要量是不同的。前期需水少,拔节至抽雄期逐渐加大,抽雄至子粒形成期需水量达到高峰,因而不同时期发生干旱减产程度不同。农民群众说"前旱不算旱,后旱减一半""开花不灌,减产一半"是有科学道理的,各地区考虑到水资源紧缺和节本增效的实际,生产上努力推广浇好关键水,并采取细流沟灌、滴灌等节水灌溉技术,确保高产稳产、节本增效。

玉米播种到出苗:需水量占总需水量的3%~5%,此时要求土壤湿度占田间持水量的70%为宜。正常保证出苗良好。

出苗以后:苗期田间持水量控制在60%左右,能促进根系较快下扎发育。

拔节前后:进入旺盛生长阶段,植株迅速增大,同时温度升高,对水分的需求迫切,需水量增大。这个时期如果缺水对幼穗发育不好,果穗小,子粒少。这时要求土壤水分占田间持水量的70%~80%,对茎叶生长有利。

抽雄前后至开花吐丝:这个时期是需水最多的时期,要有充足的水分,保证土壤水分占田间持水量的70%~80%,才有获得高产的可能。抽雄前10天至后20天每天需水量都在200 mm以上。

子粒成熟期:进入成熟期以后子粒基本定型,对水分的需求逐渐减少,土壤水分对产量的影响也越来越小。

总的说来,玉米营养生长期土壤水分占田间持水量的60%~70%为宜,花期以70%~80%为宜。

4. 矿质营养

玉米是需肥量较大的作物,正常生长发育对20多种必要营养元素均有数量不等的需求,其中,需求量较大的营养元素是氮、磷、钾,称之为"三要素"。在大量营养元素中,玉米对氮的吸收量最多,钾次之,磷较少;微量元素的吸收量虽然较少,但有些微量元素对玉米的生长发育及产量的形成则是较为敏感的,缺少任何一种营养元素都会直接影响玉米的生长发育,造成产量和品质降低。

玉米不同生育时期对氮、磷、钾三要素的吸收总趋势是：苗期生长量小，吸收量也少；进入穗期随生长量的增加，吸收量也增多、加快，到开花达最高峰；开花至灌浆有机养分集中向子粒输送，吸收量仍较多，以后养分吸收逐渐减少。

5. 土壤

玉米对土壤条件要求并不严格，可以在多种土壤中种植，以 pH 值在 6.5~7.0 的中性土壤最为适宜。但玉米一般耐盐碱能力差，特别是对氯离子较为敏感，玉米生产中尽量避免含盐量≥0.2%的土壤。

玉米植株高大，根系发达，要求的水肥条件相对较高。要使玉米高产稳产，必须创造一个良好的土壤环境，以土层深厚、结构良好、肥力水平高、营养丰富、疏松通气、能蓄易排、近于中性，水、肥、气、热协调的土壤种植最为适宜，避免土壤质地黏重，排灌不畅的下潮地。玉米高产田要求有机质含量在 1.0% 以上，碱解氮在 50 mg/kg 以上，速效磷在 12 mg/kg 以上。

第四节 玉米的栽培常识

单元 1

培训目标
→ 了解玉米产量构成要素
→ 掌握不同时期玉米管理方法

一、玉米产量构成

1. 产量构成要素

玉米产量通常由单位土地面积上的亩穗数、穗粒数和千粒重三个因素构成。三因素中除千粒重主要受遗传支配外，亩穗数和穗粒数受环境的影响大。

（1）亩穗数。亩穗数是构成玉米产量的主导因素，变化幅度较大。高产玉米田亩穗数高达 5 000~6 000 穗，低产玉米田只有 3 000~4 000 穗。

每亩总穗数是由每亩株数和单株结穗数的乘积所构成。要想达到最高穗数，种植密度必须合理，并配合相应的栽培技术，协调个体与群体的关系。玉米由低产变高产，限制因素为亩穗数，应大力增加密度；若想由高产再高产，在确定亩穗数后，提高穗粒数是关键，以增加每亩总粒数。一般西北地区亩产量在 600 kg 左右，每亩实收穗数不低于 4 000 穗；亩产量 700 kg 左右，每亩实收穗数 4 000~4 500 穗；亩产量 900 kg 左右，每亩实收穗数不低于 5 000 穗；超高产田亩产量 1 000 kg 以上，每亩实收穗数不低于 5 500 穗。在苗期，留苗株数要高于实收穗数 5%~10%。群体整齐度是影响总粒数和产量不可忽视的重要因素，不能出现小穗和无效株。

（2）穗粒数。穗粒数很大程度上取决于品种特性，但也受环境因素，特别是温度、栽培条件以及成熟早晚的影响。适宜的温度和充足的降雨量有利于穗分化，为形成较多的穗粒数奠定基础；抽雄、开花期日平均温度处于适宜温度25~28℃，对于形成较多的穗粒数和减少秃尖极为有利。

（3）千粒重。千粒重的高低主要取决于品种的遗传特性，同时也受子粒形成过程中温、光、肥、水等条件的影响。相对来说，千粒重比较稳定，受环境影响变化的幅度较小。所以，选用高千粒重的良种，提高品种纯度和栽培技术是提高千粒重的有效途径。

据对新疆各地高产经验分析，8月下旬至9月中旬日平均温度处于子粒灌浆的适宜温度（22~24℃），加之此间新疆日照充足，加强此期水肥管理，对于延长玉米叶片的功能期，促进淀粉的合成、积累、运转十分有利，是形成较高千粒重的主要原因。

2. 土地面积计算方法

种植地块以长、宽乘积获得有效面积，结合实测计算单位面积产量，即单产。

在计算玉米单产上，国外多以公顷（单位符号为 hm^2）为单位，即 $1\ hm^2 = 10\ 000\ m^2 = 15$ 亩；而我国习惯以亩为单位，即1亩 = 10 分 ≈ $666.7\ m^2$。在计算以亩为单位的土地面积时，在土地丈量时多以"米"作单位，即长度（m）×宽度（m）÷ $666.7\ m^2$。现介绍较为方便的"加半移三"计算方法。其方法是：长乘宽得到的平方米数加上其一半，小数点向左移三位，便得到亩数。例如，有一块地长50 m，宽20 m，该地是多少亩？常规法计算：$50\ m × 20\ m = 1\ 000\ m^2$，$1\ 000 ÷ 666.7 ≈ 1.5$（亩）；而用"加半移三"法计算：$50 × 20 = 1\ 000$，$1\ 000 + 500 = 1\ 500$，1 500小数点向左移三位即得1.5（亩）。该方法简便快捷。

二、玉米栽培基本过程

1. 播前工作

玉米播前工作包括准备土地、种子、农机具、肥料、农药、人力等。

2. 播种至出苗

播前整地工作完成后，保证底墒充足，把处理好的良种按计划要求播种，做到适时早播，等待出苗。

3. 苗期管理

管理的目标是壮苗、齐苗。出苗后的田间管理工作包括松土、间苗、补苗、防灾等工作。加强中耕工作，提高地温，促苗早发，减少发生死苗现象。及时定苗、留匀苗，使玉米壮而不旺，早发不早衰，促进根系生长。

4. 穗期管理

拔节后玉米植株生长迅速，进入营养生长和生殖生长并进期，管理上以促进根、茎、叶生长为主，协调营养生长和生殖生长的关系。结合施用拔节肥和穗肥，施肥、灌水良好配合，有效促进穗分化，达到果穗结得多又大、结实粒多的生产要求。

5. 花粒期管理

玉米抽穗开花后，田间管理的中心任务是延长根、叶的生理活性，提高光合效率，达到粒多、粒重、子粒饱满、高产高效的目的。花粒期是玉米需水的高峰期，应及时合理供应水分，促进根系呼吸和吸收，防止早衰及倒伏，保证光合产物转化与积累。

6. 病虫害的防治

多数地区玉米前、中、后三期各有不同的病虫危害，所处地区不同有一定差别。前期地老虎、苗枯病，中后期黑粉病、叶斑病、玉米螟、粗缩病、玉米叶蝉、红蜘蛛、双霜霉病等，各地区依据不同情况进行综合防治。

7. 收获

正确掌握玉米的收获期，是确保玉米优质高产的一项重要措施。若在乳熟期过早收获，这时植株中的大量营养物质正向子粒中输送积累，子粒中尚含有45%～70%的水分，此时收获的玉米晾晒会费工费时，晒干后千粒重大大降低。据试验，乳熟期收获一般可减产2～3成，而且品质明显下降。完熟期后若不收获，这时玉米茎秆的支撑力降低，植株易倒折，倒伏后果穗接触地面会引起霉变，而且也易遭受鸟兽危害，使产量和质量造成不应有的损失。因此，正确掌握玉米的收获期十分重要。依早、中、晚熟品种不同，先后分期收获。植株外部表现叶黄秆枯，果穗苞叶枯黄、子粒失水变硬，尖冠出现黑层细胞，乳线下移，呈现本品种固有特征，即可及时收获。

单元测试题

1. 玉米可分几大类型？早、中、晚熟品种的区分有哪些规定指标？
2. 特用玉米有哪些类型？各有哪些不同生产用途？
3. 玉米一生先后可分为哪几个阶段？各有何特点？
4. 玉米生长发育必须具备哪些外界环境条件？

第 2 单元

玉米的播前准备

- 第一节　土地准备 /18
- 第二节　种子准备 /19
- 第三节　农机具准备 /21
- 第四节　物资准备 /22

第一节 土地准备

→ 了解播前土地准备工作
→ 了解秋冬及开春处理事项

一、冬前准备工作

1. 土地选择

土壤是玉米生长发育最重要的基本条件之一。玉米根系发达，根数量大，分布较广，入土深度达 1 m 以下。种植玉米土壤应具有较高的肥力，一般要求土壤含有机质 1.2% 以上，碱解氮 70~80 mg/kg，速效磷 15 mg/kg。

玉米是一种需氧较多的作物，根系呼吸活动强烈，必须由土壤供给充足的氧气。研究表明，玉米根系的呼吸强度较小麦高约 10 倍。种植玉米的土壤应具有水稳性团粒结构，良好的通透性，有利于根系发育，进而促进地上茎叶生长，上、下营养物质顺利转运和交换。如果土壤通透性不良，供氧不足，根系呼吸作用受到抑制，植株对多种营养元素，特别是氮、磷吸收利用能力变弱，形成瘦弱晚发的红苗。

土壤耕作层要求在 30 cm 以上，是保证玉米高产、稳产的基础。

玉米抗盐碱能力比小麦、棉花、甜菜等作物弱，在盐碱地上种玉米很难获得高产，须先行洗盐改良，保证土壤含盐量在 0.3% 以下。

2. 播前准备

（1）灭茬耕翻。在前茬作物收获后立即灭茬耕翻，是当前土地耕作的基本作业。主要任务是翻转疏松耕层，并利用晒垡、冻融，改善耕层的物理、化学、微生物状况，并起到翻埋肥料与残茬、消灭杂草与病虫害等作用。耕翻要求耕深一致、翻垡平整、翻埋良好。

（2）深施基肥。结合耕翻全层施入基肥。除厩肥、粪尿肥人工撒施外，其余将饼肥（粉碎过筛）、80% 磷素化肥、20%~30% 的氮素化肥、50% 的钾素化肥，或 30~50 kg/亩玉米专用肥，用施肥机均匀撒于田块地表；没有施肥机的单位和地区，可将上述混合肥料用 24 行谷物播种机均匀施于地表，然后耕翻。这样一方面可以满足玉米苗期对肥料的需求，另一方面可有效提高肥料利用率。

（3）秋冬灌。秋冬季灌水作用是蓄足底墒，减少来年春灌的压力。秋冬灌通过整个冬季的冻融交替,可以改善土壤的物理化学性质,促进土壤团粒结构形成,能有效减轻田间病虫害。秋冬灌要求灌溉均匀,采用开沟灌和打埂畦灌,避免打水漫灌。秋翻冬灌不但有利于土壤熟化、释放养分、防治病虫害,还缓解了春旱地区的两个难题:一是秋翻冬灌有利于提高整地质量,保墒好,有利于玉米一播全苗;二是缓解了春旱用水矛盾,解决了冬水春用问题。

二、春季工作

1. 春灌

对没有冬灌、土壤墒情又不足的地块应及时实施春灌,保证底墒有利春播正常出苗。春灌的方法、标准和质量要求同秋冬灌。

2. 净化耕地

净化耕地表面,能够提高机械作业质量,同时还能使玉米生长正常,主要包括拾净地表较大石块、作物茎秆、根茬、残膜及滴灌带等。地膜覆盖栽培这点更为重要。

3. 整地待播

在春季风大的地区,跑墒快的土壤应及时进行耙地保墒、整地。整地质量好坏直接影响到播种质量的优劣,而播种质量又直接影响到出苗率的高低。整地包括耙地、耱地和镇压三道工序,应根据土壤质地,选择适宜整地机具。新疆生产建设兵团一般使用联合整地机进行复式作业,一次整成待播,减少机械对土壤的多次碾压。

整地要达到"齐、平、松、碎、净、墒"六字标准。

第二节 种子准备

→ 了解种子质量标准
→ 掌握播前种子处理的重要环节
→ 了解优良品种的增产特性

一、玉米种子品种选择的原则

选用玉米优良品种时,首先要对品种的适宜种植区域、产量水平、生育期、适宜密度、抗逆性等有一个全面的了解,这样才能科学、合理地选用优良品种,达到增产增收的目的。

1. 选用适应当地自然条件的品种

优良玉米品种只有在适应的环境条件下才能充分发挥其丰产潜力,从而达到高产。

环境条件主要是热量、光照、降水、无霜期、灾害性天气、病虫害发生及土壤条件等，我们只有选择适应性良好的优良品种，才能使品种与自然条件较好地结合起来，发挥优良品种的增产潜力，创造高产。

2. 根据生产水平选择品种

在生产水平、栽培管理水平较高地区，一般应以种植耐肥水、耐密植、产量高、增产潜力大的杂交种为主，既可以充分发挥品种的高产潜力，又能经济有效地利用生产资源。在土壤瘠薄、肥水条件较差、产量水平较低的地区，选用广适性、稳产性、抗逆性良好的品种。

3. 根据种植目的选择品种

玉米品种的种类很多，主要包括以收获子粒为目的的高产品种，以粮食和饲料兼用为目的的粮饲兼用型玉米品种以及高淀粉玉米、高油玉米、青贮专用玉米、甜糯玉米等，生产中可根据不同的用途和目的选用不同类型的玉米品种。

4. 根据种植制度选择适宜的品种

不同地区有不同的玉米种植制度，主要表现在种植方式、茬口、种植密度、栽培技术等方面。在选用玉米品种时，要根据当地的种植制度来选用不同的品种。一般情况下，在热量不足的春播玉米区和夏直播玉米地区，应根据种植密度的不同，选择中、早熟紧凑耐密型品种；在麦田套种玉米区，由于可利用的有效生长期较长，可选择一些大穗高产的中、晚熟玉米品种。

5. 选用审定、认定的品种

经过多年与多地区的试验、鉴定和示范种植，并通过省级以上农作物品种审定委员会审定或认定的新品种，一般对其适应性、丰产性、稳产性及综合性状等方面都有比较准确的评价，种植不会有大的风险，有利于实现高产稳产的目标。

二、种子准备

1. 选用良种

优良杂交种具有良好的增产潜力，是玉米取得高产的基础，应结合各地的生态类型选用适宜的良种。

按照种子的要求，使用达到国标《粮食作物种子 第1部分：禾谷类》（GB 4404.1—2008）二级良种标准以上的商品杂交种子。纯度96%以上，净度98%以上，发芽率85%以上，水分含量不高于13%。种子色泽光亮，子粒饱满，大小一致，无虫蛀，无破损。

2. 种子处理

播种前根据当地病虫害发生规律，选择适当的专用种衣剂包裹种子，或根据需要选用相关的杀虫剂、杀菌剂、微肥等对种子进行拌种处理，达到防治病虫害、促进生长的目的。

3. 目前新疆玉米生产中推广的主要优良品种

目前新疆南疆、北疆各地推广面积较大的中熟及中晚熟杂交种主要有 SC-704、郑单 958、先玉 335、KWS2564、KXA4574、登海 3672、新玉 31 号、新玉 41 号等；早熟杂交种有新玉 9 号、新玉 29、新玉 35、新玉 15 号、新玉 28 等，用于南疆"两早"配套。

第三节　农机具准备

 → 能够正确选择和使用农机具

一、农机具的选择

在选择玉米种植农用机械设备时要进行以下几个方面的考虑：

1. 机具地区适应性

根据农机化劳务市场对农机品种、规格、性能的要求，结合本地区现有各种机型的推广使用情况，在广泛征求用户、机务技术人员意见的基础上，对各种可供选择的机型做出地区适应性评价，为机具选择配备提供依据。

2. 机械设备的可靠度

所选择的机械设备要具有较高的可靠度。所谓可靠度是指在规定的时间内，在特定的使用条件下，无故障地发挥其功能的概率。这是用来表示机械设备可靠性的重要参数，也是比较选择机械设备的重要依据。

3. 机械设备的使用寿命

对机械设备的使用寿命的评价，要考虑两方面：一是物质寿命；二是经济寿命。物质寿命是指机械设备在使用过程中，由于物理或化学的作用，导致机械设备报废而退出使用领域的时间；经济寿命是指由于出现更先进、更适用、更经济的机械设备，使得原有的机械设备失去继续使用的意义而被淘汰的时间。在当今科学技术不断发展的条件下，农机新技术、新设备不断出现，使机械设备的经济寿命也相应缩短，因此，要求选择使用寿命相对较长的机械设备。

4. 机械设备的维修性

农业机械的维修是不可避免的，在选择机械设备时要考虑它的维修难易性。一般来说，技术构成低的、"三化"水平高的、零部件组合较合理的机械设备维修性

较好。

5. 机械设备的经济性

机械设备的经济性是指在设备功能满足农艺（或工艺）要求的前提下，要尽量选择体积小、使用操作比较灵活方便的机械设备。评价方法是营运成本比较法。营运成本的能源消耗，以机械设备单位开动时间的能耗量来表示，如动力机械的小时耗油量或小时耗电量；也有的以单位作业量的能源消耗量折算成能耗费用来进行评价。

二、安全使用农机具

农机具的安全使用，一是为了延长农机具的使用年限，减少不必要的经济损失；二是为了保障农机作业人员的人身生命安全，避免不必要的人身伤亡事故的发生，为此，制定了许多安全防护措施，现将常见的拖拉机田间作业安全规定介绍如下：

1. 农机具挂接要牢靠，悬挂农具上不准站人。
2. 拖带农机具不准高速行驶或急转弯。
3. 拖带农机具通过村庄时，要有人护行，严防爬车。
4. 作业时农机具未升起，不得转弯。
5. 农机具升起时，若没有可靠地锁紧或垫稳，不得在农具下排除故障。
6. 机车未停稳时，不准清理杂物。
7. 过沟、过埂、下坡时应低速行驶。
8. 喷洒农药时，应注意防止农药中毒。
9. 农机具驾驶员不准在地头、田边睡觉。
10. 农机具的转动部分要有防护罩。

第四节 物资准备

→ 了解肥料安全储存及混合方法
→ 能够做好播前各种物资准备
→ 掌握常用肥料的主要特性
→ 能够识别几种常见肥料

一、肥料准备

1. 推广秸秆还田，增施有机肥。秸秆中含有氮、磷、钾、镁、钙及硫等元素，秸秆还田能够增加土壤有机质，增肥地力。同时，可以改善土壤环境，使土壤容量降低，土质疏松，提高通气性，减小犁耕比阻，明显改善土壤结构，促进土壤的酸碱平衡，养分结构趋于合理。有机肥中有机质含量高，养分全，供肥平稳，是玉米创高产的基础。但大面积玉米生产上有机肥施用还有一些困难，目前生产上有机肥施用主要以复合有机肥、秸秆还田和种植绿肥为主。

2. 备足化肥。根据玉米种植面积、土壤状况、产量高低，备足化肥。除含有氮、磷、钾大量元素化肥外，还要准备中、微量元素化肥，如锌肥、铁肥、锰肥等。种植滴灌玉米的，还要准备充足的喷滴灌专用肥。

二、农药准备

1. 杀菌剂

用于防治玉米病害。玉米病害多是真菌为害，其次是病毒和细菌为害。要根据多年病害发生情况，及早选择一些高效广谱杀菌剂，用于拌种或田间防治病害。

2. 除草剂

玉米田间杂草种类比较多，要根据玉米田间杂草种类及防除对象，选准除草剂的类型及用量。除草剂可分两类：

（1）内吸性除草剂。主要用于播前土壤封闭和苗期茎叶处理。通过植物的根、茎、叶吸收，并在植物体内传导，最终杀死杂草植株。

（2）触杀性除草剂。药剂施用后杀死直接接触到药剂的杂草该部位活组织。主要在播后苗前和苗期茎叶处理。

3. 杀虫剂

依据当地玉米田主要害虫，结合当年的虫情预报，推测哪种虫害有大面积发生的可能性，应适当储备一定数量的杀虫剂，以防不测。

4. 种衣剂

种衣剂是在拌种剂和浸种剂基础上发展起来的，用含有黏合剂的农药、肥料、微量元素等组合物包在种子外层，形成具有一定防治病虫害功能的种衣膜。种衣膜具有透水性、透气性，不影响种子生命和呼吸作用。种衣剂具有高效、经济、安全、残效期长和多功能等特点，可以有效防治玉米苗期地下害虫和病虫害。应根据当地主要病虫害发生情况，对症选择含有杀菌剂或杀菌剂、杀虫剂混合的种衣剂。

5. 植物生长调节剂

用于调节玉米生长。目前主要有玉米健壮素、玉黄金、金得乐等用于抑制株高，增强抗倒能力的生长调节剂。要根据玉米生长、天气、管理情况选择应用。

三、农膜准备

目前,生产上使用的农膜种类比较多。一般宽度从 70~220 cm,厚度从 0.006~0.015 mm 各种类型都有;颜色上有用白色透明塑料薄膜,也有用黑色塑料薄膜的。应根据各地种植方式、气候条件、土壤类型、地域状况,选用适宜的地膜。通常机械覆膜时,选用稍薄一点儿的地膜(厚度为 0.006~0.008 mm)。地膜薄,亩用量少,成本低,回收时难度大;地膜厚,亩用量多,亩成本高,回收容易。一般厚度在 0.007~0.008 mm,宽度为 70~90 cm 时,亩用量约为 3.5 kg,根据种植面积计算地膜的数量。

四、其他准备

除必需的种子、化肥、农机具准备外,适时播种还需加强劳力配备,提高各项农事技术操作水平。种植滴灌玉米的还应准备相应的滴管带。

单元测试题

1. 玉米播前土地应做好哪些准备工作?
2. 玉米种子播前需做好哪些准备?杂交种子有哪些质量要求?
3. 目前新疆有哪些玉米优良品种?结合当地生产条件应如何选择适宜的良种?

第3单元

播种及播后管理

- 第一节 播种期的确定 /26
- 第二节 播种技术 /27
- 第三节 播种质量的要求 /29
- 第四节 播后管理 /31

第一节 播种期的确定

→ 掌握播种期对玉米生长发育及产量的影响
→ 理解温度对春播玉米播种期的影响

一、播种期确定的依据

播种期的确定应参考种子萌发的最低温度、播种时的土壤墒情、保证能够在生长季节正常成熟三个方面。

玉米发芽最低温度为 6~7℃，10~12℃为幼芽缓慢生长的温度。

1. 春播玉米

在土壤墒情允许的情况下（田间持水量大于60%），新疆春玉米适宜播种期一般掌握在 5~10 cm 地温稳定在 10~12℃时播种。此时出苗较快而整齐，有利于苗期培育壮苗。如果播种过早，出苗时间延长，出苗不整齐，易烂种。如果考虑土壤墒情及保证无霜期较短的地区玉米能够正常成熟，可在 5~10 cm 地温稳定在 10℃左右时适期早播。地膜覆盖玉米可提前至 5~10 cm 地温 8~10℃时播种。

2. 夏播玉米

各地的夏玉米应在 6 月 15—20 日前播完。夏玉米播种越早越好，抢时早播是夏玉米获得高产的关键。

二、不同玉米产区适宜播种期的范围

我国玉米产区的环境条件复杂，栽培制度多样，各地玉米播种期的差异也很大。各区适宜的播种期范围如下：

1. 北方春播玉米区

本区全年无霜期约 130~170 天，玉米栽培制度为一年一期，一般只种一季春玉米，玉米适宜播种期在 4—5 月份。其中，黑龙江省在 5 月上中旬，吉林省在 5 月上旬，辽宁省和内蒙古自治区在 4 月中旬至 5 月上旬，宁夏回族自治区和山西、河北、陕西等省北部则宜在 4 月上中旬播种。本区由于生长季节短，秋霜来临较早，播种期以适当提早为宜。

2. 黄淮海平原夏播玉米区

本区无霜期约 170~240 天，玉米栽培制度为一年两熟或两年三熟。河北、陕西和山西省中部，多以两年三熟制的春玉米为主，适宜的播种期在4月上中旬。山东、河南省及河北、山西省南部，以一年两熟制的夏玉米为主，玉米适宜的播种期在6月上中旬。本区以一年两熟制的夏玉米为主，多种植麦茬玉米，应在麦收之后力争适时早播，以便充分利用生长季节热量，提高产量。

3. 西南玉米区

本区无霜期240~330天。本区地形多样、气候多变，种植制度十分复杂。春玉米、夏玉米、秋玉米、冬玉米均有种植，不同区域，2—11月份都有玉米播种。

4. 南方丘陵玉米区

本区全年无霜期240天以上，有些地方终年无霜。玉米栽培制度极为复杂，有一年两熟制的春玉米和夏玉米，一年三熟制的春玉米、夏玉米和秋玉米，还有冬玉米。本区玉米适宜播种期，高山区在5月上中旬；江苏、浙江、湖南、湖北、广西和安徽各省区有3—4月份播种的春玉米，5—6月份播种的夏玉米，7月下旬至8月初播种的秋玉米；广西壮族自治区的双季玉米，早玉米在2月上旬播种，晚玉米在6月下旬至7月下旬播种；广东省一般在2月份播种春玉米，湛江、海南岛一带尚有11月份播种的冬玉米。

本区复种指数高，季节性强，秋玉米的生长期短，应在前作物收获后抓紧早播或采用育苗移栽或套种等办法，争取更多的有效生育时间，以期获得高产。

5. 西北灌溉玉米区

本区无霜期130~180天，新疆南疆大部分为一年两熟复播玉米区，复播玉米适宜播种期在6月中下旬；北疆及沿天山一线为一年一熟的春玉米，玉米适宜播种期为4—5月份，北疆北部适宜播种期4月下旬至5月上旬。本区秋季早霜变异较大，播种期以适当提早为宜。

第二节 播种技术

→ 理解播种方式与合理密植的关系
→ 掌握播种量的计算方法

一、播种方式

1. 露地直播

大田生产多运用露地直播，此法操作简单，成本低廉，省工省力，有利于快速完成播种任务，提高功效。但对土壤墒情和整地质量要求高，做到适期早播，播深适宜，就可保证正常出苗，实现早、全、齐、匀、壮的"五苗"要求。关键是底墒足才行。

2. 覆膜直播

地膜覆盖具有增温保墒，改变田间小气候和土壤理化性状，促进土壤养分分解，抑制杂草，减少病虫害，提早成熟，大幅度提高单产等作用，在我国北方热量不足的冷凉区、干旱半干旱区广泛应用。

覆膜播种主要有先铺膜后点（穴）播、先播种后铺膜两种方式。两种方式均采用铺膜、播种复式作业，各有优缺点。覆膜播种对整地质量要求较严，田间的残茬、土块（石块）都直接影响覆膜播种质量。

（1）先铺膜后点（穴）播。这种播种方式的优点是不需人工破膜放苗，节省劳力，幼苗出土分布均匀。但在出苗前覆膜保温性较差，出苗期遇雨会造成苗孔处土壤板结及苗孔与种子错位，导致出苗困难，需人工辅助出苗才能保全苗。

（2）先播种后铺膜。这种播种方式的优点是可以充分发挥覆膜效应，保温保墒好，铺膜播种质量高，出苗快而整齐。但放苗封土费时费工，放苗不及时可能出现高温烫伤苗。

目前，新疆生产建设兵团基本上采用大中型膜上精量、半精量点播机，一次完成铺膜（铺管）、精量（半精量）播种、施肥等作业程序，节省大量人工成本。

3. 免（少）耕直播

夏（复播）玉米的播期越早越好，晚播会造成严重减产。因此，要注意选用早熟品种，并因地制宜采用合理的抢时播种方法。具体方法主要有两种，一是麦收后不灭茬直接播种，待出苗后再于行间中耕灭茬；二是麦收后先用圆盘耙浅耕灭茬然后播种。免耕或浅耕抢播有许多优点：首先可以提早播种，满足玉米生长对积温的要求，有利于后期子粒灌浆和成熟；其次可以减少土壤水分蒸发，有利于保墒出全苗。免（少）耕直播要做到：土壤墒情好，播种深浅一致，覆土严密，施足基肥和种肥。基肥和种肥中氮肥占总施肥量的30%~40%，磷肥、钾肥一次施足。严格做到种、肥隔离，以防烧种。

二、播种量及深度

1. 播种量

采用气吸式精量播种机播种，每亩下种8 000~10 000粒（12万~15万粒/hm^2）。玉米播种量因种子大小、种植密度、种植方式的不同而有所不同。

计算公式为：

$$亩播种量（kg）= \frac{亩计划留苗密度 \times 千粒重（g）}{1\,000 \times 1\,000 \times 种子发芽率} \times (1.5~2)$$

例如，亩计划留苗密度为4 500株（6.75万株/hm^2），种子千粒重为300 g，种子发芽率为 85%，则亩播量 = 4 500 × 300 × 2 ÷ (1 000 × 1 000 × 85%) ≈ 3.18 kg (47.7 kg/hm²)。

2. 播种深度

播种深度根据土质、土壤墒情和种子大小而定，一般以 4~6 cm 为宜。如果土壤质地黏重，墒情较好，可适当浅些；如果土壤质地疏松，是易于干燥的沙壤土地，可适当深些；大粒种子，可适当深些，但一般不要超过 8 cm。应当注意，在土壤墒情、肥力较好的土壤播种过浅，苗期会产生大量的无效分蘖。

三、株行距配置

确定适宜的种植密度，配置好株行距，是施行合理密植的重要内容。适宜的株行距配置，就是要使玉米植株在田间分布合理，既能充分利用光能，保持较好的通风透光条件，又能促进个体与群体协调发展，有利于物质积累和分配，也便于田间管理和机械化作业。目前，各玉米生产区广泛采用的行距配置方式主要有两种：一是等行距，多采用 60~70 cm 等行距。这种等行距便于播种、中耕除草、开沟追肥、机械收获等作业。二是宽窄行，由于气候、品种、土壤肥力、种植制度的不同，各地株行距配置也不同，多采用 (60+40) cm、(60+30) cm、(80+40) cm、(90+30) cm、(70+50) cm 等。

在确定计划种植密度后，根据平均行距确定株距。

计算公式为：株距(cm) = $\dfrac{666.7}{平均行距(cm) \times 计划留苗密度} \times 10\,000$

第三节 播种质量的要求

→ 理解播种质量与出苗率的关系
→ 掌握播种的质量标准

一、播种的基本要求

1. 适期播种

土壤耕层 5~10 cm 地温稳定在 10~12℃ 时即可播种。覆盖地膜播种玉米一般比不覆膜的露地玉米可提前 5~7 天播种。

2. 适墒播种

土壤耕层墒情好，含水量达到要求，田间持水量达 60%~70%，底墒充足才能播种。

二、播种的质量要求

1. 播行平直

为保证农机操作质量和提高作业功效、保证田间管理方便、确保达到良好的生产目的，对驾驶员操作要求也很高，播种工作最好由技术熟练的老农机手操作，使播行平直。

2. 下种均匀

为保证出苗早、全、齐、匀、壮，达到"五苗"要求，下种必须均匀，这是全田平衡增产的基础一环。出苗整齐均匀是创造高产的先决条件。

3. 深浅一致

作物播种深度必须一致，全田出苗才能均衡整齐一致，保证个体间生长发育平衡，达到玉米群体高产丰收。

4. 播量适宜

作物播种量与品种子粒大小和计划产量关系很大，过多、过少都会有弊端。播得过多，造成出苗过密，不易长成壮苗，又浪费种子，增大成本；播得过少，会引起缺苗断垄，群体植株稀少，不易达到或难以实现增产增收的目的。

5. 接行准确

农机具播种到地头换行时，必须注意控制好与邻行的距离，以保证以后田间作业操作顺利，保证各项农事操作之间很好衔接，为全面实施机械化作业打下良好的基础。

6. 到头到边

农机作业的耕翻或整地播种等，都必须整齐划一，不留地边空头，充分利用好每一块地面，减少土地浪费，有利于作物全面均衡增产。

7. 覆土严密

播种后应及时覆土，不留"天窗"，确保全田正常出苗，减少土壤水分蒸发，有利保表墒和底墒。

8. 镇压紧实

机播作业后必须加以适当镇压，有利种子接上种沟内底墒水分，保证出苗早又快而且整齐。如果播后不加严密镇压，会造成耕层土壤水分大量快速损失，尤其在北方气温回升快的春季跑表墒后，种子难以正常发芽出苗。

上述机播八大标准要求是必须全面做到的。

三、地膜玉米播种的质量技术要求

地膜玉米是在露地直播玉米的基础上增加了地膜覆盖，因此除了保证露地直播玉米播种质量要求外，还必须保证地膜覆盖播种的要求，才能充分发挥地膜增温保墒效应，实现一播全苗，达到苗齐、苗匀、苗壮目标。

地膜覆盖的原则是"平、严、紧、宽"四个字，即地面平整，膜边压严，膜面压紧，采光面宽。

1. 适时铺膜播种。地膜覆盖最大的作用是增温保墒，一般地膜覆盖可增温 2～4℃，播种时间可以比露地直播玉米提前 5～7 天，要根据天气和土壤墒情，及时铺膜播种，铺膜过晚就失去了地膜的增温保墒作用。

2. 铺膜平整。地膜平展与地面紧贴，松紧度适中，过紧易拉破，过松会受风上下摆动，增温保墒效果差。

3. 膜面干净、平展、采光面大。膜边垂直埋入土中，每边入土小于 7.5 cm，其中两边入土小于 15 cm，以增加地膜的受光面积，提高增温保墒效果。机车作业速度应保持在 5～6 km/h 为宜，以保持膜面干净；速度过快，压膜土会撒向膜中间，影响采光效果。

4. 膜边压实，膜行要直。苗行距膜边 10 cm，膜边压土严密。膜上点播，孔穴覆土厚度为 1.5～2 cm，孔穴漏覆率小于 5%。

5. 防风揭膜。防风揭膜是地膜覆盖栽培的关键一环。机械铺膜播种时，人工辅助检查膜边是否压实的同时，在膜上每隔 5～10 m 打一条与行垂直的小土埂，土量要适中，分布要均匀。

第四节 播后管理

→ 能够理解播后管理的主要内容
→ 掌握不同生育阶段的管理重点

一、苗期管理（出苗至拔节期）

1. 生育特点

这个阶段是玉米生长分化根、茎、叶的时期，地上部分生长缓慢，以根系建成为中心，各项措施要为保苗、促根、促壮苗服务。

2. 主攻目标

苗全、苗齐、苗匀、苗壮、根多、根深。

3. 丰产长相

出苗整齐，均匀，无缺苗断条。幼苗叶色深绿，根系发达，植株敦实，生长整齐一致。

4. 管理措施

（1）保证播全苗。全苗是高产的基础，在精量种子和精准播种的基础上，达到出苗早、全、齐、匀、壮的"五苗"要求。

（2）显行中耕。中耕除草是玉米前期田间管理的一项重要农事操作。中耕的作用在于疏松土壤，流通空气，破除板结，提高地温，消灭杂草及病虫害，减少水分蒸发和养分的消耗，促进土壤微生物活动，满足玉米生长发育的要求。苗期中耕，一般可进行2~3次。第一次玉米显行就可进行，深度10~12 cm，要避免压苗、埋苗。第二、第三次中耕，苗旁宜浅，行间可深，中耕深度可达16~18 cm。

（3）适时定苗。适时定苗，可以避免幼苗拥挤，相互遮光，节省土壤养分、水分，有利于培育壮苗。一般4~5叶时定苗，注意留苗要均匀，去弱留强、去小留大、去病留健，定苗结合株间松土，消灭杂草。若遇缺株，一侧可留双株苗，确保计划留苗密度。

定苗要根据玉米品种特性、土壤肥力、管理水平、目标产量，确定合理的留苗密度。考虑到病虫为害，尤其地下害虫的危害、田间机械作业等因素，定苗时要比计划留苗密度多10%。

（4）苗期追肥。播种时未带种肥的地块，结合第二次中耕，追施提苗肥，施用数量可与种肥相当。玉米缺素症在此阶段症状逐渐明显，如红苗现象，注意识别诊断（参见中级部分玉米缺素症形态诊断），及时防治。

（5）蹲苗促壮。蹲苗是根据苗期生长发育的特点，以促进根系发育为主要目的，使根系下扎深，分布广，增强耐旱抗倒能力。其措施主要有中耕松土，控制水分。经过蹲苗的玉米叶片中叶绿素含量高，保水力强，对玉米植株增强抗旱、耐旱能力具有一定作用。

蹲苗要根据当时的苗情、土壤水分、肥力等情况区别对待。在苗色深绿、长势旺、地力肥、墒情好时应进行蹲苗；在地力瘦，幼苗生长不良时，不宜蹲苗；在土地沙性重，保水、保肥性差时，盐碱重的地不宜蹲苗。

（6）病虫害防治。玉米苗期主要有地下害虫地老虎、蝼蛄、蚜虫、红蜘蛛、叶蝉等，应及早防治（参见中级部分玉米病虫害防治）。

二、穗期管理（拔节至抽雄期）

1. 生育特点

玉米在穗期的生育特点是营养生长和生殖生长并进，生长中心由根系转向茎叶，雄穗、雌穗已先后开始分化，植株进入快速生长期。这个阶段根、茎、叶的生长与穗分化之间争夺养分、水分的矛盾突出，正是追肥、灌水的关键时期。

2. 主攻目标

控秆、促穗、植株健壮，为穗大粒多奠定基础。

3. 丰产长相

植株敦实粗壮，根系发达，气生根多，基部节间短，叶片宽厚、叶色浓绿，上部叶片生长集中，迅速形成大喇叭口状，雌雄穗发育良好。

4. 管理措施

（1）去除分蘖。玉米拔节前，由于品种类型、土壤养分、水分供应、播种深度等多方面的影响，往往会长出较多无效分蘖，应尽快去除，避免消耗水分、养分。

（2）开沟培土。开沟培土可以翻压杂草、提高地温，增厚玉米根部土层，有利于气生根的生成和伸展，防止玉米倒伏，有利于灌水、排水。

（3）适时追肥、灌水。此期处在玉米需水肥的临界期，是形成穗大、粒多的关键时期，要重施氮肥。结合开沟，重施氮肥总量的40%左右，追肥深度8~10 cm，要防止化肥漏入植株喇叭口，烧伤叶片。开沟追肥结束后，应根据天气变化、土壤墒情和玉米长相及时灌头水。第一水要灌足灌匀，间隔12~15天及时灌第二水。

（4）防治病虫害。玉米穗期的主要害虫是玉米螟、棉铃虫、红蜘蛛、蚜虫、叶蝉等，具体危害症状、防治方法参见病虫害防治。

三、花粒期管理（抽穗开花至成熟期）

1. 生育特点

玉米抽穗开花时，根、茎、叶生长基本结束，植株进入以开花授粉、受精结实和子粒生长建成、灌浆为主的生殖生长阶段。

2. 主攻目标

防止茎叶早衰，保持秆青叶绿，促进子粒灌浆，争取粒多粒重。

3. 丰产长相

单株健壮，群体整齐，植株青绿，穗大粒多，子粒饱满，后期叶片保绿好。成熟中后期叶面积指数应维持在3~4。

4. 管理措施

（1）灌水。玉米开花到成熟期需水量占全生育期的50%~55%，特别是抽穗开花期对水分反应敏感，土壤水分以保持在田间持水量的75%~80%为宜。此阶段玉米生理活动旺盛，干物质积累最多、最快，需要消耗大量的水分、养分。这时适时灌水，不但可以促进玉米开花受精，减少果穗秃顶缺粒，又可以促进大量气生根的生成，对提高玉米叶片光合强度，增加粒数、粒重，增强玉米抗倒能力，防止后期早衰都有重要作用，因此，要灌好第三、第四、第五水。灌水既要满足生长需要，又要谨防过量。后期不能停水过早，只要植株青绿，就要保持田间湿润。

（2）补施花粒肥。花粒肥能防止玉米脱肥早衰，保持叶片功能旺盛。根据玉米

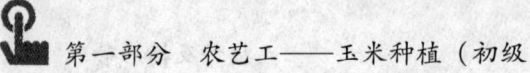

生育情况,如后期脱肥,可采用人工补施速效氮肥 5~10 kg/亩(75~150 kg/hm²);采用滴灌和自压软管灌的地块,可随水追施喷滴灌专用肥 5~10 kg/亩(75~150 kg/hm²)。

(3)防止后期早衰。玉米后期早衰与品种类型、气候变化、栽培管理、病虫危害等密切相关。近几年来,此症状在新疆南北疆玉米种植区普遍发生。应对办法应根据具体情况,如合理运筹水肥、防治病虫害等措施,尽力防止早衰,延长玉米后期叶片功能期,达到高产、稳产的目的。

(4)防止倒伏。倒伏多因种植密度过大,光照不足,根系发育不良,品种抗倒性差,水肥管理不当,病虫草危害等原因造成。中后期倒伏对产量影响较大,应尽量避免或减轻。防止玉米倒伏主要措施有:采用抗倒品种,合理密植,优化水肥管理,开沟培土,化控处理等。

四、适时收获、储藏

玉米的成熟期可分为乳熟期、蜡熟期和完熟期三个时期。完熟期子粒达到生理成熟,体积最大,干重最高,此时适时收获可以获得最高的经济产量。

子粒成熟的标准目前说法虽不完全统一,但大多数人认为子粒黑层形成,乳线消失,子粒变硬,呈现品种固有的色泽特征,这几项指标综合起来考虑,可作为判断玉米成熟的标志。

目前,新疆玉米收获主要采用机械和人工收获。机械收获主要有两种形式:一是直接收获脱粒的联合收割机,用普通联合收割机稍改装即可使用,优点是对行距要求不严,收获效率较高;其缺点是必须推迟到玉米枯熟期。此时子粒破碎多,浪费大,易霉变,一般要有配套烘干设备,如果茎秆处理不好,会给耕翻带来困难。二是摘穗收获。优点是可将茎秆粉碎还田,几乎无破碎,生产效率较高;缺点是对行距有比较严格的要求,收获的果穗苞叶、花丝去除不干净,还需人工剥除拣尽。

收获的果穗经晾晒后脱粒清选入库。一般子粒水分含量要低于14%才可安全储藏。储藏种子的库房应干燥通风,并经常检查,防止虫蛀、鼠害和霉变。

单元测试题

1. 玉米正常播种(正播)的基本要求有哪些方面?
2. 北方春播玉米适时播种所需要的内外条件有哪些?重点要求是哪些?
3. 各地玉米播种的方式方法有哪些?北方春玉米播种以哪种为主?
4. 北方春玉米地膜覆盖播种的技术要点有哪些?
5. 玉米生长中后期(穗期、花粒期)田间管理的要领有哪些?

第 4 单元

施肥与灌溉

- 第一节　土壤及肥料使用 /36
- 第二节　施肥技术 /44
- 第三节　玉米生长对水分的要求 /47
- 第四节　灌溉技术 /49

第一节 土壤及肥料使用

→ 能够识别田间土壤类型，了解土壤分级标准
→ 能够较好理解各种肥料的使用原则

一、土壤常识

1. 土壤

地球陆地表面具有一定自然肥力，能够生长植物的疏松表土层是全人类生存和发展不可或缺的重要自然资源。土壤是成土母质在自然气候一定水热条件和生物的长期作用下，经过一系列物理、化学和生物化学过程逐步形成的。土壤的基本属性和本质特征是具有一定的肥力，且能从物质组成、固相形态、质地结构和功能作用上进行多方位观察剖析的天然存在的物质实体。

2. 土壤质地

从物理性质上说，土壤质地是指土壤颗粒的大小、粗细及其匹配状况，即土壤的组合特征。土壤质地一般分为沙土、壤土和黏土三大类型。

田间土壤简易识别法：

沙土：不论加水多少都不能搓成条或片。

沙壤土：湿时可搓成大拇指粗的土条，再细即断；可成片，但片面极不平整。

轻壤土：湿时可搓成直径 3 mm 的土条，弯曲或提起一端即断裂；可成片，片面较平整。

中壤土：湿时可搓成直径 3 mm 的土条，拿起一端不断，但弯曲成直径 3 cm 的圆圈即断裂；可成片，片面平整，但无反光。

重壤土：湿时可搓成直径 2 mm 的土条，弯曲成直径 2~3 cm 的圆圈不断，压扁有裂纹；可成片，片面平整，有弱反光。

黏土类：土质滑腻，湿时可搓成直径 2 mm 以下的土条，易弯曲成小环，压扁无裂纹；成片后片面平整有反光。

3. 土壤肥力

土壤肥力是指土壤为植物生长不断地供应和协调养分、水分、空气和热量的能力，这种能力是由土壤中一系列物理、化学、生物过程所引起的,也是土壤的物理、化学、生物性质的综合反映。土壤中的水、肥、热、气、微生物是相互影响、互有关联、互相制约的。土壤肥力因素包括水、肥、气、热四大因素,具体指标有土壤质地、紧实度、耕层厚度、土壤结构、土壤含水量、田间持水量、土壤排水性、渗透性、有机质、全磷、全钾、速效氮、速效磷、缓效钾、速效钾、缺乏性微量元素全量和有效量、土壤通气性、土壤热量、土壤侵蚀状况、pH 值、阳离子交换量（CEC）等。

4. 土壤盐渍化

土壤盐渍化也称盐碱化,是指易溶性盐分在土壤表层积累的现象或过程。我国盐渍土或称盐碱土的分布范围广、面积大、类型多,总面积约 15 亿亩,主要发生在干旱、半干旱和半湿润地区。盐碱土的可溶性盐主要包括钠、钾、钙、镁等的硫酸盐、氯化物、碳酸盐和重碳酸盐。其中现代盐渍化土壤约 5.55 亿亩,残余盐渍化土壤约 6.75 亿亩,潜在盐渍化土壤约 2.55 亿亩。由于受气候及水资源条件的限制,以及科学技术、开发能力的限制,很多盐渍土尤其是现代盐渍土及残余盐渍土尚不可能得到有效利用。

(1) 土壤盐渍化的类型

1) 现代盐渍化：在现代自然环境下,积盐过程是主要的成土过程。

2) 残余盐渍化：土壤中某一部位含一定数量的盐分而形成积盐层,但积盐过程不再是目前环境条件下主要的成土过程。

3) 潜在盐渍化：心底土存在积盐层,或者处于积盐的环境条件（如高矿化度地下水、强蒸发等）,有可能发生盐分表聚的情况。

(2) 土壤盐渍化的形成条件。气候干旱、地势低洼、排水不畅、地下水位高、地下水矿化度大等是盐渍化形成的重要条件,母质、地形、土壤质地层次等对盐渍化的形成也有重要影响。

(3) 土壤次生盐渍化的主因。在干旱、半干旱和半湿润的平原灌溉区,不合理的人类活动是引起土壤次生盐渍化的主要原因,如灌排、轮作等措施不当,会使土壤发生盐渍化。这种由于人为生产措施不当而造成的土壤盐渍化,称为次生盐渍化。土壤次生盐渍化的发生从内因来看,是土壤具有潜在盐渍化的条件；从外因来看,主要是人类活动所致。

(4) 土壤盐渍化的危害

1) 引起植物"生理干旱"。当土壤中可溶性盐含量增加时,土壤溶液的渗透压提高,导致植物根系吸水困难,轻者生长发育受到不同程度的抑制,严重时植物体内的水分会发生"反渗透",招致凋萎死亡。

2) 盐分的直接毒害作用。当土壤中盐分含量增多,某些离子浓度过高时,对一般植物直接产生毒害。特别是碳酸盐和重碳酸盐等碱性盐类对幼芽、根和纤维组织有很强的腐蚀作用，会产生直接危害。同时，高浓度的盐分破坏了植物对养分的平衡吸收，造成植物某些养分缺乏而发生营养紊乱。如过多的钠离子，会影响植物对钙、镁、钾的吸收，高浓度的钾又会妨碍对铁、镁的摄取，结果会导致诱发性的缺铁和缺镁症状。

3）降低土壤养分的有效性。盐渍化土壤中的碳酸盐和重碳酸盐等碱性盐在水解时，呈强碱性反应，高pH值条件会降低土壤中磷、铁、锌、锰等营养元素的溶解度，从而降低了土壤养分对植物的有效性。

4）恶化土壤物理和生物学性质。当土壤中含有一定量盐分时，特别是钠盐，对土壤胶体具有很强的分散能力，使团聚体崩溃，土粒高度分散，结构破坏，导致土壤湿时泥泞、干时板结坚硬，通气透水性不良，耕性变差。同时，不利于微生物活动，影响土壤有机质的分解与转化。

二、肥料常识

1. 肥料种类及特性

（1）肥料种类。肥料按照化学成分一般可分为有机肥料、无机肥料、微生物肥料；按照植物所需的有效成分的种类，可分为单一肥料、复合肥料和全营养肥料；按照肥料供应的速率，可分为速效肥料、缓效（控释）肥料；按照物态可分为固态肥料、液态肥料和气态肥料。还有其他的分类方法，现从目前大家所关注的有机肥料、无机肥料和有机无机复合肥料这一分类着手，用生态的观点来论述肥料与绿色食品的生产之间的关系。

（2）有机肥料及其特性。有机肥料制造工艺可分为：农村自发利用动植物残体、排泄物等生物废弃物质，直接施用或通过传统的积造方式而成的传统有机肥，以及用现代科学技术和工艺机械化生产的现代有机肥。

1）传统有机肥

①直接做肥料施用的有：饼肥、绿肥、秸秆直接还田、泥肥等。

②通过堆、沤等方式腐熟后施用的有：堆肥、沤肥、厩肥、沼气肥等。

③生活有机垃圾及不含合成添加剂的食品、纺织工业的有机副产品，也是很好的有机肥料，如锯末、刨花、木材废弃物等成分组成的肥料。

④不含防腐剂的鱼渣、牛羊毛废料、骨粉、氨基酸残渣、家禽家畜加工废料、糖厂废料等有机物料制成的肥料。

此类肥料一般做为基肥施用，人粪尿、沼气肥可作追肥。

2）现代有机肥。包括微生物肥料（又称菌肥、生物有机肥）、腐殖质类肥料和合成有机肥。

根据微生物肥料对植物改善营养元素的不同，可分为以下几种类别：根瘤菌肥料

（有花生、大豆、绿豆等根瘤菌剂）、固氮菌肥料（有自生固氮菌、联合固氮菌等）、磷细菌肥料（有磷细菌、解磷真菌、菌根菌等）、硅酸盐细菌肥料（又称生物钾肥）、复合菌肥料（能活化两种营养元素以上，并能有效提高植物的抗病能力）等。

腐殖质类肥料是指用泥炭、褐煤、风化煤等含有丰富腐殖酸类物质加工而成的肥料，其结构与土壤腐殖质相似。它能促进植物生长发育、提早成熟、增加产量、改善品质。此类肥料一般做基肥，施用量大时，能明显改善土壤的理化性状，提高土壤肥力。

水溶性的小分子尿素已被大量生产和广泛施用，一般常作追肥，也可作基肥；缓释脲醛类肥料和腐脲作基肥用；乙二胺四乙酸（EDTA）和二乙基三胺五乙酸（DTPA）的铁盐、锌盐目前主要用于无土栽培，其实它还可用于根外追肥及基肥。除尿素外，其他的合成肥料尚未被广泛使用，但它们优越的肥效和生态效应越来越被专家学者所看好。随着我国化肥工业的发展，缓释脲醛类肥料、腐脲及EDTA和DTPA的铁盐、锌盐等将逐渐被广泛使用而普及推广。

（3）无机肥料及其特性。无机肥料是在工厂中由矿物或气体经物理或化学方法制成，是化肥的一种类型。其养分是无机盐，含有植物所需的各种营养元素，分别被称做相应的肥料，如氮肥、磷肥、钾肥等。一般把含有植物所需的氮、磷、钾营养三要素之二种以上者称为复合肥。

主要常见的无机肥料有：硫酸铵、碳酸铵、过磷酸钙、重过磷酸钙、磷酸二铵、磷矿粉、硫酸钾、磷酸二氢钾、无机复合肥和用硫黄等无机物包膜的缓释肥料等。

这些肥料最大的特点是：有效养分含量高；大多数是水溶性的，其中养分状态都是植物能直接吸收利用的，因此，发挥肥效快；其物理性状良好，便于储藏、运输和施用，是绿色食品生产中不可缺少的，而且水溶性的无机肥料主要在植物生长旺盛期做追肥，如硫酸铵、硫酸钾、磷酸二氢钾可以用做种肥及根外追肥；非水溶性的无机肥料和用硫黄等无机物包膜的控释肥料做基肥。

（4）微生物肥料。微生物肥料是以微生物的生命活动导致作物得到特定肥料效应的一种制品，是农业生产中使用的一种肥料。它在我国农业生产中已有近50年的历史，从根瘤菌剂→细菌肥料→微生物肥料，从名称上的演变就能说明我国微生物肥料逐步发展的过程。按目前生物肥料制品的功能，可将微生物肥料主要分为以下两大类。

1）有机无机复合肥料。有机无机复合肥料是传统的有机与无机配合良好的施肥方式结合，在产生良好的肥效、经济效益与生态效益的基础上发展起来的。这一类肥料养分配比是根据土壤的养分状况、植物对养分的吸收规律、各种肥料的特点、各地的土壤和气候特点以及栽培技术等综合因素，由有机肥料与无机肥料在化工厂按一定的比例混合加工而成。在加工过程中既达到了无害化处理，又改善了传统的有机肥料中氮、磷、钾养分含量低、含水量高及恶臭等不良物理性状。这一类肥料不但提高了肥效，而且有效提高了农产品的产量和品质,使经济效益与生态效益得到同步提高,是目前我国肥料发展的一个方向。

有机无机复合肥料有经无害化处理后的畜禽粪便,加入适量的氮、磷、钾元素及锌、锰、硼、铁等微量元素制成的肥料;以发酵工业废液、干燥物质为原料,配合种植蘑菇或养禽用的废弃混合物制成的肥料等。

2)缓释肥。用高分子有机聚合物包裹速效的水溶性的无机肥形成的缓释肥,也是一种微生物肥料,不过以无机物质为主,故习惯上把它看成是无机肥。

2. 肥料储存和混合

(1) 肥料储存

1)农家肥料的储存。农家肥料是指农家自产的各种畜禽粪便和人粪尿。农家肥料在储存、施用过程中应注意以下问题:

①严格控制与碱性物质混合,特别是农村的草木灰,如果与草木灰混合将造成农家肥料中氮素养分的大量损失。

②防止露天任意堆放,避免造成环境污染和肥料中养分损失。

③应注意保管,使其有效地腐熟,防止有害物质积累,危害作物生长。若农家肥没有完全腐熟,施入土壤后继续发酵,很容易对作物的根系产生危害。

④施用农家肥还应注意防止造成对环境和作物的污染。

2)微生物肥料的储存。微生物肥料是有生命的肥料,如果储存时间过长(>120天),储存的环境温度过高等,会导致作用效果的降低;在特别情况下,微生物可能大量死亡,由对恶劣环境忍耐能力更强的其他菌类所取代,如果这样,其施用后果就很难说了。

(2) 肥料混合。玉米生长发育需要多种营养元素,平时我们生产上购买的化学肥料中多数只含一种元素或者两种元素,如尿素、氨水、碳酸铵等就是很单一的氮肥。氯化钾也是很单一的钾肥,只有少数的复合肥料含有多种营养元素。农业生产上常将两种或两种以上的肥料混合以后施用,这样可以减少施肥次数。在混合肥料的过程中,要注意几点:一是混用后肥料的物理性状不能产生不良变化,比如从粒状变成了块状;二是肥料养分不应受到损失;三是有利于提高肥料效果。

1)不同化学肥料之间的混合

①可以混合的情况:硫酸铵和过磷酸钙、硫酸铵和磷矿粉、尿素和磷酸盐肥料、硝酸铵和氯化钾,它们混合后,形成氮磷和氮钾复合肥,不但养分没有损失,而且还能减少各种肥料单独施用时的不良作用和提高肥效。例如,硝酸铵和氯化钾混合后,潮解小,具有良好的物理性状,便于施用;硫酸铵与磷矿粉混合施用,可以增加磷矿粉的溶解度,提高磷矿粉的肥效。

②可以暂时混合但不可久置的情况:有些肥料混合后应立即施用,不会对作物发生

不良影响，但如果混合后长期放置，就会引起有效养分含量降低，物理性状变坏。例如，过磷酸钙和硝态氮肥（硝酸铵等）两者混合，更加容易潮解，还能引起硝态氮逐渐分解，造成氮素损失；尿素和氯化钾、石灰氮和氯化钾混合后放置时间长，也会增加吸湿性而使肥料物理性状变坏。

③不可混合的情况：这类肥料混合后，会引起养分损失，降低肥效。例如，铵态氮肥（硝酸铵、硫酸铵等）与碱性肥料（如石灰、钢渣磷肥、石灰氮或草木灰等）混合后会引起氮的损失；将过磷酸钙等速效磷肥与碱性肥料石灰氮、石灰、钢渣磷肥、草木灰等混合后，就会引起磷酸退化作用，降低有效磷含量；难溶性磷肥与碱性肥料混合，使得难溶性磷肥中的磷更难被作物吸收利用。

2）有机肥料与化学肥料的混合

①可以混合的情况：例如，厩肥、堆肥与钙镁磷肥混合，厩肥、堆肥在发酵中产生的有机酸可以促进难溶性磷的分解。厩肥、堆肥与过磷酸钙混合，可以减少磷肥中的有效磷与土壤接触，防止磷被土壤固定。酸性强的有机肥，如高位草炭与碱性肥料（如石灰、钢渣磷肥、石灰氮或草木灰等）混合时，碱性肥料中的碱性可以用来中和草炭的酸性。人粪尿混入少量过磷酸钙可以形成磷酸二铵，减少和防止氨的挥发损失。

②不宜混合的情况：某些未腐熟厩肥、堆肥不能与硝酸盐肥料混合，否则容易产生反硝化作用，引起氮的损失。新鲜的、含有大量纤维物质的有机肥料，最好不要与矿质肥料混合，应该等到它腐熟后再与矿质肥料混合；不过也有例外，就是即使是腐熟的人粪尿也不要与碱性肥料混合，以免加速氨的挥发。

3. 常用化肥的识别

化肥、农药的真假优劣，直接影响作物正常生长。各种化学肥料都具有规范的标志、特殊的外部形态以及不同的物理化学性质。根据肥料包装，从外表上可以观察实际情况，根据水溶性、加碱后的变化和遇火燃烧的情况可初步判断肥料的类型和真假。但要明确知道养分含量是否符合产品标准，必须进行抽样检测。

（1）常见化肥的鉴别方法

1）尿素的鉴别

①真尿素为白色或淡黄白色，无味，呈针状、棱柱状或圆粒状结晶，能完全溶于水。

②取少许样品，放入石灰水中，闻不到氨味的为真尿素，能闻到氨味的为掺入其他物质的氮素肥料。

③点燃几块木炭，或将铁片或瓦片用火烧热，将少许尿素放在其上灼烧，可看到冒出白烟，闻到刺鼻氨味，同时很快化成水的，为真尿素；若灼烧时看到轻微沸腾状，又发出"吱吱"响声，则表明此尿素掺有硫酸铵，为劣品；若散发出盐酸味，则表明其

中掺有氯化铵；若灼烧出现轻微火焰，则说明其中混掺了硝酸铵。

2）复合肥的鉴别

①随机取少量复合肥，在1.5 m高处松手让其自由落地，重复2~3次，着地声音发尖的为伪劣产品，发闷的为真品。

②取少许复合肥放入潮湿的盘中，让其自由吸湿6~8 min，吸湿快的为伪劣产品，吸湿慢的为真品。

③利用密度不同鉴别真伪。拿同样是25 kg装的复合肥比较，真品体积相对小些，而伪劣产品体积则要大些。

④取少许样品放入水中，能全部溶化的为真品，否则是伪劣产品。

3）碳酸氢铵的鉴别

①取少量样品放在微凹的铁片或瓦片上灼烧，不熔融而直接蒸发或分解的，则为碳酸氢铵或氯化铵；如产生熔融形成流体或半液体的，则表明该肥不纯，混掺有硝酸铵钙或硝酸铵之类化肥。

②呈白色或浅黄色粉状或颗粒状结晶，闻之有刺鼻的氨味，溶于水中有较大氨味放出，此为真碳酸氢铵，反之则为伪劣产品。

4）硫酸铵的鉴别

①真品为白色或浅灰色结晶体，也有蓝色或淡红色的，无味或有苦咸味，能完全溶于水。

②取少许样品放在烧热的铁片或瓦片上，既不熔化，也不燃烧，能闻到氨味，铁片上有黑色痕迹，可证明为硫酸铵，否则为伪劣产品。

5）硝酸铵的鉴别

①真品呈白色、黄色、黄白色结晶或粒状，无味，能完全溶于水，多用厚牛皮纸包装。

②取少许样品放在铁片上灼烧，立即熔化，有红色火焰并发出氨味，为硝酸铵，否则为伪劣产品。

③取少许样品溶于水后，将此溶液倒入白色瓷皿或白底碗中，加入4滴二苯胺溶液，变成蓝色的，为真品；反之则为伪劣产品。

6）硝酸钾的鉴别。取少许样品放在烧红的铁片或木炭上，既不熔化，也不燃烧，又不放出特别的气味，但能溶于水，将此水溶液加入氯化钡溶液，立即产生白色沉淀物，可证明为真硝酸钾；反之则为伪劣产品。

7）氯化钾的鉴别。氯化钾呈白色或淡红色结晶，无味，能溶于水。鉴别方法是：取少许样品放在烧红的铁片或木炭上，产生紫色火焰；将其溶液加入几滴氯化钡溶液，不产生白色沉淀物，证明为真品，否则为伪劣产品。

8）过磷酸钙的鉴别

①优质品含磷为14%~20%，呈白色粉末状，无结块。

②取1~2汤匙样品放入碗或茶杯中，加水搅动，合格品大部分悬浮于水面，仅有少量残渣沉于杯底；若是掺假掺杂的，沉淀物中的沙子、泥土、矿粒等就很多。

③优质品能逸出淡淡酸味，但若其酸味太淡，则说明酸化不足，有效磷含量低；若酸味过重，则表明酸化过重，施用会烧伤植物，也会破坏土壤结构；若闻到铁锈味、臭味或怪味，则表明该产品是用工业废酸料制成，施用后会造成对农作物毒害，还会污染农田土壤，影响农产品品质。

④优质品含水量不超过14%，手摸有凉爽感觉，手上无水渍，若手摸有湿迹并黏附，或感觉过干或粗糙，可认定为伪劣产品。

9) 钙镁磷肥的鉴别。成品粉末状，呈白色或绿褐色，无味，不溶于水。将其少许放在烧红的木炭上，既不会冒烟，也不会发出酸味，在其溶液中加入几滴氯化钡，不会产生白色沉淀物，则为真品；反之可视为伪劣品。

(2) 叶面肥、微肥、生物肥料的鉴别

1) 叶面肥的鉴别

①看包装和说明书。正规的符合国家质量要求的叶面肥品种应标明：产品名称、生产企业名称和地址，肥料的农用登记证号、产品标准号、有效成分名称和含量、净重、生产日期，产品适用作物、适用区域、使用方法和注意事项。

②看溶解情况。可把一袋叶面肥和1 kg左右水混合，看其溶解情况。若叶面肥全部溶解，没有沉淀，说明该产品质量好，有效成分高，养分易于被作物吸收；若叶面肥不能完全溶解，水下有沉淀，说明该产品质量不过关，在喷施时易堵塞喷雾器喷头，作物对养分的利用率不高。

③看剂型和干燥度。目前，农资市场上有固体叶面肥和液体叶面肥两种类型，一般来说，固体叶面肥优于液体叶面肥。固体叶面肥又分颗粒状和粉状两种，颗粒状的叶面肥要优于粉状的，因为颗粒状叶面肥经过特殊工艺加工而成，具有施用方便、干燥程度高以及易于保存等优点。

2) 微肥的鉴别。微肥包装应注明哪种微量元素且含量是多少；若以氯化物制成的应注明含氯量。常用微肥主要通过其结晶状态、颜色不同及溶解度性质识别。如果微肥结晶、颜色均匀，水溶性好，其质量一般没有大问题。

3) 生物肥料的鉴别。鉴别的方法主要有以下几个方面：

①施用量。一般来说，化肥（专用肥、复合肥）、有机肥、无机复合肥的施用量每亩都在几十千克甚至上百千克，而生物肥的用量一般不会超过10 kg。

②施用次数。生物肥的施用次数大多为植物的一个生育周期施用一次，生育期较长（半年以上）的可增施一两次，而其他肥料大多在一个生育期内（甚至一个月内）施用几次；纯生物肥是以活的微生物起作用，数量越多，活性越强，肥效越高；反之，肥效

低甚至无效果。

检验真假生物肥的方法有三种：一是火上烧，真正的生物肥烧完后是青灰，假生物肥易熔化、聚团，有残渣；二是真正的生物肥长毛，假生物肥不长毛；三是真生的生物肥不溶于水，假生物易溶于水。

第二节 施肥技术

→ 掌握玉米施肥的基本方法
→ 掌握施肥时期与施用量
→ 了解各种施肥方式的优缺点

一、氮、磷、钾三要素在玉米生长发育中的作用

1. 氮

蛋白质和核酸中都含有氮素，蛋白质是构成原生质的基本物质。氮是叶绿素的组成成分，叶绿素是作物进行光合作用不可缺少的物质。氮也是植物体内多种酶的成分。酶是一种催化剂，能控制体内各种生物化学反应的过程。一些维生素和生物碱中也含有氮素，它们都是作物生长的必需物质。

2. 磷

磷是细胞核和核酸的组成成分，核酸对作物生长发育和遗传特性有重要作用。磷脂中含有磷，磷脂是生物膜的重要组成成分。三磷酸腺苷成分中有磷酸，或称腺三磷，是高能磷酸化合物，参与作物体内的能量代谢过程，是能量的中转站，细胞分裂和新器官的形成都不能缺少。磷营养的正常供应，有利于保持良种的遗传特性。特别是作物的生育早期，充足的磷营养对促进作物的生长发育和早熟、优质高产有重要作用；否则，前期根系发育不良，即使以后大量补给，也难以完全弥补。磷是作物体内各项代谢过程的参与者，对碳水化合物的运输，淀粉、蛋白质、脂肪、纤维素的合成均有重要影响。磷具有提高作物抗旱、抗寒、抗盐碱的能力。

在氮素代谢中，磷也很重要。如果磷不足，就会影响蛋白质的合成。严重缺磷时，蛋白质还会分解，从而影响氮素的正常代谢。在土壤缺磷时单施氮肥效果不好，生产上重视氮磷肥配合使用。供磷不足，会使细胞分裂受阻，生长停滞；根系发育不良，叶片狭窄，叶色暗绿，严重时变为紫红色。不少生产经验表明，充足的磷营养能提高植物的抗旱、抗寒、抗病、抗倒伏和耐酸碱的能力，能促进植物的生长发育，有利花芽分化和缩短分化的时间，因而能加速玉米提早开花、成熟。

3. 钾

钾能促进作物体内的多种新陈代谢过程，能加快作物的光合同化作用；促进呼吸作用；提高作物对氮素的吸收和运转；对作物体内养分运转、有机物合成都起到很重要的作用。钾能提高作物品质，是重要的品质元素。钾能增强作物的抗逆性，提高植物对干旱、低温、盐害等不良环境的忍受能力和对病虫、倒伏的抵抗能力，还能促进作物表皮组织和维管组织的发育，增加细胞持水力，减少作物叶面蒸腾，增强作物抗旱能力。钾能增加作物体内糖分积累，提高细胞渗透压，增强作物抗寒性能。此外，钾还能增强作物抗倒伏、抗病虫害侵袭的能力。

土壤缺乏钾的症状是：首先从老叶的尖端和边缘开始发黄，并渐次枯萎，叶面出现小斑点，进而干枯或呈焦枯状，最后叶脉之间的叶肉也干枯，并在叶面出现褐色斑点和斑块。

二、玉米对氮、磷、钾的吸收

玉米在不同的生育阶段，吸收氮、磷、钾的速度和数量都有显著的差异。一般来说，玉米幼苗时生长较慢，植株小，对氮的吸收量较少，约占总氮量的2%左右；拔节至开花期，进入快速生长，此时正值雌雄穗形成发育时期，吸收营养元素速度快、数量多，是玉米需要营养元素的关键时期，对氮的吸收占总量的50%左右；子粒灌浆期，吸收速度和数量逐渐缓慢减少，此期对氮的吸收占总量的45%左右。玉米对磷的吸收规律基本上与氮素相同，拔节孕穗至抽雄达到高峰，授粉以后减慢。而玉米对钾的吸收，在抽穗授粉期吸收50%左右，至灌浆高峰时已吸收全部的钾。

三、玉米吸收氮、磷、钾元素数量和比例

玉米一生对氮、磷、钾的吸收数量和比例，除随产量水平提高而增加外，还因土壤、肥料、气候以及施肥方法不同而有差异。据1989年新疆土壤普查结果表明，新疆土壤含钾比较丰富，而缺氮少磷。根据试验测定，每生产100 kg子粒平均需吸收氮素2.6 kg，磷1.21 kg，钾2.18 kg。吸收氮、磷、钾的比例大致为$1:0.46:0.84$。这一数量和比例可供制订施肥方案时参考。

四、玉米生育期的需肥量

玉米是需肥水较多的高产作物，一般随着产量提高所需营养元素数量也增加。玉米全生育期吸收的主要养分中以氮为多，钾次之，磷较少。生产中可以用目标产量法来确定施肥量。即根据当地每100 kg子粒平均需吸收氮、磷、钾的数量及吸收比例来确定施肥量。

五、玉米的施肥方式

合理施肥主要是根据玉米需肥规律、土壤肥力、肥料类型以及施肥时的外界自然气候条件和栽培技术管理措施，确定适宜的施肥量、养分配比、施肥时期和施肥方法，以求最大限度地提高肥料利用率。玉米高产施肥技术分为基肥、种肥、追肥和根外叶面喷肥。

1. 基肥

基肥是播种前施用的肥料，也称底肥，通常应以优质有机肥料为主、化肥为辅。其重要作用是培肥地力，疏松土壤，缓慢释放养分，供给玉米苗期和后期生长发育的需要。

目前新疆各地兵团团场有机肥料肥源紧张，基肥基本上以腐熟的油渣、有机复合肥、秸秆还田、绿肥和化肥为主。一般结合秋耕冬翻将所有有机肥、氮肥总量的40%~50%、磷肥总量的70%~80%全层深施。

2. 种肥

种肥供种子萌发和幼苗生长所需，以速效性化肥为主。由于化肥施用后吸水，溶液浓度大，特别是氮素化肥会引起烂种，因此要与种子分开施入，深度为8~10 cm。种肥数量：氮肥总量的10%左右及施基肥后剩余的全部磷肥，加入腐熟过的油渣或羊粪20~30 kg/亩。

3. 追肥

（1）提苗肥。没有施用种肥的地块，结合第二次中耕追施提苗肥，数量与种肥相当，加入腐熟过的油渣或羊粪20~30 kg/亩。

（2）孕穗肥。玉米拔节至抽雄是施肥最大效应时期，此期正值雌穗小穗分化盛期，营养生长和生殖生长并进，是决定果穗大小和粒数多少的关键时期，需要较多的养分和水分。孕穗肥宜采用速效氮素化肥，数量占氮肥总量40%左右，结合开沟培土施入，灌水后可迅速发挥肥效。

（3）花粒肥。花粒期玉米已完全进入生殖生长，子粒中干物质产量90%以上来自叶片的光合产物，此时保持叶片青绿，延长叶片功能期，是增加粒重、获得高产的重要目标。由于这个时期玉米植株高大，无法进行田间机械作业，使用滴灌或自压软管灌溉的地块，可随水滴施5~10 kg/亩喷滴灌专用肥或其他速效氮肥。或开沟追肥施入一定数量高效涂层尿素，控制并延缓速效氮肥的释放速度，延长尿素的肥效期。

4. 叶面肥

叶面喷肥操作比较简便，营养元素运转快，起效快，是根外追肥的一种补充，特别是对玉米缺素症的防治有良好的效果。叶面肥的种类主要有微量元素叶面肥、稀土微肥、有机化合物叶面肥及部分生物调控剂等。一般结合打药等措施一起施用。

第三节 玉米生长对水分的要求

→ 了解玉米生长发育与水分的关系
→ 掌握玉米一生灌溉时期以及常规用水量

一、玉米生长与水分的关系

1. 水分在玉米生命活动中的作用

水是玉米进行正常生理活动必不可少的物质。

玉米植株体内细胞原生质是一个高度含水的胶体系统，活的原生质一般含水80%以上。原生质水分含量的多少，在很大程度上决定着细胞生命活动的状态。水分含量高，原生质呈溶胶状态，细胞代谢旺盛。水分亏缺，原生质向凝胶转变，代谢减弱或受抑制。若原生质失水过多，则引起原生质胶体破坏，导致细胞死亡。另外，原生质中水分存在的状态也和生命活动有关。

水是许多代谢过程的原料。在光合、呼吸、有机物质的合成和分解、运转等过程中，都有水分参与，没有水，这些生理生化过程就不能正常进行。绝大多数代谢过程都是在水介质中进行的。如许多生物化学反应都是在水介质中进行的，有机物质和无机物质只有溶解在水中才能被吸收转化。水在植株体内各部位不断移动，这种移动可将溶解于其中的各种物质运达到植株的各部位，从而把植株的各部分联结起来，成为一个有机整体。

水分影响细胞膨压并制约某些器官的状态。水分充足时，细胞膨压高，保持组织的紧张度，从而使植株保持固有姿态。叶片依靠蒸腾作用，有效地避免了植物体的温度过度升高，维持正常的温度范围。此外，蒸腾作用带动的水分运行也是促进根系营养矿物质和叶片光合产物的运输、分配的载体。

2. 水分对玉米生长发育的影响

（1）对生育进程的影响。在适宜的土壤水分范围内，植株营养器官和生殖器官发育进程协调，生育期稳定；而水分过多或干旱胁迫则导致生育进程减慢，生育期延长。尤其干旱胁迫下营养器官生长缓慢，雌、雄穗发育失调，生育进程明显推迟。

（2）对营养器官生长的影响。土壤水分状况对玉米植株营养体生长有明显影响。

玉米叶面积扩展或衰亡对水分变化反应敏感，不同生育时期的差异也较大。据徐世昌等（1995）研究，拔节期干旱胁迫，植株叶片生长量减少，轻、中、重度胁迫处理分别比对照减少35.36%、83.54%和97.93%；大喇叭口期因干旱胁迫，叶片日生长虽变化幅度与拔节期无明显差异，但日衰减量却明显增加；开花期和灌浆期因干旱胁迫，叶片日衰减量大幅度增加，尤以开花期因干旱胁迫衰减更重。开花期和灌浆期因干旱胁迫会对叶面积造成永久性伤害。

（3）对生殖器官发育的影响。玉米生殖器官发育对水分的反应比营养器官更敏感；玉米生殖器官的发育与营养体生长状况具同步性，土壤水分亏缺均导致营养体削弱，进而造成雌、雄穗发育延缓、体积减小、抽出推迟。干旱胁迫明显影响果穗长度、粗度、结实小花数及穗粒数。

（4）对干物质积累量的影响。玉米干物质积累量取决于光合性能的高低。由于光合性能的诸因素均受土壤水分状况的影响，故玉米干物质积累量与土壤水分关系密切。土壤相对持水量在80%以下时，拔节前单株干物质积累量无明显差异；拔节后随土壤水分的增加而增加；大喇叭口期以后更明显。表明玉米在苗期耐旱性较强，耐涝性较弱；拔节后抗旱性减弱，耐涝性增加。

（5）水分对植株性状整齐度的影响。玉米群体植株性状的整齐度与经济产量密切相关。群体株高整齐度与产量、果穗长度整齐度与产量均呈极显著正相关。土壤水分状况是影响群体植株性状整齐度的重要因素之一。玉米不同生育阶段因干旱胁迫均会导致株高、穗位高、穗长等性状整齐度降低。苗期阶段因干旱胁迫对株高整齐度影响最大；穗期阶段对穗位高、穗长整齐度影响最大；花粒期阶段对穗粒重整齐度影响最大。

（6）对产量及产量构成因素的影响。水对玉米产量的形成有重要的影响。生育期间的土壤水分状况直接或间接引起产量及产量因素的变化。适宜的土壤水分不仅促进干物质产量的提高，并能促进产量因素之间的协调发展，提高经济系数及经济产量。水分亏缺或土壤湿度过大则制约相关产量因素的发展，降低产量。

玉米生育对水分的要求，随生育进程变化而变化。就全生育期来说，苗期植株小，叶子又少又小，以生根为主，表现需水少、耐旱，春玉米可蹲苗促壮；低温多雨对幼苗生长不利。进入拔节期，茎秆生长较快，植株高大，需水增多；遇干旱缺水会造成茎秆低矮不长。抽雄开花期，耗水多，对水分需求敏感，是需水临界期，缺水受旱会造成"卡脖子旱"；灌浆结实期，需水量逐步减少。

二、灌溉时期

玉米全生育期灌溉可分几次，全期一般需灌水4~5次，其中要抓好三个关键时期的灌溉。春玉米灌头水在拔节孕穗期。灌头水后，经10~15天，穗期即抽雄扬花期，为玉米需水临界期，是第二个需水关键时期。玉米果穗灌浆至成熟时间较长，花粒期为第三个需水关键时期，一次灌水量不宜过大，避免根系过早衰老。灌溉时期分为：

1. 播种期和出苗期

玉米播种时要保证土壤墒情，保证出苗。苗期控制土壤墒情，但在麦套玉米的共生期，要保证水分供应。

2. 拔节孕穗期

拔节孕穗期如发现出现"卡脖子旱"苗头时，必须及时灌水。

3. 抽穗开花期

抽穗开花期土壤墒情不好，将导致严重减产，花期灌水平均增产10%以上。

4. 成熟期

灌浆后期到乳熟末期，土壤墒情好可防止群体植株早衰，子粒充实饱满。

三、灌溉水量

玉米对水分的要求及排灌处理：玉米一生需水较多，除苗期应适当控制灌水外，其生长的中后期都必须满足玉米对水分的要求，这样才能获得高产稳产。玉米需水多受到地区、气候、土壤及栽培环境条件的影响。据已有的统计资料说明，在常规灌溉条件下，亩产500 kg（7 500 kg/hm²）的夏玉米耗水量为300~370 m³（4 500~5 550 m³/hm²），形成1 kg子粒大约需水700 kg。新疆春玉米吨粮田灌水大体上每亩450~500 m³（6 750~7 500 m³/hm²）。在玉米各个生育时期耗水量有较大的差异。由于春玉米、夏玉米的生育期长短和生育期间的气候变化不同，春玉米、夏玉米各生育时期耗水量也不同。

采用先进的精量灌溉技术，灌水量可减半，明显降低生产成本。

第四节 灌溉技术

→ 掌握常见的玉米灌溉种类与方法
→ 了解玉米灌溉方法的优缺点

一、灌溉种类

1. 储水灌溉

储水灌溉也叫储备灌。玉米播种前必须保证土壤有足够墒情,既要能满足种子发芽出苗需水,又要保持拔节前对水分的需要,促使根系下扎,壮苗发根。播前储备灌须灌深、灌透,尤其是盐碱地,应做到洗压盐碱。玉米储备灌一般在冬前进行,灌溉水量为 $1\ 200 \sim 1\ 500\ m^3/hm^2$。有良好水源条件的地区,可实行早春灌,要做好灌后耙耱保墒工作。

2. 生育期灌溉

生育期灌溉可分几次,玉米全生长期一般需灌水 $4 \sim 5$ 次,要抓住三个关键时期。春玉米头水在拔节孕穗期,新疆地区大体在 6 月中下旬,必须灌深、灌透、灌足,灌水量 $1\ 300 \sim 1\ 400\ m^3/hm^2$,盐碱地水量应适当增加。灌头水后,经半个月,在抽雄扬花期,为玉米需水临界期,是第二个灌水关键时期,应根据天气变化和土壤肥水状况,灌水 $1 \sim 2$ 次。进入子粒灌浆至成熟时间较长,为第三个灌水关键时期,也需灌水 $1 \sim 2$ 次。中后期灌水,每次灌水量 $1\ 000 \sim 1\ 200\ m^3/hm^2$,一次灌水量不宜过大,避免根系过早衰老,造成植株早衰减产。

二、灌溉方法

1. 畦灌

小畦灌溉是我国北方井灌区行之有效的一种节水灌溉技术,河北、山东、河南等省的一些园田化标准较高的地方,正在逐步推广应用。其优点是灌水流程短,减少了沿畦长途中产生的深层渗漏,因此,能节约灌水量、提高灌水均匀度和灌水效率。缺点是灌水单元缩小,整理畦面时费工。小畦灌溉就是相对过去长畦、大畦而言,将灌溉土地单元划小,但畦的大小也不是越小越好,应根据有关技术指标确定畦田的大小。

小畦灌溉的关键指标是灌水定额、单宽流量、畦坡和畦长。在灌水定额、单宽流量和地面坡度已知的条件下,可以计算出畦合理的长度。这是北方稻麦产区设计小畦长宽的理论根据,一般情况下,如果地面坡度较大,土壤透水性较弱,则畦田可适当加长,入畦流量适当减小;如果地面坡度较小,土壤透水性较强,则要适当缩短畦长,加大入畦流量,这样才能使灌水均匀,防止水向深层渗漏。

2. 沟灌

沟灌是指在作物行距间开挖灌水沟,灌溉水在沟中流动过程中,靠重力和毛细管作用湿润土壤的灌溉方法,这种灌溉方法主要用于棉花、玉米等宽行距中耕作物。沟灌时较大的水漫灌对土壤的团粒结构破坏轻,灌水后表土疏松,这对质地黏重的土壤更为重要,可避免板结和减少株间蒸发量。灌水垄沟深 $18 \sim 22\ cm$。目前,沟灌是新疆玉米灌溉使用最多的方法,操作简便,对土地要求不严,较大田漫灌和畦灌省工、省水,是一种节水灌溉技术。

3. 节水灌溉新技术

（1）间歇灌。间歇灌又称波涌灌或涌灌。灌溉水流间歇性地而不是像传统灌溉那样，一次使灌溉水流推进到沟的尾部。间歇灌是由左右转换的间歇阀装置（有机械阀和电子控制阀两类）控制水流向两组沟（畦）交替供水的灌溉技术。由于周期性循环供水，间歇灌具有灌水推进速度快、省水、灌水均匀等优点。间歇灌改善了土壤入渗条件，由于间歇供水使土壤入渗层出现周期性吸湿和脱湿过程，在这个过程中，水流的平整作用使土壤表面形成致密层，入渗速率和面糙率都大大减少。当水流经过上次灌溉过的田面时，推进速度显著加快，推进长度显著增加，改进了常规连续灌水时的连续过湿现象，田间深层渗漏减少，为高产节水、节本增效创造了有利条件，一般可节水10%~40%。间歇灌适用于玉米沟（畦）较长的地块，硬件投资少，是当前生产上一种具有良好前景的节水灌溉方法。

（2）喷灌。喷灌是将具有一定压力的灌溉水，通过喷灌系统，喷射到空中，形成细小的水滴，再洒浇到耕地地面的一种灌溉技术。它具有输水效率高、地形适应性强和改善田间小气候的特点，对水资源不足、适水性差，需强迫运转的地区尤为适用。一般情况下，喷灌可节水20%~30%。

（3）滴灌。滴灌是将具有一定压力的灌溉水，通过滴灌系统，利用滴头或者其他微水器将水源直接输送到玉米根系，灌水均匀度高，不会破坏耕层表土的土壤结构，可大大减少株间蒸发量，是目前最节水的灌溉技术之一。

（4）微喷灌。生产中应用的小型行走式喷淋机是一种节灌机具，通过其背负式水箱可进行微喷灌，喷水的同时还可一次性喷药、喷肥，节水效果明显。地膜玉米从出苗至大喇叭口期正值一些山区夏热干旱阶段，尤其玉米抽雄时期对水分反应敏感，其生长好坏直接关系到营养物质积累与幼穗分化发育，此机具的运用将大大缓解夏旱对玉米生育的影响，有利于玉米幼穗分化，干物质积累多，最后穗粒产量高。

（5）控制性分沟交替灌溉。分沟交替灌溉在玉米灌溉中的应用是根系水平方向上的干湿交替、隔沟交替灌溉。即在灌溉时，不是像通常的灌水方式那样逐沟灌溉，而是隔一沟灌一沟，一沟灌一沟不灌。下一次灌水时，只灌溉上次没有灌水的沟。每沟的灌水量比传统方法增加30%~50%，这样分沟交替灌溉一般可比传统灌溉节水25%~35%。

单元测试题

1. 耕地土壤有哪些特点？土壤肥力有哪些构成因素？
2. 肥料可分为哪几类？各有何特点？

第一部分 农艺工——玉米种植（初级）

3. 玉米高产施肥技术有哪些？追肥有几个关键时期？
4. 生产上常用的肥料三要素对作物生长有何重要的生理作用？
5. 玉米一生灌溉的重要时期有哪些？
6. 目前节水灌溉的方法有哪些？

单元 4

第5单元

玉米病虫草害

- 第一节　玉米主要病虫草害识别 /54
- 第二节　农药安全使用常识 /68

第一部分 农艺工——玉米种植（初级）

第一节 玉米主要病虫草害识别

→ 掌握主要病虫草害的识别方法

→ 掌握当地常见病虫草害防治方法

一、玉米病害的识别

1. 大斑病

玉米大斑病是分布较广、为害较重的病害。在我国，主要发生在东北、华北春玉米和南方海拔较高、气温较低的山区。发生严重的年份，感病品种减产50%左右。

玉米大斑病又称条斑病、煤纹病、枯叶病、叶斑病等，主要为害玉米的叶片、叶鞘和苞叶。叶片染病先出现水渍状青灰色斑点，然后沿叶脉向两端扩展，形成边缘暗褐色、中央淡褐色或青灰色的大斑。后期病斑常纵裂，严重时病斑融合，叶片变黄枯死。潮湿时病斑上有大量灰黑色霉层，下部叶片先发病。在单基因的抗病品种上表现为退绿病斑，病斑较小，与叶脉平行，色泽黄绿或淡褐色，周围暗褐色，有些表现为坏死斑。具体状况如图5—1所示。

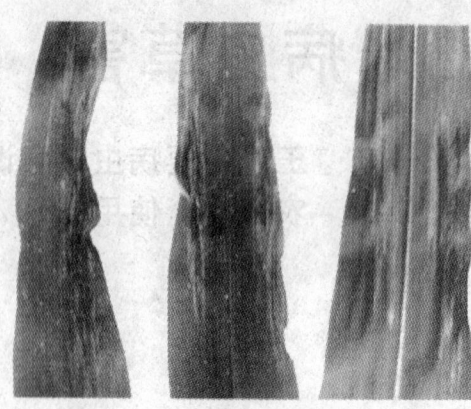

图5—1 大斑病

2. 小斑病

小斑病在全国玉米产区均有分布，本病在玉米整个生长期皆可发生，但以抽雄和灌浆期发病为重，主要为害叶片，叶鞘、苞叶和果穗也可受害。叶片病斑呈椭圆形、纺锤形或近长方形，黄褐色或灰褐色，边缘色较深，如图5—2所示。抗病品种的病斑呈黄褐色坏死小斑点，周围具黄晕，斑面霉层病症不明显；在感病品种上，病斑的周围或两端可出现暗绿色浸润区，斑面上灰黑色霉层病症明显，病叶易萎蔫枯死。

图5—2 小斑病

3. 瘤黑粉病

瘤黑粉病为局部侵染性病害，在玉米整个生长发育期任何地上部分的幼嫩组织均可受害，如图5—3所示。叶片受害常出现成串排列的病瘤；雄穗受害时，大部分或个别小花形成长囊状或角状病瘤；雌穗被侵染后多在果穗上半部形成病瘤，严重时全穗形成大的病瘤。

4. 丝黑穗病

玉米丝黑穗病是苗期侵染的系统性病害，一般到穗期才出现典型症状，如图5—4所示。雄穗受害多数病穗仍保持原来的穗形，部分小花受害，花器变形，颖片增长呈叶片状，不能形成雄蕊，小花基部膨大形成菌瘿，外包白膜，破裂后散出黑粉（冬孢子）；发病重的整个花序被破坏变成黑穗。雌穗病果穗较粗短，基部膨大，不抽花丝，苞叶叶舌长而肥大，大多数除苞叶外全部果穗被破坏变成菌瘿，成熟时苞叶开裂散出黑粉，寄主的维管束组织呈丝状，故名丝黑穗病。

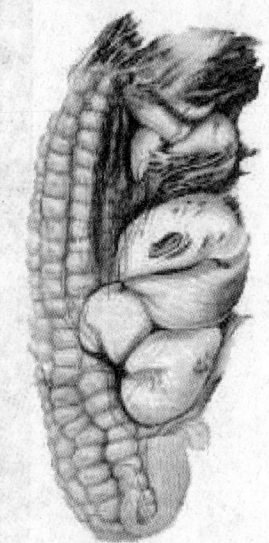

图5—3 瘤黑粉病

5. 纹枯病

纹枯病主要为害玉米叶鞘，也可为害茎秆，严重时引起果穗受害，如图5—5所示。

图5—4 丝黑穗病
a）雄穗上的症状　b）雌穗上的症状

图5—5 纹枯病

发病初期多在基部1~2茎节叶鞘上产生暗绿色水渍状病斑，后扩展融合成不规则形或云纹状大病斑。病斑中部呈灰褐色，边缘呈深褐色，由下向上蔓延扩展。穗部苞叶染病也产生同样的云纹状斑。果穗染病后秃顶，子粒细扁或变褐腐烂。严重时根茎基部组织变为灰白色，次生根黄褐色或腐烂。南方多雨、高温持续时间长时，病部长出稠密的白色菌丝体，菌丝进一步聚集成多个菌丝团，形成小菌核。

6. 矮花、粗缩病

矮花、粗缩病从玉米幼苗到抽雄开花时都可发生，如图5—6所示。幼苗期发病，在心叶的中脉两侧产生透明的短线状斑点，逐渐扩展到全叶，在叶背面短线斑点上呈现蜡白色的凸起条斑；病株叶色浓绿，严重矮缩，一般到后期不能抽穗结实，往往提早枯死。在十叶期前后发病，新生的叶片浓绿，叶背上呈现蜡白色凸起条斑，上部茎节缩短，后期虽能抽穗，但雄花轴短缩，雌穗小或畸形。十四叶以上发病，植株略矮，新生的叶片也有轻微的蜡白色凸起条斑出现，雄花轴短缩，多数能正常结实，但千粒重明显下降。此外，叶鞘和苞叶表面都能呈现蜡白色凸起条斑。各部位的条斑颜色逐渐加深，最后成淡褐色。

图5—6　矮花、粗缩病

7. 穗粒腐病

受禾谷镰刀菌侵染的染病果穗顶部变为粉红色，子粒间生有粉红色至灰白色菌丝；受害早的果穗多全部腐烂；病穗的苞叶与果穗黏结紧密，且在果穗与苞叶间长出一层淡紫色至浅粉红色霉层，有时病部出现蓝黑色的小粒点，即病菌子囊壳。受串珠镰孢侵染的玉米生长后期的果穗，仅个别或局部子粒染病，病粒易破碎。病粒上长一层粉红色霉状物，多为病菌的小孢子，有时也长橙黄色点状黏质物，即病菌的黏分生孢子团。该菌喜欢在穗虫或玉米螟为害后的沟槽里生长繁殖。湿度大时也为害雄花和叶鞘。具体病状如图5—7所示。

 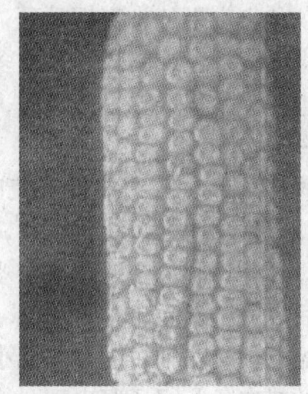

图5—7　穗粒腐病

8. 玉米枝孢穗腐病

果穗上散布具黑色至墨绿色污斑或条斑的病粒，如图5—8所示。附着在穗轴上的子粒近脐部首先变色，然后上部出现污斑，但很少到达顶端。收获储藏时发展为穗腐病。

9. 玉米干腐病

玉米干腐病是玉米重要病害之一，被有些省市列为检疫对象。东北地区病害比较严重，江苏、安徽、四川、广东、云南、贵州、湖南、湖北、浙江等省也都有发生。玉米的茎秆、叶鞘染病多在近基部的4~5节或近果穗的茎秆产生褐色或紫褐色至黑色大型病斑，后变为灰白色。叶鞘和茎秆之间常

图5—8　玉米枝孢穗腐病

存有白色菌丝，严重时茎秆折断，病部长出很多小黑点，即病原菌的分生孢子器。叶片染病多在叶片背面形成长条斑，长5 cm，宽1~2 cm，一般不生小黑点。果穗染病多表现早熟、僵化变轻。剥开苞叶可见果穗下部或全穗子粒皱缩，苞叶和果穗间、粒行间常生有紧密的灰白色菌丝体。病果穗变轻，易折断。严重的子粒基部或全粒均有少量白色菌丝体，散生很多小黑点。纵剖穗轴，穗轴内侧、护颖上也生有小黑粒点，这些症状是识别该病的重要特征，如图5—9所示。

Diplodia frumenti 引起的干腐病症状与 D. zeae 和 D. macrospora 引起的干腐病区别是：前者在子粒、穗轴上均产生暗褐色菌丝体，严重时整个果穗变成黑色，子粒内充满变黑的组织和菌丝体，其中还埋生黑色分生孢子器，同时茎秆的髓部也变黑，果穗基部最易受害。茎秆受害则以下部的节和节间发生较多，后期病部纵裂，分生孢子器凸出。

玉米病虫草害

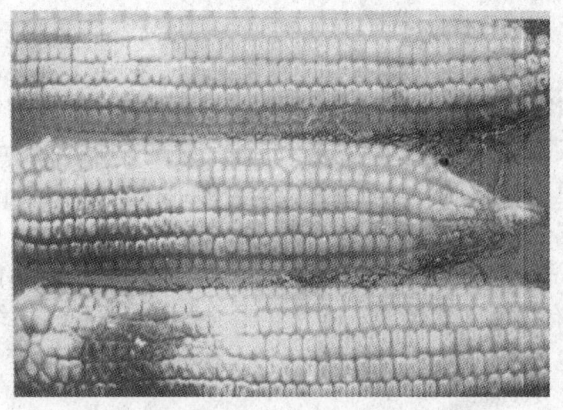

图5—9 玉米干腐病

二、主要虫害识别

1. 玉米螟

玉米螟属鳞翅目螟蛾科。在新疆地区可发生1～2代。幼虫呈乳白色，背部呈粉红色、青灰色或灰褐色，头部呈褐色，有黑色点和三条纵线，胸部2～3节，背面有4个圆形毛瘤，腹部1～8节背面各有两列横排毛瘤，第9腹节有3个毛瘤，胸足黄色，腹足趾钩为三序缺环型，如图5—10所示。玉米螟主要危害玉米，主要咬食花粉和花粉管、花丝，常从玉米雌穗顶端侵入，蛀食子粒和穗轴、苞叶。

图5—10 玉米螟

玉米螟为杂食性害虫，以幼虫钻蛀玉米、高粱、西红柿等植物茎秆。玉米心叶被蛀穿后，展开的叶片上有排列整齐的小孔。玉米螟从茎秆和叶鞘间蛀入茎部，取食髓部；抽穗后，多数下移蛀入穗柄，雌穗抽丝期，折断花丝，取食子粒，以后钻蛀穗轴。玉米螟钻蛀穗部和茎秆后,在蛀孔外均有粪屑堆积。一般被害株有3~5条虫,严重者多达10条以上。

2. 棉铃虫

棉铃虫属鳞翅目夜蛾科,如图5—11所示。它危害很多种类的农作物,新疆各地玉米大田中均有虫害发生。成虫多为中等大小的蛾子,体长14~18 mm,雌蛾呈褐色或灰褐色,雄蛾呈青灰色。复眼球形绿色。前翅环状纹圆形,边缘褐色,中央有一褐色斑点,肾状纹边缘呈褐色,中央为褐色肾形斑,后翅灰白色或褐色。卵呈馒头状,直径约0.5 mm,高约0.6 mm,卵顶端有菊花瓣花纹,四周有纵脊和横脊。幼虫体长30~40 mm,头部呈黄色,有褐色网状斑纹。体色变化较大,有绿色、淡绿色、黄白色、淡红色等。体表布满褐色或灰色小刺。蛹呈纺锤形,初为绿色,后渐变为褐色。

3. 叶螨

成螨体形椭圆,体红色或锈红色,有4对足,如图5—12所示。卵圆球形,表面光滑,初产的卵无色透明,以后逐渐变为橙红色,孵化前出现红色眼点。幼虫初孵时圆形,体色透明或淡黄,取食后体色变绿,有3对足。幼虫蜕皮后变为若虫,体形椭圆,体色由橙红变红,背面两侧斑点明显。

 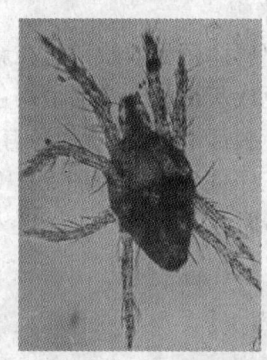

图5—11 棉铃虫　　　　　　　　图5—12 叶螨

近年来在麦套玉米地时有发生,虫体很小,在玉米叶片背面群集吸食叶汁。刚开始为害时不易被察觉,为害重时叶片呈灰白色,逐渐干枯,尤其在干旱年份为害十分猖獗,使玉米严重减产。

玉米红蜘蛛属于螨类,又称火龙、火蜘蛛、红沙、红蜘蛛。红蜘蛛在田间成点片状为害,从虫源所在地扩散到玉米全田,要经过一个较长的时间。红蜘蛛生长与气温的关系不大,但与降水量关系密切。一般在大雨后数量下降,干旱少雨,则数量上升。

4. 叶蝉

玉米三点斑叶蝉属同翅目叶蝉科小叶蝉亚科,如图5—13所示。该虫自20世纪80

年代初在乌鲁木齐、昌吉、石河子等地区发生危害以来，在玉米田的危害逐年加重。1989—1990年连续两年在昌吉地区危害严重，仅玉米受害面积就达3万多公顷，年损失玉米500多万千克。据1994—1995年在昌吉地区玉米大田调查显示：田间被害率高达80%～100%，产量损失率达5.1%～21.6%。由此可见，若不积极对该虫采取有效防治措施，将会严重影响玉米生产，尤其是对当前大力发展的地膜玉米生产更为不利。

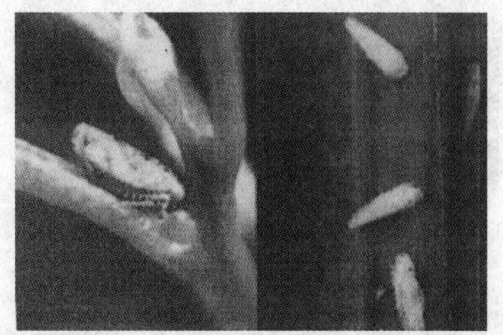

图5—13 叶蝉

玉米三点斑叶蝉成虫体长2.6～2.9 mm，包括翅为3.1 mm左右。体色灰白，在成虫中胸盾片上有3个大小相等的椭圆形黑斑，排列形状如图5—13所示，是玉米三点斑叶蝉成虫（头、胸）态特征。

玉米三点斑叶蝉主要以成虫、若虫聚集叶背面刺吸汁液，破坏叶绿素，初期刺入叶脉吸食汁液，叶片出现零星小白点，以后随着受害不断加重，斑点密集并遍及整个叶片。至6月下旬以后，为害较重的田块被害叶片严重枯焦，部分组织呈紫红色条斑，7月下旬以后大部分受害叶片干枯死亡。从全株来看，上部为害轻，下部为害重。主要为害习性：玉米三点斑叶蝉成虫寿命较长，田间世代重叠。该虫在玉米3～5叶期即开始从麦田、禾本科杂草上迁至玉米田为害，一直到玉米收获，几乎整个生长期均可发生为害。若虫不大活动，受到惊扰时便迅速横向爬行。

5. 玉米蚜

玉米蚜属同翅目蚜虫科，如图5—14所示。有翅蚜呈浅绿色，椭圆形或细长，头胸黑褐色，额瘤显著，尾片黑色且短，瓦状纹明显，两侧各有两根弯曲毛，腿、脚节两端及跗节为黑色；无翅蚜体为黑色。

玉米蚜多群居于心叶、穗部或玉米苞叶、叶鞘内进行危害。7月中下旬出现第一次为害高峰期，8月下旬至9月上中旬玉米子粒成熟时出现第二次为害高峰，主要危害玉米雄穗、苞叶、叶片及叶鞘，严重时每株玉米有近万头虫。

6. 地老虎

地老虎又叫地蚕、土蚕、切根虫。地老虎的种类很多，但经常发生为害的有小地老虎和黄地老虎，如图5—15所示。成虫呈暗褐色，体长16～23 mm，肾形斑外有一尖端向外的楔形黑斑，亚缘线内侧有两个尖端向内的楔形斑，三个斑尖端相对；触角细丝状。幼虫体长37～50 mm，黑褐或黄褐色，臀板有两条黑褐色纵带，基部及刚毛间排列有小黑点。

图5—14 玉米蚜

图5—15 地老虎

地老虎一般以第一代幼虫为害严重,各龄幼虫的生活和为害习性不同。一、二龄幼虫昼夜活动,啃食玉米芯叶或嫩叶;三龄后白天躲在土壤中,夜出活动为害,咬断幼苗基部嫩茎,造成缺苗;四龄后幼虫抗药性大大增强。因此,药剂防治应把幼虫消灭在三龄以前。

地老虎成虫日伏夜出,具有较强的趋光性和趋化性,特别对短波光的黑光灯趋性最强,对发酵而有酸甜气味的物质和枯萎的杨树枝有很强的趋性,这就是黑光灯和糖醋液能诱杀害虫的原因。成虫有远距离迁飞习性,通常3月份即可诱到成虫,3月下旬至4月上旬为发蛾盛期,一年可发生3~4代。幼虫六龄,一、二龄在作物幼苗顶芯嫩叶处咬食叶肉成透明小孔,昼夜为害;三龄前食量较小,四龄后食量剧增。雌蛾每头可产卵800~1 000粒,在玉米田间危害幼苗,造成缺苗断垄。

7. 金针虫

金针虫是叩头甲类的幼虫,属鞘翅目叩头虫科,种类很多,如图5—16所示。其中

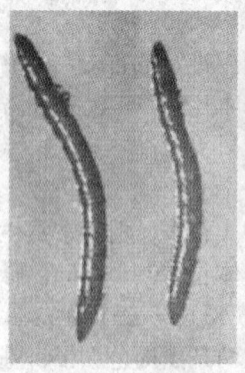

图5—16 金针虫

细胸金针虫体色呈淡黄褐色（初孵白色半透明），细长，圆筒形；沟金针虫体色呈黄褐色（初孵化时白色），体形较宽、扁平，胸腹背面有一条纵沟。

金针虫主要分布于我国北方地区，约三年一代。6月中下旬成虫羽化，活动能力强，对刚腐烂的禾本科草类有趋性。6月下旬至7月上旬为产卵盛期，卵产于表土内，卵发育历期8～21天。幼虫喜潮湿的土壤，一般在5月份10 cm土深、温度7～13℃时为害严重，7月中上旬土温升至17℃时即逐渐停止为害。金针虫主要蛀食玉米的种子、幼茎，也可钻蛀马铃薯的块茎。

8. 白星花金龟子

白星花金龟子又名白纹铜花金龟、白星花潜、白星金龟子、铜色金龟子、铜克螂等，属鞘翅目金龟子总科花金龟子科，在山西、河南、宁夏等省（区）都有分布和为害，主要以成虫为害玉米、高粱、大豆、大麻和苹果、葡萄、桃、李、榆树等的幼叶、芽、花及果实，如图5—17所示。

成虫体长18～24 mm，长方形、扁平，全体黑铜色，具青铜或古铜色光泽，体壁厚硬。头部有大颗点密布，触角10节，鳃片3节。前胸背板有颗点，其两侧有数对白斑。小盾片长三角形，尖端圆。前胸背板和鞘翅上散布众多不规则的云纹白斑，前胸背板后角与鞘翅前缘角之间有一个三角片。腹部末端外露。臀板广三角形，臀板两侧各有三个小白斑。卵圆形至椭圆形，长1.7～2 mm，乳白色。幼虫体长24～39 mm，头部褐色，胸足三对。肛腹片上具二纵列U字形刺毛，体常弯曲成C形。蛹体长20～23 mm，初黄白色，渐变为黄褐色。

图5—17 白星花金龟子

生活习性及为害：白星花金龟子在山西忻州每年发生一代。以幼虫在农家肥堆30 cm以上、土中50～60 cm深处越冬。6月上中旬在田间始见成虫，为害盛期在8月中旬至9月上旬，9月中旬至10月上旬进入发生为害末期。成虫飞行能力强，具趋光性、趋化性、假死性和群集性，多产卵于鸡粪、厩肥、堆肥和秸秆、树叶、杂草、腐草堆等腐殖质较多、环境条件比较潮湿或施有未经腐熟肥料的场所，幼虫（蛴螬）以植物的根和腐烂的有机质为食。在地表，幼虫腹面朝上，以背面贴地蠕动而行，这是白星花金龟子幼虫的重要特征。

为害玉米的方式：多在8月中旬至9月上旬，以2～4头或者更多群集在雌穗上。从穗轴花丝处逐渐下移，取食正在灌浆的子粒，造成花丝脱落。影响正常的授粉，被害果穗遇雨后，极易引发病害。其排出的白色稀粥状粪便污染下部叶片，影响光合作用。同一块玉米地，以边行、地畔的植株受害重；高产田、大穗型品种受害重；苞叶短小、子粒外露的品种受害重；甜（糯）玉米、制种田玉米受害较重。为害葡萄的方式：8月份成虫发生数量大、为害重。常常几头群集在接近成熟的果穗上，咬破果实，钻食果肉，致使果穗腐烂，产量损失很大。

9. 黏虫

黏虫是一种暴发性的毁灭性害虫，俗称蝗蝗、行军虫、夜盗虫、剃枝虫，如图5—18所示。成虫淡黄褐色，触角丝状，前翅中央有两个近圆形淡黄斑，且有一个小白点，其两侧各有一小黑点，后翅基部灰白，端部黑褐色。幼虫头黄褐色，有两条"八"字形纹。其中线白色较细，边缘绕有细黑线，亚背线稍带蓝色，边缘线呈白色线纹。腹部共10节，3~6节腹面各有腹足1对，腹足及尾足外侧有黑褐色斑纹。幼虫体色因食料种类、外界环境和虫口密度不同而有变化。

图5—18 黏虫

成虫对黑光灯有趋光性，对糖醋液趋化性更强，卵多产在倒伏的小麦枯叶或绿叶尖端皱缝处。幼虫食量随龄期而增加，以6龄期食量最大，为杂食、暴食性害虫，喜食禾本科植物，小麦收获期群集迁移到玉米、谷子、胡麻等作物上，受害作物叶片被蚕食后，形成光秆。甘肃平凉地区始发代成虫6月初由江淮流域迁入，以2代幼虫在7月上旬至7月中下旬为害作物。一般迁入蛾量大，5月下旬至6月份降水偏多的年份发生较重，以2代幼虫危害最重，3代幼虫危害较轻。黏虫属于远距离迁飞性害虫，高温干旱不利于其生长发育，部分3代蛹羽化后，在当地以成虫形态在杂草、墙缝内越冬。

三、主要杂草识别

1. 灰藜

灰藜别名灰菜、灰条菜，属藜科一年生早春杂草，如图5—19所示。茎光滑，直立，有棱，带绿色或紫红色条纹。株高70~80 cm。叶互生，有细长柄，叶形有卵形、菱形或三角形，先端尖，基部宽楔形，边缘具有波状齿。幼时全体披白粉。花顶生或腋生，多花聚成团伞花簇。胞果扁圆形，花被宿存。种子黑色，肾形，无光泽。

2. 稗草

稗草别名稗子、野稗、水稗子，属禾本科一年生杂草，如图5—20所示。水田、旱地、园田都有生长，也生于路旁、田边、荒地、隙地，适应性极强，既耐干旱又耐盐碱，喜温湿，能抗寒，繁殖力惊人，一株稗草有数千粒种子，最多可结1万多粒。种子

图 5—19　灰藜

边成熟边脱落。子粒体轻有芒，借风力或水流传播。种子发芽深度为 2~5 cm，深层不发芽的种子，能保持发芽力 10 年以上。

图 5—20　稗草

3. 刺儿菜

刺儿菜别名小蓟、刺蓟，菊科多年生根蘖杂草，如图 5—21 所示。茎直立，上部疏具分枝,株高30~50 cm。叶互生,无柄,叶缘有硬刺,正反两面具有丝状毛,叶片披针形。头状花序,鲜紫色,单生于顶端,苞片数层,由内向外渐短,花雌雄异株,雄株头状花序较小;雌花花冠较雄花花冠稍长。果期冠毛与花冠近等长;瘦果长卵形,褐色,具白色或褐色冠毛。

图5—21 刺儿菜

4. 苋菜

苋菜别名野苋菜、西风谷、红枝苋,如图5—22所示。苋科一年生杂草。株高80~100 cm,茎直立,稍有钝棱,密生短柔毛。叶互生,有柄,叶片倒卵或卵状披针形,前端钝尖,叶脉明显隆起。花簇多刺毛,集成稠密的顶生和腋生的圆锥花序,苞片干膜质。胞果扁小球形,淡绿色。种子倒卵圆形,表面光滑黑色,有光泽。

图5—22 苋菜

5. 田旋花

田旋花别名打碗花、常春藤打碗花、兔耳草,如图5—23所示。旋花科一年生杂草。茎蔓生、缠绕或匍匐分枝,茎具白色乳汁,叶互生,有柄;叶片戟形,前端钝尖,基部常具四个对生叉状的侧裂片。花腋生,具长梗,有两片卵圆形的苞片,紧包在花萼的外面,宿生;花冠淡粉红色,漏斗状。蒴果卵形,黄褐色。种子光滑,卵圆形,黑褐色。

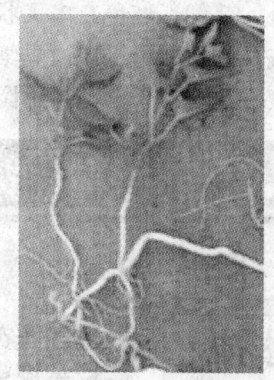

图5—23 田旋花

6. 芦苇

芦苇为多年生水生或湿生的高大禾草，生长在灌溉沟渠旁、河堤沼泽地等，如图5—24所示。芦苇的植株高大，地下有发达的匍匐根状茎。茎秆直立，秆高 1~3 m，节下常生白粉。叶鞘圆筒形，无毛或有细毛。叶舌有毛，叶片长线形或长披针形，排列成两行。叶长 15~45 cm，宽 1~3.5 cm。圆锥花序分枝稠密，斜向伸展，花序长 10~40 cm，小穗有小花 4~7 朵。颖有三脉，一颖短小，二颖略长。第一小花多为雄性，余两性。第二外颖先端长渐尖，基盘的长丝状柔毛长 6~12 mm，内稃长约 4 mm，脊上粗糙。具长、粗壮的匍匐根状茎，以根茎繁殖为主。

7. 地锦

地锦别名红丝草、奶疳草、血见愁，如图5—25所示。大戟科一年生夏季杂草。匍

图5—24 芦苇

图5—25 地锦

匍状伏卧，茎细，红色，多叉状分枝，全草有白汁。叶通常对生，无柄或稍具短柄，叶片卵形或长卵形，全缘或微具细齿，叶背紫色，下具小托叶。杯状聚伞花序，单生于枝腋和叶腋，花淡紫色。蒴果扁圆形，三棱状。

第二节 农药安全使用常识

→ 了解农药安全使用常识
→ 根据病虫草害的发生情况，能够合理选择农药进行有效防治

一、农药的分类

根据目前农业生产上常用农药（原药）的毒性综合评价（急性口服、经皮毒性、慢性毒性等），分为高毒农药、中毒农药、低毒农药三类。

1. 高毒农药

高毒农药有：杀螟威、久效磷、磷胺、甲胺磷、异丙磷、三硫磷、氧化乐果、磷化锌、磷化铝、氟乙酰胺、砒霜、杀虫脒、西力生、赛力散、溃疡净、氯化苦、五氯酚、二溴氯丙烷、401 等。

2. 中毒农药

中毒农药有：杀螟松、乐果、稻丰散、乙硫磷、亚胺硫磷、皮蝇磷、六六六、高丙体六六六、毒杀芬、氯丹、滴滴涕、西维因、害扑威、叶蝉散、速灭威、混灭威、抗蚜威、倍硫磷、敌敌畏、拟除虫菊酯类、克瘟散、稻瘟净、敌克松、402、福美砷、稻脚青、退菌特、代森胺、代森环、2,4-滴、燕麦敌、毒草胺等。

3. 低毒农药

低毒农药有：敌百虫、马拉硫磷（马拉松）、乙酰甲胺磷、辛硫磷、三氯杀螨醇、多菌灵、托布津、克菌丹、代森锌、福美双、萎锈灵、异草瘟净、乙磷铝、百菌清、除草醚、敌稗、阿特拉津、去草胺、拉索、杀草丹、二甲四氯、绿麦隆、敌草隆、氟乐灵、苯达松、茅草枯、草甘膦等。

二、农药的使用范围

根据《农药安全使用标准》，对已经制定出使用标准的品种，均按照标准要求执行。尚未制定标准的品种，执行下列规定：

1. 高毒农药

不准用于蔬菜、茶叶、果树、中药材等作物,不准用于防治卫生害虫与人、畜皮肤病。除杀鼠剂外,也不准用于毒鼠。

2. 高残留农药

六六六、滴滴涕、氯丹不准在果树、蔬菜、茶树、中药材、烟草、咖啡、胡椒、香料等作物上使用。

3. 杀虫脒

禁止用农药毒鱼、虾、青蛙和有益的鸟兽。

三、农药的运输和安全保管

1. 运输农药时,要先检查包装是否完整,发现有渗漏、破裂的,应重新包装后运输,并及时妥善处理好被污染的地面和运输工具。搬运时要轻拿轻放。
2. 农药不得与粮食、蔬菜、食品等混载、混放。
3. 农药应集中在专用库,由专人保管。
4. 农药进出仓库应建立登记手续,不准随意存、取。

四、农药配制和使用中的注意事项

1. 忌用河水配制农药

因为河水中杂质多,用其配药易堵塞喷雾器的喷头,同时还会破坏药液的悬浮性而产生沉淀。

2. 忌用井水配制农药

因为井水含矿物质较多,特别是含钙、镁较多,这些矿物质与药液混合后容易产生沉淀而降低药效。

3. 忌任意加大水量

过多加水会使农药的浓度降低,从而使药性降低甚至失效。此外,过量加水还会造成农药流失,污染环境。几种农药混用时,不是每加一种农药都加一次水,而是各种农药都用同一份水来计算浓度。例如,配制500倍的尿素加1 000倍的甲基托布津,用2份尿素加1份甲基托布津加1 000份水。兑水时应先配母液,即先用少量的温水将药液化开,再加水至所需浓度,以充分溶解,增加悬浮性,有利提高药效,防治虫害到位。

4. 忌在风雨天或烈日下施药

在刮风天气时施药,会使药粉或药液飘散,而下雨天喷施农药,药剂易被雨水冲刷而降低药效;在烈日下施药,植物体新陈代谢旺盛,叶片气孔开张,容易产生药害,且易使药力挥发掉,降低防治效果。最佳施药时间选择在晴天无风天气的上午8:00—11:00和下午3:00—6:00。

五、农药的合理使用

合理使用农药要做到准确、安全、有效、经济。即在掌握农药性能的基础上，明确毒理作用，科学使用，充分发挥其药效，既有效防治病虫草害，又保证对人畜、作物及其他有益生物安全。正确合理使用农药，应注意掌握以下几条原则：

1. 对症下药，明确防治对象

选择农药时，要弄清防治对象的生理机制和危害特点，以及农作物的品种、生育时期等。田间发生的病虫害种类多种多样，对不同药剂的反应都不尽相同，即使是同一种类的不同种群也有很大差别。在弄清了防治对象之后，再选择确定适宜的农药品种。例如，防治三化螟，可用巴丹、抗虫灵等。

2. 搞好病虫调查，抓住关键时期施药

施药前一定要认真进行病虫调查，掌握防治时期，在最佳防治时期施药。否则，施药过早，药效与病虫防治期不吻合，起不到有效控制为害的作用。施药晚了效果差，不仅起不到控制作用，而且造成农药浪费。因此，喷药应把握好"火候"，选择病虫草害的薄弱环节或对农药的敏感期，一般杀虫剂应掌握在孵化盛期至幼虫3龄前。目前使用的杀菌剂多属于保护性的，治疗效果较差。因此，防治病害，应在发病前或发病初用药，如果等到病害已经流行再施药，则很难取得良好的防治效果。

3. 不能随意增加用药量或加大用药浓度

有些农户想当然地认为，增加用药量或加大用药浓度防效就会提高，不按说明要求而随意增加用药量。此外，一些农民在配药时不用量具，只用瓶盖随意量取，缺乏准确的数量概念，造成使用药量大大超标，这样做不仅造成浪费，同时也容易产生药害，农田环境受到严重污染，危害人畜安全和农产品质量。

4. 长期单一使用一种农药，病虫的抗药性会逐年增加

在使用农药过程中，一旦发现某种农药防效好，许多人就长期连续使用，即使防效下降也不更换，认为防效下降就是农药含量低了，没有认识到这是长期单一使用一种农药造成的后果。例如，1978年用灭扫利1 000倍液防治红蜘蛛，防效98%以上，现在用1 000倍液防效不到50%。全国已有30多种害虫、10多种病害对农药产生了抗性。不少农民用增加用药量的方法来提高防治效果，结果人为筛选出了抗药性更强的后代，继续提高用药浓度，病虫的抗药性进一步提高，造成恶性循环，也不解决问题。因此，在使用农药过程中，必须注意几种农药的交替轮换使用或合理混配，从而延长使用年限，提高防治效果。

5. 混合使用农药，注意合理搭配

应选用作用机制不同的农药交替使用，或根据农药的理化性质合理混配使用，这样不但能提高防治效果，还能延缓病虫抗药性的产生。

混配农药要注意以下几个问题:
(1) 农药混合后的药效可提高或效果互不影响的,可以混用。
(2) 农药混合后对农作物产生药害的不能混用。

6. 注意农药的安全间隔期

安全间隔期是指根据农药在作物上消失、残留、代谢等制定的最后一次施药离作物收获的相隔日期。安全间隔期内禁止施药。安全间隔期的长短与农药种类、剂型、施药浓度等因素有关。在使用过程中,千万不要超过标准中规定的最高施药量,做到用药量适宜,要尽量减少用药次数。在病虫发生严重的年份,按标准中规定的最多施药次数还不能达到防治要求的,应更换农药品种,切不可任意增加施药次数。

7. 注意药械的清洗和用清水配药

不少农民在喷施农药之后,药械不马上清洗,配制药液时就近取水,不管水是否已受到其他药品污染。目前,我国各地农村施用农药,尤其是除草剂很多是超高效的,一旦药械中残留该类农药,或是用来配制药液的水受到这类农药的污染,就很容易使敏感作物受到严重药害。例如,施用某些除草剂之后不清洗喷雾器,又接着用它来喷洒防病治虫,如果遇到对此除草剂敏感的作物,就会产生药害。为此,喷完除草剂后要彻底清洗喷雾器,对塑料桶喷雾器要用5%碱液浸泡数小时后,再用清水反复清洗。最好采取不同药剂分器械使用,用具专药专用为好。

六、农药稀释倍数的计算

农作物发生病、虫、杂草危害需用化学药剂防治时,一般将浓度高的农药用水或其他填充料稀释成适合需要使用的浓度或用药量,以达到准确使用浓度的要求。

现将几种农药稀释浓度简易计算公式介绍如下:

1. 浓度与稀释倍数计算法

(1) 已知稀释后浓度,求稀释倍数。

例如,40%乐果乳油稀释后成0.02%(即万分之二)浓度,问应加多少倍水?

稀释后倍数 = 原药剂浓度/稀释后浓度 = 40/0.02 = 2 000

即应加水2 000倍。

(2) 已知稀释倍数,求稀释后浓度。

例如,40%乐果乳油加水稀释2 000倍后,问稀释后的浓度是多少?

稀释后浓度(%) = 原药剂浓度/稀释倍数 × 100 = 40/100 ÷ 2 000 × 100 = 0.02%

即稀释后浓度为0.02%。

2. 百分浓度稀释计算法(求算稀释量)

(1) 稀释100倍以上。

例如,40%乐果乳油0.25 kg,欲稀释成0.01%(即万分之一)浓度,需兑水多少？

稀释时应加水量 = 原药液浓度/稀释后药液浓度 × 原药液重量
$$= 40/0.01 \times 0.25 = 1\,000$$

即应加水 1 000 kg。

(2) 稀释 100 倍以下。

例如，现有 50% 滴滴涕可湿性粉剂 10 kg，欲稀释成 5% 颗粒剂，应加颗粒填充料多少？

稀释时应加填充料的重量 = (原药液浓度/稀释后药液浓度 −1) × 原药液重量
$$= (50/5 - 1) \times 10 = 90$$

即应加颗粒填充料 90 kg。

3. 原药剂用量

例如，现欲将 20% 滴滴涕乳油配制成 0.125% 浓度药液 500 kg，需领取多少 25% 滴滴涕乳油？

原药液用量 = 所配制药剂量 × 欲稀释浓度/原药液浓度
$$= 500 \times 0.125/25 = 500 \times 0.005 = 2.5$$

即需领取 25% 滴滴涕乳油 2.5 kg。

单元测试题

1. 北方地区玉米主要病害有哪些？
2. 北方地区玉米主要虫害有哪些？
3. 北方地区玉米主要草害有哪些？
4. 农药如何分类和安全使用？
5. 如何准确配制农药浓度和合理使用？

第 6 单元

收获与储藏

□ 第一节　收获 /74
□ 第二节　储藏 /77

第一节 收　获

培训目标
→ 能够理解玉米成熟的标准
→ 掌握玉米的适宜收获时期

一、玉米适期收获的意义

1. 延长子粒灌浆时间，提高玉米产量

玉米收获过早会导致生育期不足而减产。而生育期不足减产的首要因素是缩短了玉米的灌浆时间，降低粒重。晚播或早收对玉米开花期以前的生长时间影响很小，主要是减少了子粒灌浆期的时间，而玉米绝大部分的子粒产量又是在灌浆期间形成的。如果将玉米的一生划分为开花前和开花后两大阶段，那么这两个阶段的生长中心则完全不同，开花前玉米以营养生长为主，叶片的光合产物主要用于器官建成，除了少数储存养料外，几乎与产量没有太大的直接联系。开花以前所占的时间虽然很长，但生产的干物质通常不到最后总干重的一半。开花前叶片的光合产物只是为了后期的子粒生产奠定基础，很少能够直接用于子粒生产。从开花到成熟的时间虽短，但对产量形成却十分重要。因为到开花期营养器官的生长已经停止，玉米完全转入生殖生长阶段。此期叶片光合产物大部分输送到子粒中去形成产量，灌浆期间不但干物质生产的数量大，而且主要用于籽粒建成，直接关系到经济系数的高低。玉米80%～90%的子粒产量来自灌浆期间的光合产物，只有10%～20%是开花前储藏在茎、叶鞘等器官内，到灌浆期再转运到籽粒中来的。因此，灌浆期越长，灌浆强度越大，玉米产量就越高。玉米只有在完全成熟的情况下，粒重最重，产量最高。收获偏早，成熟度差，粒重轻，产量下降。有些地方有早收的习惯，常在果穗苞叶刚变白时收获，此时粒重仅为完熟期的90%左右，一般减产10%左右，应予以纠正。

当前生产上应用的玉米品种有些有"假熟"现象，即玉米苞叶提早变白而子粒尚未停止灌浆。这些品种往往被提前收获造成减产，一般减产8%～10%。

2. 增加蛋白质、氨基酸含量，提高商品质量

玉米适当晚收不仅能增加子粒中淀粉含量，其他营养物质也随之增加，玉米子粒营养品质主要取决于蛋白质及氨基酸的含量。子粒营养物质的积累是一个连续过程，随着子粒的充实增重，蛋白质及氨基酸等营养物质也逐渐积累，至完熟期达最大值。据山东农业大学研究，玉米子粒中蛋白质及氨基酸的相对含量随淀粉量的快速增加呈下降趋势，但绝对含量却随粒重增加呈明显的上升趋势，完熟期达到最高值，表明延期收获也能增加蛋白质和氨基酸数量。此外，适期收获的玉米子粒饱满充实，子粒比较均匀，小粒、瘪粒明显减少，子粒含水量比较低，便于脱粒和存放，商品质量会有明显提高。

二、收获期的确定

每一个玉米品种在同一地区都有一个相对固定的生育期，只有满足其生育期要求，使玉米正常成熟，才能实现高产优质。判断玉米是否正常成熟不能仅看外表，而是要着重考察子粒灌浆是否停止，以生理作为收获标准。

玉米子粒生理成熟的主要标志有两个，一是子粒基部黑色层形成，二是子粒乳线消失。玉米成熟时是否形成黑色层，不同品种之间的差别很大。王忠孝观察到有的品种成熟以后再过一定时间才能看到明显的黑色层。据山东农业大学研究，子粒乳线的形成、下移、消失是一个连续的过程。子粒黑色层形成受水分影响极大，不管是否正常成熟，子粒水分降低到32%时都能形成黑色层，所以黑色层形成并不完全是玉米成熟的可靠标志。生育期100天左右的品种授粉26天前后，子粒顶部淀粉沉积、失水，成为固体，形成了子粒顶部为固体、中下部为乳液的固液界线，这个界线就是乳线，此时称为乳线形成期。有时从子粒外表看乳线不太明显，过1~2天以后才明显可见。乳线形成期子粒含水量51%~55%，粒干重为最大值的65%左右。随着淀粉沉积量的增加，乳线向下推移，至授粉后40天左右下移至子粒中部，此期称为乳线中期。当子粒含水量下降到40%左右时，粒重达最大值的90%左右，乳线上方坚硬，下方较硬，有弹性，此时为蜡熟期。蜡熟期苞叶开始变黄，但仍包得较紧。授粉后50天左右乳线消失，子粒含水量30%左右，此时子粒干重最大，有的品种出现明显黑色层，苞叶变白而松散。也就是说玉米果穗下部子粒乳线消失，子粒含水量30%左右，果穗苞叶变白而松散时收获粒重最高，玉米的产量最高，可以作为玉米适期收获的主要标志。同时，玉米子粒基部黑色层形成也是适期收获的重要参考指标。

三、收获与脱粒

1. 收获时间

玉米收获时期因品种、播期及生产目的而异。黄淮海及其以南地区的春玉米一般在8月下旬到9月上旬收获，东北春玉米一般在9月底至10月上旬收获。夏玉米大致在9月下旬收获。

以子粒为收获目的的玉米收获时期应按成熟标志确定。春玉米有充分灌浆成熟的时间，应在完熟期收获。

青贮饲用玉米，为兼顾产量和品质，以在乳熟末期至蜡熟期收获为宜，这时茎叶青绿，子粒充实适度，植株含水量70%左右，不仅青贮产量高，而且营养价值高。

甜玉米、糯玉米等特殊用途的玉米应根据需要确定最佳收获时间。

2. 收获方法

粒用玉米收获时先收玉米果穗，晾晒干燥后脱粒。子粒含水量降到14%以下时，即可安全储藏。由于玉米收获时子粒含水量较高，而且子粒还有后熟作用，收获后仍含有大量可溶性糖，通过后熟而逐渐转化为淀粉储藏在子粒内，所以果穗收获后，不要立即脱粒，而应使果穗风干，促进成熟和脱水，增加子粒中淀粉的积累。有些玉米品种成熟时秸秆仍嫩绿，如果适时青贮可以提高秸秆饲用价值，增加综合收益，促进养殖业发展。

玉米的收获方法分人工收获和机械收获两种。目前农村仍以人工收获为主，但是机械收获的数量越来越大，特别是大型农场和具备机械化作业条件的村镇多采用机械收获。

人工收获即人工采收果穗，运回后剥去苞叶晾晒或留部分苞叶，将其编辫成条挂晒。收割后留茬高度不宜超过10 cm，低茬收割对消灭玉米螟有很大作用。

机械收获主要采用玉米联合收获机，也有采用人工摘穗、机械收割茎秆的分段收获方式。玉米联合收获机能一次完成割秆、摘穗和切碎茎叶等工序，速度快，效率高。采用联合收获机作业，既提高了收获速度，又达到了秸秆还田培肥地力的目的。分段收获，机械仅承担割秆、切碎工序，灵活方便，实用性强，适应性广。

3. 脱粒

我国玉米主产区在北方，玉米收获时气温已比较低，致使刚收获的玉米原始水分较大，玉米子粒含水量一般在20%~35%。加之同一果穗顶部和基部授粉时间不同，导致玉米子粒的成熟度不同，脱粒时很容易产生子粒破碎，故脱粒前要先将玉米果穗晾晒或风干，使子粒含水量降低到20%以下。当前一些农户采用通风穗藏的方法，经过冬天的自然风干，翌年春天玉米含水量降至14%以下时再脱粒，这样能够提高脱粒和储藏的质量。

目前农村脱粒机械仍以小型脱粒机为主，大型农场或规模经营单位多以大型脱粒机为主。小型玉米脱粒机有手摇、脚踏等多种，结构简单，成本低，使用方便，但效率较低，每小时脱粒20~30 kg。大型脱粒机功率大，效率高，每小时脱粒2 500~3 000 kg，脱下的子粒经过风选，清除了杂质。

4. 子粒晾晒

当前生产上主要利用太阳光晾晒子粒。晾晒场地应坚硬平坦、阳光充足、通风良好，如水泥场地、平房房顶等。子粒摊放厚度以3~5 cm为宜。晾晒时要注意翻动粮层，加速干燥。子粒含水量达到安全水分限度时，用扬场机或以人工扬场法清除子粒中的杂质，然后入仓储藏。

第二节 储藏

→ 掌握储藏的条件及方法
→ 了解储藏期病虫鼠害危害状况

一、玉米子粒储藏的特点

1. 玉米子粒的特点与储藏

玉米与其他粮食作物相比较，子粒呈现以下特点：①子粒较大，原始含水量较高。由于地区、天气等因素的影响，造成玉米原始水分差别较大。②子粒成熟度不均匀，果穗顶部籽粒授粉时间相对较晚，成熟相对较慢，饱满度差，水分含量也较高，脱粒时容易破碎或损伤，易发霉变质。③胚大。玉米的胚在所有粮食作物中是最大的，约占子粒体积的1/3，占粒重的10%～12%。④玉米子粒呼吸强度较高。由于组织疏松，含有较多的蛋白质、脂肪和可溶性糖，呼吸量大，呼吸强度大约是小麦的8～11倍，导致玉米在储藏过程中易吸湿，给霉菌繁殖创造条件，造成生霉、发酸变苦。⑤脂肪含量较高。玉米籽粒的脂肪77%～89%存在于胚中，胚含蛋白质30%以上，含油36%～41%，胚的脂肪酸值始终高于胚乳，酸败也首先从胚部开始。

2. 玉米子粒储藏前的技术措施

（1）干燥降水。充分干燥、防潮，是玉米长期安全储藏的主要措施。除用做种子的玉米外，一般不强调发芽能力，可以采用暴晒或烘干处理，含水量14%以下，温度35℃左右时可以安全储藏。秋季收获的玉米，由于气温逐渐降低，降水困难，只要能够达到安全冬储的水分即可，到春天子粒仍未达到过夏的水分，可采取春晒，晾后入仓，散堆密封，做好隔湿工作，防止回潮，以安全过夏。对冬季已充分干燥的玉米，在北方采用低温处理，将粮温降至0℃以下，趁冷密闭压盖，对安全过夏有良好的效果。新收获的高水分玉米，未能及时干燥的，入冬后要做好防冻工作，水分20%以上的玉米长时间处于0℃以下的低温环境中，子粒内部易出水结冰，容易冻伤，造成玉米的食用和种用品质下降，也给储藏增加难度。

（2）除杂净粮。玉米中往往含有较多的成熟度差的子粒、破碎粒、穗轴碎块及糠屑、沙石碎块等杂质。除穗轴、碎沙以外，一般散落性差，用输送机散堆时，较多集中在粮堆链体的中部，形成明显的杂质区。由于这些杂质极容易吸湿，孔隙度小，带菌量大，很容易发热，发霉变质，因此，玉米在散堆前进行一次过筛、除杂净粮，是实现安全保管的重要措施。

3. 玉米子粒储藏期间的变化

玉米储藏过程是一个品质劣变过程。子粒是一个活体，随着储藏时间的增加，其活力逐渐降低，品质发生劣变，即通常所说的陈化。陈化过程在低温、低水分、低氧密闭储藏的理想条件下缓慢进行。玉米子粒尽管因地理、气候、品种及耕作方式而异，但都随着储藏时间的推移而发生品质的劣变。玉米品质劣变是在胚和胚乳中同时进行的。

（1）子粒水分。水分是影响储藏稳定性的最主要因素，掌握玉米储藏期间水分的变化规律，对玉米储藏具有重要意义。

玉米具有很强的吸湿能力，当外界水汽压力大于玉米内部水汽压力时，玉米便吸湿而增加水分。反之，玉米内部水汽压力大于外界水汽压力时，玉米便散湿而降低水分。如果玉米内外的水汽压力相等，玉米的吸湿和散湿处于动态平衡，含水量稳定在一个数值上。在相对湿度不变时，平衡水分随温度的升高而减少；当温度不变的，平衡水分随相对湿度的增大而增大。

玉米储藏期间，引起水分变化的主要原因是：第一，外部潮湿引起粮堆水分变化。外湿一般只影响玉米的表层，对深层影响较小。第二，粮堆内部水分转移引起水分变化。含水量不同的玉米混同入库后，高水分玉米会散发部分水分，而低水分玉米会吸收部分水分，通过水分转移最终达到水分平衡。第三，湿热扩散引起水分变化。当粮堆局部温度高、湿度大时，湿热空气由于水汽压力较大，便由高温部位向低温部位移动，导致低温部位湿度增加，水分增大。粮堆各部分之间温差越大，湿热扩散就越严重，即使玉米水分含量较低，也可能发生湿热扩散。第四，温差结露引起的水分变化。玉米子粒在储藏过程中，由于温、湿度的季节性交替变化，水分发生转移，在子粒堆内外常常出现水滴，通常称为子粒结露。结露发生的主要原因是温差，当湿热的空气和较低温度的堆积子粒相遇时，由于温度较低，空气中湿度较大，过饱和的水汽凝结在玉米子粒表面，产生结露现象。

（2）气体成分。玉米子粒堆中的气体成分对玉米呼吸作用有很大影响。氧气充足时子粒进行有氧呼吸，氧气浓度降低时，有氧呼吸作用减弱，无氧呼吸加强。含水量在18%以下的玉米子粒，呼吸强度较低。缺氧对呼吸有抑制作用，能减少干物质的损耗，防止脂肪氧化及酸度增加。

对于含水量高的玉米，缺氧会使无氧呼吸加强，消耗大量有机物，积累大量中间代谢产物，这些中间产物绝大部分具有毒性，是导致玉米子粒失去活力和变质的主要因素。二氧化碳和氮气对玉米子粒的呼吸有抑制作用，当粮堆中二氧化碳和氮气增加到一定程度时，抑制作用十分明显。改变粮堆中的气体成分，对防治仓库中的害虫、抑制霉菌等微生物有很好的效果。

(3) 微生物。玉米在储藏期间，各类微生物尤其是霉菌，在温度和湿度适宜时，会迅速大量生长繁殖，造成子粒发热霉变，影响色泽和食味。霉变严重的玉米子粒还能产生真菌毒素，人畜食用后引起中毒或致癌。

二、适宜的储藏条件

干燥的玉米子粒可放入仓库内散存或囤存，堆高以 2~3 m 为宜。一般玉米水分在 14% 以下、粮温不超过 30℃时，可以安全过夏。如果仓储新玉米子粒，可在入仓 1 个月左右或秋冬交季时，进行通风翻倒，以散发湿热，防止"出汗"。对已经干燥，水分降低到 14% 以下的玉米子粒，可在冬季进行低温冷冻处理，并做好压盖密闭工作，以利安全过夏。

1. 水分

玉米入库后，要及时根据当地气候条件，采取大风量通风降温、降湿。新疆地区的玉米一般含水量都高于 14%，属半安全粮。因此，及时将玉米含水量降到 13% 左右非常关键。在冬季入库时，充分利用低温干燥的空气环境，反复进行自然通风和机械通风降温、降湿，完全能使玉米的含水量降至 14% 左右，粮温降到 5℃ 左右。在春季入库的玉米，特别是梅雨季节入库，如果玉米的含水量处在半安全粮以上，应及时采取强制性通风。

水分检查分上、中、下三层抽样，每层检查 5 点共 15 处，把每处所取的样品混匀后测定。对部分有疑点的样品，可以单独测定。一般在第一、第四季度各检查一次，第二、第三季度每月检查一次。

2. 温度

如果在高温季节，粮温不能有效地控制在 26℃ 以下时，玉米有可能发热霉变。控制粮温与控制水分同样重要。为了有效地控制粮温回升过快，在每年最低气温季节，用 5~7 cm 的泡沫板密闭门窗和吊顶减少辐射热的影响，用塑料薄膜五面密闭粮堆。在高温季节用风机将仓顶的余热降低到与气温相近，千方百计减少气温对粮温的影响，采用各种隔热防潮措施，即使是在高温的 7—9 月份，玉米堆内的粮温始终处于 25℃ 以下，确保玉米安全度夏。

种子入库完毕后的半个月内，每三天检查一次，以后每隔 7~10 天检查一次。当种温处在 10℃ 以下时，可适当减少检查次数。检查方法是：种子堆每层设三处，分成上、中、下层。

3. 湿度

采取立体交叉技术通风，把粮堆与空间用塑料薄膜隔开，形成截然分开的两个整体。大面积的用空气去湿机去湿，小范围用生石灰去湿。将仓库空间的相对湿度降至 60% 左右。然后，采取部分揭膜，用通风机械对粮堆进行强制通风。把干燥的空气与粮堆气体反复交换，直至玉米含水量降至13%左右，再密闭粮堆。粮堆内外的相对湿度均控制在75%左右。此种标准能有效地抑制霉菌的发生。

三、仓储害虫和鼠害防治

1. 仓储害虫

玉米贮藏期害虫主要有玉米象、麦蛾、印度谷螟、大谷盗、谷蠹、锯谷盗等，全国均有分布。

（1）发生规律

1）玉米象：华北一带一年发生2~3代，中原地区发生3~4代，南方地区发生5~7代，高寒地区发生1代。玉米象主要产卵于储粮内，部分成虫在玉米收获前飞到田间产卵，收获时随玉米带回仓内，在储粮中孵化危害。玉米象每雌产卵380粒，产卵期长达5个月左右。成虫产卵要有一定的湿度和玉米含水量。成虫善飞，喜湿暗环境和含水量高的粮粒，有假死性，在24~30℃下最活跃，在13℃以下、38℃以上呈不活跃状态。成虫期长达54~131天，在储藏场所内外阴暗、潮湿的墙缝、砖石缝等处越冬。成虫活动随粮层温度变化进行迁移，春季在玉米堆上层活动，夏季在玉米堆下层活动，秋季在玉米堆中层活动。

2）麦蛾：1年发生2~7代，以老熟幼虫在粮粒内越冬。在粮仓和田间都能繁殖。成虫在仓内产卵于玉米粒胚部，幼虫孵化后由胚部或损伤部蛀入，幼虫多集中于玉米堆表面至20 cm处为害。成虫飞翔力强，能飞到田间产卵、繁殖，成虫产卵多在近黄熟的玉米粒上，孵化后钻入粮粒内，一般每粒粮只有1头幼虫，随粮食收获入仓库危害。每雌产卵133粒，最多389粒。

3）印度谷螟：1年发生4~6代，以幼虫在墙壁、梁柱、包装缝隙等行风处结茧越冬。翌春化蛹，羽化后即交尾、产卵。卵多产于粮堆表面或包装缝隙处，散产或集10余卵块，每雌产卵39~275粒，幼虫孵化后先取食玉米胚芽，然后蛀食其他部位及外皮。喜在玉米堆表面吐丝拉网连玉米粒成块，潜伏其中。幼虫期夏季为22~25头，秋季为34~35头。幼虫老熟后离开玉米堆，寻找化蛹场所。

4）大谷盗：一年发生1~2代，多以成虫在木板内、麻袋、糠屑中越冬。常在黑暗角落钻入木板或梁柱内潜伏，一旦玉米入仓便爬出危害，既危害玉米，咬破包装袋，还能蛀毁木板。卵散产或成块，多产于碎屑或缝隙内，每次可产卵500~1 000粒，成虫和幼虫常自相残杀，寿命长达一年。幼虫喜食玉米胚部，老熟幼虫多钻入木板内做蜕室化蛹。成虫耐饥力强，在4~10℃条件下，耐饥184天，幼虫能耐饥24个月。

5）谷蠹：一年发生2~3代，以成虫在发热的玉米堆中或木板及仓外树皮缝隙中越冬。卵产于玉米粒表面，幼虫孵化后钻入玉米粒蛀食，成虫和幼虫均可将玉米粒蛀食成空壳,大发生时可使玉米堆发热。成虫耐干热性强,善飞,寿命长,常聚集为害,在温度40℃、玉米含水量9%条件下仍能繁殖为害。

6) 锯谷盗:一年发生2~5代,以成虫在仓内各种缝隙或仓外附近的墙缝、砖石、树皮下越冬。翌春再返回仓内。每雌产卵量为35~100粒。卵散产在缝隙内或碎屑中,最适温度30~35℃,相对湿度90%。成虫喜爬行,喜上爬至玉米堆高处,聚集于玉米堆上层。幼虫4龄,活泼,呈假死性,危害玉米碎屑或玉米粒胚部,也能钻入其他害虫的蛀孔内取食,老熟后在玉米碎屑中化蛹。幼虫对低温、高湿和药剂有较强的忍耐性。

(2) 防治方法

1) 加强粮仓管理。粮仓内外及包装材料要保持清洁,定期清理并消毒杀虫。调控粮仓温度、湿度,发现粮温升高、湿度加大时,及时开窗通风或晾晒。夏季可利用日光暴晒,冬季严寒季节进行仓外冷冻或打开库门开窗进行冷冻灭虫。

2) 植物忌避防虫。农户储粮,可用花椒或茴香研成细粉,装入纱布袋中,每袋15 g左右,均匀放入粮中,一般每50 kg玉米放2~3袋,可起防虫作用。

3) 药剂熏蒸。一般均采用磷化铝熏蒸法。熏蒸要选择晴天进行,粮仓要密闭。一般密闭仓库每吨玉米用5~7片(每片3.3 g),空仓每立方米用0.3~0.5片,密闭5~7天后,自然通风5~7天。如杀虫不彻底,可在第1次施药后10~15天再熏蒸1次。磷化铝是一种毒性大、易燃药剂,使用时一定要按磷化铝熏蒸操作规程进行,要注意安全,不出事故。

2. 鼠害防治

(1) 粮面施药。针对老鼠在粮面及上层麻袋缝隙活动的情况,在粮面老鼠脚印集中的部位,用鼠药盘投放鼠药毒饵。鼠药毒饵采用苹果、油条、青玉米穗等老鼠爱吃的食物,按规定剂量拌入溴鼠灵或大隆药液,药液要搅拌均匀。

(2) 在粮面上下鼠夹子。在粮面老鼠脚印集中的部位下带诱饵的鼠夹子。诱饵可以用半熟瘦肉或水果干。鼠夹子要调整好,当老鼠吃诱饵时,鼠夹子可以夹到成年老鼠的身体中央部位。鼠夹子要用细绳拴在仓库固定的位置,防止被未夹死的老鼠拖走。

(3) 在地面下鼠药。在仓库房间墙壁与包打围之间过道上,用鼠药盘投放鼠药毒饵,或用毒饵盒投放鼠药。

(4) 堵塞鼠洞。用水泥沙浆将仓库房内外鼠洞全部堵死。

(5) 开仓门作业时注意防鼠。在开仓门作业时,注意及时将防鼠板放回原位,防止老鼠从门口进入。

第一部分　农艺工——玉米种植（初级）

单元测试题

1. 玉米子粒成熟的标准有哪些要求？何时收获最合适？
2. 玉米果穗收获的方法有哪些？
3. 玉米子粒安全储藏的要求有哪些标准？重点应注意什么？
4. 如何采取有效措施防治鼠害？

单元 6

第二部分

农艺工——玉米种植（中级）

第7单元

玉米栽培基础

- 第一节　玉米生产现状 /86
- 第二节　特用玉米生产及发展前景 /94
- 第三节　玉米的形态特征与器官构成 /101
- 第四节　玉米栽培技术要点 /110

第二部分 农艺工——玉米种植（中级）

第一节 玉米生产现状

→ 了解我国玉米生产发展状况
→ 了解我国玉米种植区划

一、近年来玉米种植水平

1. 玉米主产区

玉米作为重要的饲料和粮食作物，在人民生活中的地位越来越重要。根据国家有关部门的统计，在水稻、小麦和玉米三大作物中，玉米是播种面积逐年上升的一大作物。近年国际能源紧张，许多国家尝试用玉米生产乙醇，使得玉米种植面积增加。2007年全国播种玉米面积达4亿亩以上。我国饲料、加工、能源等行业对玉米的消费也迅速增加，国内外市场供求关系日趋紧张。预计到2020年，国内对玉米的需求将达到2.2亿吨。东北春玉米生态区、黄淮海平原玉米生态区和西南山地丘陵玉米生态区，是我国最大的3个玉米产区。前两个生态区的玉米地虽然多数都有一些灌溉设施，但遇干旱时常因水源不足而得不到灌溉或灌溉不足。西南山地丘陵生态区的降水量虽然丰富，但季节分布不均，而且玉米绝大多数分布在没有灌溉条件的坡地。而在山西、陕北等北方干旱山区，既没有充足的降水，又没有灌溉条件，因此，干旱已成为限制我国玉米生产的第一大因素。与小麦等作物相比，玉米整个生长发育过程的需水量较大，耐旱性较差。但是，不同品种之间耐旱性也存在明显差异。

目前，黄淮海夏玉米区和东北早熟春玉米区的种植密度多在4 000株/亩以上。黄淮海夏玉米区的农民因人均耕种土地面积小，当地农民不以种植玉米为主要经济来源，所以，田间管理较粗放、不精耕细作。播种时间多在每年的6月下旬至7月上旬，农民在收获完前茬作物小麦后，采取开沟直播的方法抢种玉米，出苗后又因忙于其他事情，田间苗期管理差，造成种植密度高（最高可达6 000株/亩），代表品种为郑单958。东北早熟春玉米区的农民因人均耕种土地面积大，种植玉米是其主要经济来源，所以，田间管理较为精细，对玉米品种的产量潜力和储藏、加工品质要求较严，而耐密高产品种（如郑单958、辽单565等）又正好适合生产要求，因此，受到当地农民欢迎，种植面积也较大。

2. 新疆玉米生产概况

玉米是新疆地区的主要粮食作物之一。在新疆实施"南棉北粮"的农业发展战略中，玉米同样也是首选作物。新疆地区每年玉米种植面积近 1 000 万亩，约占粮食播种面积的 28%，占粮食总产的 40% 以上。玉米在新疆种植范围广，区内各地种植品种、自然气候条件、农艺作业方法、收获时茎秆和子粒的含水量等对机具的要求都有很大差异。20 世纪 50—70 年代，新疆玉米生产不论在种植面积、总产量，还是良种的使用等方面都比较落后，平均每公顷产量不超过 4 000 kg。近年来，玉米种植技术有了长足的进步。玉米生产主要分布在南疆地区和北疆的乌伊公路沿线的各地、州、县，种植面积较大和总产量较高的为喀什、阿克苏、和田、伊犁、昌吉等地州；平均亩产较高的地区为博尔塔拉、伊犁、塔城、昌吉等地州。大面积单位产量最高的是博尔塔拉蒙古自治州，春玉米亩产超过 1 t 的高产田占 30% 以上。目前新疆玉米种植面积不会有很大的增加，只能依靠增加单产量来提高总产量。潜力在北疆玉米高产区的开发，其发展趋势在近期以提高单产为主，稳步增加面积。随着玉米向饲料和工业化加工转化取得重大突破，中远期将以扩大种植面积为主，见表 7—1。

表 7—1　　　　　　　　　新疆玉米生产情况

年度	面积（千 hm^2）	单产（kg/hm^2）	总产（万 t）	年度	面积（千 hm^2）	单产（kg/hm^2）	总产（万 t）
1993	397.94	5 526	219.9	2001	410.29	7 761	318.41
1995	439.16	6 074	266.74	2003	454.14	8 065	366.25
1997	439.83	6 691	294.31	2005	497.64	7 643	380.36
1999	432.91	7 463	323.06	2007	528.91	7 487	396.00

3. 新疆生产建设兵团玉米生产情况

新疆生产建设兵团玉米生产情况见表 7—2。

表 7—2　　　　　　　　新疆生产建设兵团玉米生产情况

年度	面积（千 hm^2）	单产（kg/hm^2）	总产（万 t）	年度	面积（千 hm^2）	单产（kg/hm^2）	总产（万 t）
1993	36.86	6 772	24.96	1998	37.10	7 881	29.24
1994	31.85	6 573	20.82	1999	38.09	7 873	29.99
1995	49.34	7 296	36.00	2000	28.82	7 544	21.74
1996	52.73	7 948	41.91	2006	44.61	7 680	34.26
1997	37.76	7 770	29.34	2007	43.02	8 542	36.75

二、玉米生产的发展

1. 玉米生产发展的经验

（1）现代玉米产业技术体系。现代玉米产业技术体系的建立离不开玉米生产的特点，当前必须紧紧围绕普通玉米、饲用玉米、鲜食加工用玉米，重点进行种质创新、良种选育、高产优质栽培、综合利用和产后加工（包括秸秆），即以高产优质高抗玉米新品种的选育为基础，研究创新，集成高产、优质、高效、生态安全的生产技术体系，实现良种良法配套，提高科技成果的转化率，加快科技成果的转化速度，大力发展畜牧业和玉米加工业，促进玉米产品的增值转化，延长玉米产业链，提高玉米附加值，实现可持续发展。

（2）种质创新和良种选育。玉米是我国最早利用杂种优势的作物，杂交种普及率占90%以上，近40年来我国的玉米育种历史就是杂交玉米培育和推广的历史。20世纪50年代末，双交种新双1号、双跃3号等相继问世，特别是前者年种植面积已达130多万 hm^2，累计种植面积1亿 hm^2。20世纪60年代初，我国第一个单交种"新单1号"育成，累计播种1亿 hm^2，增产25亿 kg。20世纪80年代初，高产稳产多抗的丹玉13育成，累计推广面积3 000万 hm^2，最高年份达400多万 hm^2。20世纪90年代，耐肥、耐密、紧凑型以掖单13为代表的掖单号玉米育成，并大面积推广，连续8年播种面积全国第一。20世纪末，高产、优质、多抗和适应性广的农大108育成，从1997年审定到2002年，年播种面积迅速扩大到270万 hm^2。21世纪初，郑单958在全国大面积推广。1995年以来，国内先后选育出农大108、郑单958、农大3138、豫玉22、沈单16、浚单20、鲁单981等303个玉米优良品种，通过国家审定并大面积推广。1993—2002年的10年间，我国粮食总产量出现停滞不前的局面，然而，玉米总产量提高了20.9%，面积上升了18.2%，单产也有所提高，为稳定粮食和饲料供应起到重要作用。

（3）高产优质栽培技术。新中国成立初期，我国玉米平均产量只有64 kg/亩，现在已提高到350 kg/亩，平均每年增产幅度为6 kg/亩。我国玉米单产的提高除了品种的更换所起的作用之外，栽培技术也起到了举足轻重的作用。经过我国栽培学家几十年的探索研究，以玉米生理生态、环境调控为理论基础，以技术、环境、产量与品质形成的动态关系为生长调控主线，以高产、优质、高效、生态、安全为生产目标，形成了具有普遍指导意义的玉米栽培理论体系，具体如下：

1）玉米生育进程中各部器官建成及产量和品质形成规律，以及玉米高产群体的形态、生理性状特征和质量指标。

2）高产、高效群体形成过程中，玉米与外界环境之间（包括气候因素、土壤因素、生物因素等）、群体内各个体之间、个体内各器官之间的主要矛盾及其调控措施。

3）各种栽培措施和调控技术的作用原理及其应用，逐步形成栽培调控技术的模式化、规范化。

建立在这些理论基础上的栽培技术成就主要有：精量播种与育苗移栽技术、施肥技术、节水灌溉技术、旱地农作技术、覆膜栽培技术、化控技术、轻简栽培技术与抗逆栽培技术等，为玉米的增产、增收提供了强有力的理论依据和技术保证。

新疆地区非常重视粮食及玉米生产，在各族人民的努力下，玉米生产得到迅速发展，产量不断增加，生产水平逐年提高。特别是在农村改革中实行以家庭联产承包为主的责任制以来，玉米单产迅速提高，结束了以往主要单纯依靠扩大面积来增加总产的局面，走上了依靠科技、提高单产、增加效益的发展道路，确保了全区种植业结构的调整和耕作制度的改革，促进了新疆高产优质高效农业的发展。

依靠政策，加强领导，确保玉米生产稳定发展。玉米适应性较强，在新疆大部分地区都能种植，成为仅次于小麦的第二大粮食作物。玉米既是粮食作物又是饲料作物，并且在耕作改制、轮作倒茬、提高复种指数和发展畜牧业等方面有着特殊作用，所以，对发展农村经济具有重要意义。各级领导都很重视玉米生产，逐步确定了"稳定面积，提高单产，适应需要，增加总产"的方针，并狠抓玉米各类实用增产技术措施的落实和以"五统一"为主的产前、产中、产后各项服务，推动了玉米生产水平的不断提高。

加强农业生产基础建设，不断改善玉米生产条件。现新疆全区有效灌溉面积已由新中国成立初期的1 600万亩增加到5 400万亩（含林地、草场），耕地由1 800万亩发展到4 700万亩，玉米田基本实现旱涝保收。多年来，各地狠抓盐碱治理和中低产田的改良，全区1 600多万亩盐碱地，现已初步治理700多万亩；结合盐碱治理和培肥地力，大力改造中低产田，使玉米整体生产水平不断提高，2007年昌吉、博州、伊犁、塔城等四个地州的玉米单产已接近或超过700 kg，和田地区复播玉米单产也接近全区平均水平。

玉米的机械化作业对提高整地质量、保证适期播种、及时精细田间管理，起到了巨大的促进作用。同时，各地加速推广普及农用机械，逐步实现玉米田间作业机械化，到1993年全疆农作物机耕率达85.2%、机播率达78.4%、机收率达30.7%。玉米耕耙、播种、中耕、施肥、除草等作业基本实现机械化。

积极推进玉米耕作制度的改革。新疆塔里木盆地边缘各绿洲历来有在小麦或大麦收获后再复播一季玉米的习惯，新中国成立以来全疆复播玉米面积虽呈逐步增加的趋势，但由于顾虑地力下降、无适宜的品种、亩产不高等问题的影响，1978年以前，复播玉米仅占玉米播种面积的20%以下。20世纪80年代以来，由于推广了早熟小麦品种（如唐山6898），培育和引进了一批早熟玉米杂交种，同时，粮田化肥施用量大幅度增加，使南疆各地能够大面积地将春玉米改为麦茬复播玉米，形成早熟小麦和复播早熟玉米相搭配的"两早配套"丰产技术，因而粮食单产和总产大幅度增长。近年来，和田、喀什等地又推广了小麦留行套种玉米的技术，使玉米品种由复播时采用早熟或中早熟品种，改为套播时采用中熟或中晚熟品种，即改"两早配套"为"两熟配套"，产量进一步提高，显示出粮食增长的巨大潜力，吨粮田面积也不断扩大，仅喀什、和田两地区就达100万亩以上。南疆地区的玉米生产，在种植面积上1993年比1978年减少242万亩，春播玉米面积比重由67.26%减少到13.04%，复播玉米面积比重由32.74%提高到86.96%的情况下，由于玉米单产的不断提高，总产却比1978年增长57%。精耕细作、集约经营的玉米耕作制的形成，不仅充分利用了光热资源，促进了粮食生产水平的提高，同时，还利用调减的春播玉米地积极扩大种植棉花、瓜果等高效经济作物，促进了高产优质高效农业的可持续发展。

在南疆推广小麦、玉米"两早配套"或"两熟配套"生产方式的同时，南北疆各地积极推广玉米、大豆套作，玉米套种大豆、杂豆、小杂粮，玉米套种草木樨等多种间套作方式，培肥了地力，提高了产量，增加了收入，深受各族农民欢迎。一些山区、半山区等冷凉地区则大力推广地膜玉米，促进了农牧结合，成为山区各族农牧民实现温饱的一项重要工程。

积极选用良种，大力推广杂交玉米。推广优良品种是提高玉米产量最有效的措施之一。新中国成立以来，全区玉米品种改良工作取得了很大成绩，优良品种得到迅速推广普及，促进了玉米增产丰收。40多年来，全疆玉米大规模更换品种3~4次。新疆玉米品种更换的过程是：农家种→引进或自育品种→双交种→双交种、单交种平行推广→单交种为主。更换后的品种表现出生长期较长和生长期特短品种种植面积逐步缩小，生长期适中（110~130天）的中熟和中晚熟品种迅速扩大；叶片紧凑、上冲，适宜密植的品种备受欢迎。

改进玉米栽培技术，实现良种良法相配套，不断提高生产水平。新中国成立前，新疆玉米栽培技术落后，耕作粗放，除浇水、拔草外再无其他措施。浇水也为大水漫灌，无化肥、农药，也不防治病虫害，产量很低。新中国成立以后，在各级农业行政管理、科研、推广、教学等单位的共同努力下，玉米栽培技术有了比较全面的改进。普遍实行秋翻、冬灌、早春灌溉和耙糖保墒措施，基本保证了播种质量和适时播种。改进了播种方法，推行机械条播、穴播、精量播种，播前施足基肥，播种时带肥下种，为确保"五苗"创造了条件。在田间管理中，推行补苗、间苗、定苗，进行中耕、除草、开沟培土，推广沟灌或细流沟灌，苗期实行"蹲苗"，促苗壮发，结合灌水追肥，抽雄期必要时进行人工辅助授粉，综合防治病虫害等一系列措施，对提高玉米单产起到了很大作用。20世纪80年代以后，随着农村改革的不断深入，各族农民的生产积极性进一步提高。由于对玉米生产的投入成倍增长，因地制宜地推广模式栽培，以及丰产优质新品种的推广，玉米单产水平得到了大幅度的提高。

2. 玉米增产的主要措施

（1）选用高产、抗病、耐密的优良杂交种。据研究分析，我国玉米杂种优势在遗传因子增益中起到20%~24%的作用。20世纪90年代，玉米品种更换的特点是：叶片上冲、耐密、高产的紧凑叶型玉米替代了部分平展叶型玉米。它有三个明显特点：一是透光性好；二是叶面积指数大；三是生物学产量和经济系数高。现今全国推广的玉米品种主要为紧凑型玉米，已达上亿亩，对玉米增产起着重要作用。

（2）增加种植密度，提高光能利用率。紧凑叶型玉米的推广，使每亩种植密度增加 1 000 株以上。综合各地经验,当前生产上采用的紧凑叶型玉米每亩密度在 4 000~5 000 株,最大叶面积指数 4~5,提高光能利用率,每亩平均产量 500~600 kg。增加种植密度,根据土壤肥力因地制宜。中肥地可取下限,高肥地可取上限。粗略估计,现在全国玉米种植密度仍然偏稀,大部分地区每亩还可以增加 1 000 株左右。

(3) 改进施肥技术,加强施肥管理。据测定分析,玉米施肥在增产诸因素中起 28%~30% 的作用。一是根据玉米需肥规律,即每生产 100 kg 玉米需要吸收氮、磷、钾分别为 2.84 kg、1.22 kg 和 2.49 kg。产量越高,单位面积产量相对需肥量越低。二是采用"三攻"追肥技术,即在施足底肥的基础上,拔节期攻秆,孕穗期攻穗,花粒期攻粒。

(4) 科学灌溉,节约用水。玉米亩产 500~600 kg,需耗水 300~320 m³,我国灌溉玉米约占 1/3。发展节水灌溉、提高水分利用率是实施合理灌溉的重点,争取每立方米水增产玉米 1.5~2.0 kg。发展趋势:一是从丰产型灌溉向节水型灌溉发展;二是大力推广塑料软管输水灌溉和渠道防渗技术;三是加强旱作玉米研究和推广蓄水保墒综合栽培技术,提高自然降水利用率。

(5) 扩大覆膜栽培面积,巧妙利用季节和积温。玉米覆膜栽培有良好的热量、水分、养分以及综合效应,有保墒增温、增产增收的效果,一般增产 30%~60%,高的在一倍以上。发展趋势:从高原山地向平原发展,从北方向南方推进,从一作覆膜到一膜多用,特别是先进的铺膜机械的推广和各类降解薄膜的应用,使得玉米覆膜栽培的前景广阔。

(6) 立足于抗灾夺丰收。我国地域辽阔,自然环境条件差别很大,玉米种植方式多样,每年都不同程度地发生旱、涝、虫灾害。例如,1994 年秋季发生的历史上罕见的持续高温,部分地区玉米严重受害,秃尖秕粒,减产甚重。因此,要加强对农业自然灾害的研究和预防,立足于抗灾夺丰收。

三、新疆玉米种植区划

1. 春播早中熟玉米区

本区包括新疆北部的阿勒泰、哈巴河、吉木乃、布尔津、富蕴、福海、和布克赛尔县,塔额盆地的塔城、额敏、裕民、托里县,伊犁河谷东部的巩留、新源、尼勒克、特克斯县,博州的温泉县,昌吉回族自治州的木垒县,哈密地区的伊吾县,南疆的阿合奇、乌恰、塔什库尔干等山区县以及上述所在县市农垦团场。

本区是全疆最寒冷、热量资源最少、无霜期最短的玉米种植区。本区无霜期 110~150 天,≥10℃ 积温 2 000~3 000℃,年平均气温 2~6℃,7 月平均气温 19~23℃,≥35℃ 日数每年平均 3~5 天,极端最高气温不超过 40℃,但绝对最低气温可达 -40℃~ -50℃ 或以下。本区全年日照时数 2 300~3 300 h;年降水量 120~320 mm,降水多集中在4—7月，且随海拔高度增加而增加。土壤有机质含量大部分在1%以上，高于全区平均水平。

本区水资源相对较为丰富，宜于农牧业生产发展，多为半农半牧或以牧为主的县，宜农土地较多，人均耕地较多，但玉米种植面积很少，只占全疆种植面积的3%左右，且由于栽培管理相对粗放，玉米单产不高，低于全疆平均水平。本区玉米播种多在5月上中旬，生育期120天左右。

限制本区玉米发展的主要气候因素是无霜期短、热量少，种植制度上只能一年一熟。在生长期短的地区，应选择早熟品种；生长期相对较长、热量稍多地区可种植早熟和中熟品种。但中熟品种不宜多种，一则不利于冬麦倒茬，二则秋季气温下降快、冷凉早，果穗不易干燥，不耐储藏，并影响翌年种子发芽。此区应大力推广地膜玉米，充分挖掘光热潜力；提倡精耕细作，努力提高生产水平。

2. 春播中晚熟玉米区

本区包括伊犁河谷西部的伊宁市、伊宁县、霍城、察布查尔县，北疆沿天山的博乐、精河、乌苏、沙湾、石河子、玛纳斯、呼图壁、昌吉、乌鲁木齐、米泉、阜康、吉木萨尔、奇台县（市），南疆焉耆盆地的焉耆、和静、和硕、博湖各县，阿克苏地区的拜城县以及上述所在县市境内的农垦团场。

本区气候温和，光照充足，区内北疆各县市的热量资源是北疆农区中热量最多的地区，拜城盆地、焉耆盆地在南疆农区中热量相对较少，但其降水量、水资源量和土壤有机质含量均高于南疆其他农区。本区无霜期150~180天，≥10℃积温3 000~3 500℃，7月份平均温度22~25℃，极端最高气温40℃左右，≥35℃平均日数0~15天；全年日照时数2 700~2 800 h；年平均降水量150~500 mm；土壤有机质含量1%~2%。

本区光热水条件配合较好，干热风危害较轻，气候条件对玉米生长发育比较有利，是全疆春播玉米面积最大和玉米单产最高的地区，发展玉米生产潜力也很大。1993年本区玉米面积占全区25%，总产占全区35%，平均亩产502 kg，比全区玉米平均亩产高140 kg。其中，乌苏县8.4万亩玉米的平均亩产达716 kg，在全疆名列首位。

本区大部分地区热量条件可以保证一年两熟，玉米晚熟品种也可以保证成熟，但秋季温度下降迅速，玉米成熟后种子含水量较高，不易干燥，故生产中宜以中晚熟品种为主。此外，考虑到给冬麦腾地，宜适当搭配部分中熟品种。本区需增设种子烘干设备，以保证有高质量的种子供应生产。

3. 春播晚熟、复播早中熟玉米区

本区包括除焉耆盆地、拜城盆地和南疆西部山区以外的南疆广大农区以及哈密盆地的哈密市和境内哈管局所属农场。

本区热量资源丰富，≥10℃积温4 000~4 600℃，无霜期200~230天，是新疆仅次于吐鲁番盆地的热量丰富、无霜期长的地区。春季开春早，升温快而稳，夏季炎热，气候干燥；降水少，全年平均气温 8～12℃，7 月份平均气温 24～27℃，≥35℃平均日数 10～50 天，是全疆干热风较重的地区。全年日照时数 2 500～3 000 h，年平均降水量 40～60 mm，土壤有机质含量 1%以下。

本区种植玉米的条件比较好，热量多，无霜期长，玉米不仅可以春播，也可以复播，不仅春播能种植晚熟品种，而且可以复播早熟或通过覆膜复播中熟品种。小麦收割后，无霜期还有 110～120 天，及时复播可以成熟，夏季虽有高温、干热风危害，但复播玉米可基本避过其影响，从气候条件分析是全疆复播玉米的最佳地区。

本区是新疆玉米的主要产区，全疆 300 多万亩复播玉米几乎全部集中在这一区域。1993 年本区玉米面积占全区 68.7%，总产占全区 58.4%，亩产平均 306 kg。其中复播面积占本区玉米面积的 92%，占全区复播面积的 99%。由于此区人多地少，且光热资源丰富，具有种植棉花等经济作物的优势，各地积极改革耕作制度，不断扩大复播玉米面积，玉米生产已逐步实现了由春播玉米向复播玉米转变。1993 年与 1978 年相比，春播玉米面积比重由 67%减少到 10%左右，而复播玉米面积比重由 33%提高到 90%以上，复播玉米占到了主导地位。为进一步挖掘玉米增产潜力，各地小麦、玉米生产已由"两早配套"种植模式逐步向小麦留行套种玉米的"两熟配套"种植模式发展，现"两熟配套"模式种植的玉米面积已占此区玉米面积 50%以上，粮田面积也因此而不断扩大，达到 100 万亩以上。本区春播玉米播期一般在 3 月底至 4 月中旬；麦茬复播玉米播期一般在 6 月中下旬，要求 6 月中下旬必须抢播完毕；麦田留行套种玉米一般在 5 月上中旬播种，成熟收获期一般都在 10 月上中旬。生育期因种植方式、品种而不同。一般春播玉米 150 天左右，麦茬复播玉米 90～105 天，麦田留行套种玉米 125 天左右。

本区玉米生产的不利因素是土壤肥力较低，同时高山融雪较晚，春水奇缺，影响春播玉米产量；复播玉米与棉花争水，矛盾突出，适播期又短，如不及时抢播就会错过播期，无法成熟。且由于本区耕地面积少，是主要产棉区，小麦又皆为冬麦，故玉米、棉花与冬麦倒茬矛盾较大，个别县乡在气候条件较差的年份，还有抢收未完全成熟玉米以播种冬小麦的现象。和田地区沙暴、浮尘天气较多，对玉米的光合作用也有不利影响。因受耕地水情限制，将来玉米种植面积只能保持目前水平，增加总产量主要依靠提高单产。本区玉米生产关键要解决好配套的玉米品种，做好培肥地力工作，努力提高科学种田水平，本区完全可以成为全疆玉米高产稳产区。

4. 吐鲁番盆地复播玉米区

本区包括吐鲁番盆地的吐鲁番、鄯善、托克逊三县市和境内农垦团场。本区是典型的大陆性气候，干燥少雨，光热资源丰富，昼夜温差大，无霜期长，素有"火洲"之称，是我国夏季最炎热的地方。光热资源为全区之冠，全年平均气温 14℃左右，7 月份平均气温 33℃，极端最高气温达 48℃，≥35℃年平均日数 100 天左右，≥10℃积温达 4 500～5 300℃，无霜期长达 210～220 天，年日照时数 2 950 h。本区气候极干燥，年平均降水量仅为9~37 mm,年蒸发量却高达2 890~3 820 mm,相对湿度仅38%~40%,干热风严重,大风较多对农业生产危害较大。土壤有机质含量在1%左右。

本区农作物一年可以两熟,玉米可以复播,但种植面积极少,1993年度三县市种植玉米仅1.5万亩。主要原因是夏季气候特别酷热,6月、7月、8月三个月平均气温都在30℃以上,春玉米不能开花或开花甚少,在高温干燥的条件下,玉米也很难授粉。在小麦收获后,复播早中熟玉米则可以躲过高温季节,但因玉米的抗旱抗逆的特性不如高粱,长期以来,该地复播粮食作物主要是高粱。近两年,复播玉米有一定发展,但增长幅度极小,故本区可以复播玉米,但不宜大力发展。

第二节 特用玉米生产及发展前景

→ 了解特用玉米不同类型的特点
→ 能够结合当地玉米生产条件,了解特用玉米的生产现状和发展前景

一、青贮玉米

1. 青贮玉米类型及用途

青贮玉米具有如下几大特点:

(1) 青贮玉米是将果穗、茎叶都用于饲料的玉米品种,是目前国际公认的优质粗饲料,具有生物产量高、饲用品质好和生长迅速的特点。与普通玉米相比,青贮玉米有较强的生长优势,生物产量可达4~7 t/亩,保绿度高,秸秆木质素含量低,收获时干物质多,碳水化合物、蛋白质含量高,适口性好,营养物质易于消化吸收,和其他青贮饲料相比,具有较高的能量和良好的吸收率。饲喂奶牛可使奶牛食欲旺盛,稳定产奶量,提高乳脂率和乳蛋白质。有关资料研究表明,奶牛喂青贮玉米比不喂的日产奶增加3.84 kg,育肥牛饲喂青贮玉米比不喂的日增重增加280 g左右。

(2) 营养物质损失少。青贮玉米在调制和储藏的过程中,养分损失少,一般不超过10%,而青干草在调制和储藏的过程中,经日晒风吹雨淋,养分一般损失40%~50%以上,并且维生素、矿物质等营养物质几乎全部流失。

(3) 制作饲料的品质得到改善。同样的青绿多汁饲料采用青储保存,纤维素含量可下降4%~6%,粗蛋白质含量提高0.8%~2%。

(4) 适口性好,利用率高,易消化。青贮玉米经微生物发酵后,碳水化合物转化成乳酸、醋酸、琥珀酸和醇类,气味酸甜、芳香,适口性好,可增加家畜的采食量。青贮玉米的采食率，喂牛为60%~70%，而干玉米秸秆为39%~40%。青贮玉米的消化率达60%~70%，而干草只有30%~40%，青贮玉米有"草罐头"之称。

（5）保存期长，可常年使用。储存良好的青贮玉米可多年保存，不霉坏变质，不受季节气温的影响。

（6）杀菌、杀虫，消灭杂草种子。青贮过程中，除厌氧耐酸菌种外，其他各种菌族都不能在青贮饲料中存活，各种植物的寄生虫及杂草种子也都在青贮过程中被杀死。

（7）占地面积小，不会发生火灾。可在地下收藏，青贮玉米每立方米可容纳450~700 kg，而且不会发生火灾。

2. 青贮玉米生产现状和发展前景

随着西部大开发战略实施，实行退耕还林还草计划，大力发展畜牧业，为青饲青贮玉米的发展提供了广阔空间。2000年新疆乳类总产78.2万t，占全国乳类总产的8.5%，居全国第4位，是全国四大奶源带之一。这将意味着奶牛业要有一个快速发展时期，如何抓住这一机遇，需要从根本上解决饲养的核心问题——饲草饲料。近年来，饲草饲料严重短缺，根本不能满足当前畜牧业对青饲料和青贮料增长的需要。尤其是新疆的"天山北坡"经济带，是"十五"期间重点发展三点一线（乌鲁木齐、昌吉至石河子、乌苏以及伊犁河谷地带）的奶牛带，这三点一线冬季寒冷漫长，一般从上年的10月至次年的5月是枯草季，每到这个季节部分牲畜因草料不足，常常出现夏肥冬瘦春死现象。虽然有半干青贮料、维生素粉、颗粒饲料和饼渣等脱水饲料的生产和利用在不断地增加，但是，玉米青贮饲料仍是牛群的基础口粮。因此，在农区、牧区和无霜期短的凉爽或高寒山区，大力发展青饲青贮玉米是解决饲草饲料短缺的有效途径。

新疆青贮玉米种植只是刚刚起步，2000年新疆青贮玉米种植面积约0.83万hm^2，2000年新疆牛的总头数是384.98万头，平均每头牛0.002 2 hm^2，远远满足不了养牛业、特别是奶牛业发展的需要。同时，由于种植技术及品种等原因，青贮玉米单产较低，个别地区玉米青贮产量只有37.5 t/hm^2。有的在乳熟或扬花期收割，虽然鲜重产量较高，但其能量及干物质含量很低。

3. 青贮玉米品种选择

青贮玉米的生产中要根据全区的自然气候特点，选择在早霜前能达到蜡熟，干物质全株含量在30%左右的玉米品种和选择果穗干物质占全株比例大的品种。目前，选育的新饲玉10号、新饲玉11号、新青1号、中北410等专用青贮玉米品种，经科研单位试验和有关专家介绍，其干物质和能量都较高，比较适合新疆农牧场的气候条件。

二、糯玉米

1. 糯玉米类型及用途

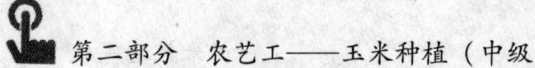

糯玉米也叫黏玉米,是一种十分受欢迎的粮食兼蔬菜作物。与普通玉米相比,糯玉米的粗蛋白、粗脂肪、赖氨酸、谷氨酸的含量高,胚乳中的淀粉全部为分子量小的支链淀粉,食用消化率比普通玉米高20%以上。鲜穗煮熟后柔软细腻,甜黏清香,皮薄无渣,营养丰富。采收储藏期较长,特别适于作为鲜嫩玉米食用。

糯玉米有降低胆固醇、抗高血压等作用。糯玉米也可以制作籽粒罐头、八宝粥等罐制食品,用糯玉米代替糯米加工糕点、元宵等糯性食品,不仅可降低成本,综合营养成分也高于糯米食品。

用糯玉米作饲料,转化利用率高。用糯玉米喂奶牛,不仅产奶量高,奶中的奶油含量也显著提高;喂羔羊日增重比喂普通玉米提高20%,饲料效率提高43%;饲喂育肥肉牛,饲料效率比普通玉米提高10%以上。鲜穗采收后的茎叶,柔软多汁,营养丰富,是牛羊的上等青饲料。

另外,糯玉米还是食品加工、纺织、造纸工业的极好原料。在美国,糯玉米淀粉价格比普通玉米淀粉高1倍以上,糯玉米淀粉作为增稠剂、乳化剂、黏合剂、悬浮剂,被广泛用于香肠、甜玉米糊装罐头、凉拌菜佐料、冷冻食品和快餐加工部门,也被广泛用于造纸、纺织及黏合剂工业。美国的许多饲养场都在用糯玉米取代普通玉米作饲料。

2. 糯玉米的生产现状和发展前景

我国目前的鲜食糯玉米种类相对简单,除了速冻产品就是真空包装产品,形式简单、雷同,花样稀少,很难满足大中城市年轻消费者求新求奇的心理需求,因此,要继续大力开展鲜食糯玉米的深度开发,研发诸如椒盐玉米、奶油玉米、咖喱玉米等多种多样的产品口味;在产品形式上,可尝试发展微波玉米、充氮玉米等多种方便、休闲玉米食品。

3. 糯玉米品种选择

虽然我国的糯玉米资源十分丰富,但研究利用工作起步较晚,多年来各地只零星种植一些品种,直到20世纪70年代才开始进行糯玉米的育种工作,主要是以糯性籽粒表现型为标记将普通玉米自交系转育成同型糯系,再育成糯玉米杂交种。新疆现在已育成了一批糯玉米自交系和杂交种。近几年,新疆地区的糯玉米种植面积不断扩大,主要种植新糯玉5号等品种,除用做鲜食、速冻外,大部分用于支链淀粉的加工原料。

三、甜玉米

1. 甜玉米的类型及用途

甜玉米又叫蔬菜玉米,既可煮熟后直接食用,又可制成各种风味的罐头、加工食品和速冻食品。甜玉米之所以甜是因为其子粒的含糖量比普通玉米高2~10倍。由于遗传因素不同,甜玉米又可分为普通甜玉米、加强甜玉米和超甜玉米。普通甜玉米子粒的含糖量达 10%左右，比普通玉米高 1 倍，且为水溶性多糖，易被人体吸收；淀粉含量只有 35%左右，比普通玉米少一半。同时，它含有较多的蛋白质、油分和各种维生素，营养价值比普通玉米高，皮薄，吃起来黏而香，适于加工各种罐头和鲜食。但不耐储藏，子粒成熟脱水后呈透明皱缩状态。超甜玉米含糖量可达 20%，比普通甜玉米高 1 倍多，甜味更浓。淀粉含量只有 18%~20%。与普通甜玉米相比，超甜玉米具有甜、脆、香的突出特点，但没有黏性。目前主要以鲜穗玉米上市，也可加工成速冻玉米，一般不制作罐头。子粒成熟脱水后呈凹陷干瘪状态，粒重只有普通玉米的 1/3。

2. 甜玉米生产现状和发展前景

我国的甜玉米开发利用进展较为缓慢，甜玉米产品的普及程度还不很高，老百姓对甜玉米知之甚少。在有关职能部门的支持和科技工作者的努力下，在一些城市郊区及农村有少量种植和部分加工生产。但种植面积小且生产的产品多数质量较差，品种单一，估计全国甜玉米的种植面积未超过 2.67 万 hm^2。

美国甜玉米生产量和加工量均居世界首位。甜玉米每年创造的农业产值超过 5 亿美元，在蔬菜作物中仅次于西红柿的产值。美国年产甜玉米罐头 70 多万 t，速冻甜玉米 45 万 t。有数家种子公司经营近 500 个各类甜玉米杂交种。据统计资料，国际市场上甜玉米罐头销售量仅次于芦笋，居第二位，成为世界上主要罐头品种之一。在日本，近 30 年甜玉米消费量增加了 30 倍。在对外经济交流中，日商曾向中国提出希望能从中国进口甜玉米产品。目前国际市场上除日本外，在韩国及东南亚国家甜玉米市场前景也很看好。同时，欧共体国家和亚洲一些国家每年都要从美国进口相当数量的甜玉米产品。国内年产甜玉米罐头及速冻制品不到 3 000 t。国内中高档旅馆和餐饮业饭店所需的甜玉米罐头及速冻制品不得不从国外进口。随着人民生活水平的不断提高及玉米深加工企业的发展，对甜玉米的需求量会越来越大。

3. 甜玉米品种选择

新疆地区近年甜玉米育种研究有了快速发展，目前已选育出一批优良品种，如超甜 1 号、超甜 5 号、超玉 4 号、CX6511、新甜玉 3 号、新甜玉 6 号等，有些品种已接近或达到美国当代甜玉米杂交种水平。由于人们对甜玉米还未充分认识其价值，我国的甜玉米产量及加工产品仍然较少，随着老百姓对营养保健认识的不断提高，甜玉米市场将会越来越广阔。

四、高油玉米

1. 高油玉米类型和用途

高油玉米突出的特点是子粒含油量高。高油玉米 85%的油分集中在种胚部分。普通玉米含油量为 4%~5%，我国目前正在推广的高油玉米含油量都在 7%~9%，含油量在 10%以上的杂交种也已进入示范阶段。

2. 高油玉米生产现状和发展前景

当前推广的高油115品种，含油量为8.8%，超过普通玉米近1倍，在国内推广面积较大。高油298品种，成为农业部"跨越计划"中核心技术的主要品种，在黑龙江省大面积推广，并与金玉集团联合进行终端加工。我国高油玉米近几年来累计推广面积100多万亩，山东省约在10万亩左右。

新育成的高油玉米杂交种含油量已达8.5%，我国正推广的高油玉米含油量都在7%~9%，且10%含油量的杂交种也已进入示范阶段。新疆对高油玉米的研究起步较晚，近几年来，从外省引进了一批高油玉米新品种，正在进行评比鉴定试验。新疆农业大学等单位已经开始利用玉米高油性状和其他品质性状的花粉直感效应，使普通玉米杂交种实现高产和高油（优质）化。

玉米油是一种味道纯正、营养价值很高的食用油，主要成分是脂肪酸，尤其是油酸和亚油酸含量较高，为人体必需的脂肪酸，具有软化血管和降低血压等作用，因而是一种理想的保健油。高油玉米的蛋白质、赖氨酸、色氨酸、维生素A、维生素B的含量高于普通玉米。作为食物，高油玉米比普通玉米具有更高的营养价值。

用高油玉米作饲料，能降低单位增重所需要的饲料，含油量越高，降低饲料用量越多，同时，还能有效节约饲料中蛋白质的补充。实验表明，含油量每提高1%，饲料效率可提高1.6%。

3. 高油玉米品种选择

正确选用优良杂交种是实现高油玉米高产优质的重要措施。已选育出的高油玉米品种有农大高油1号、2号、6号、8号及最新选育的4515、5598等。在新疆高产田亩产籽粒500~600 kg。采收后的茎秆，粗蛋白的含量达8.5%，是一种优质青贮饲料。

五、优质蛋白玉米

1. 优质蛋白玉米类型和用途

优质蛋白玉米又称高赖氨酸玉米，是指赖氨酸含量较高而且蛋白质优质的玉米品种。长期以来，人们的注意力主要集中在玉米产量的提高上，从而忽视了其品质。随着科学技术的进步和国民经济的发展，以及人们对副食质量需求的不断增加，人们对优质玉米的认识有了更深的了解。发展玉米生产不单是要解决温饱问题，更重要的是逐步向饲用、深加工等高效玉米产业化方向迈进。

2. 优质蛋白玉米的生产现状和发展前景

种植优质蛋白玉米的目的是在获取一定玉米子粒产量的同时，获取更多的优质蛋白。据统计资料结果表明，按照赖氨酸含量计算，每50 kg优质蛋白玉米至少相当于85 kg普通玉米的营养价值。国外研究表明：生产100 kg有效蛋白质，普通玉米需要种植2 hm^2，而优质蛋白玉米则只需种植1.2 hm^{2}即可，大大地提高了土地利用率。

大量试验表明，优质蛋白玉米不仅在食用价值、饲用价值，而且在深加工等方面都有普通玉米不可比拟的优越性，随着科学技术的进步和人们生活水平的不断提高，相信优质蛋白玉米的发展将会有更加广阔的市场。据推算，我国若将普通玉米10%的面积改种优质蛋白玉米作饲料用，可直接获得经济效益20多亿元。因此，在当前普通玉米生产相对饱和的情况下，大力推广和发展优质蛋白玉米将会带来更大的社会经济效益。

3. 优质蛋白玉米品种选择

我国优质蛋白玉米的育种工作始于20世纪70年代，经过20多年的努力已取得重大突破，育种水平处于世界前列，培育出了鲁单203、新玉7号、中单3850等一批高产、优质、多抗、适应性广的优良杂交品种，产量已达到或超过了优良普通玉米杂交种水平。

六、爆裂玉米

1. 爆裂玉米的类型和用途

爆裂玉米是特用玉米九大类型之一，又名麦玉米。叶较窄挺，多分蘖，每株结穗多，果穗和子粒均较小，生育期较长。子粒几乎全部为角质胚乳组成，硬而透明，遇高温时子粒爆裂呈花状。因此，它比其他类型的玉米具有较好的爆裂膨胀性。爆裂玉米子粒颜色以黄色为主，其次为白粒，也有红粒。按子粒形状又可分为两种：一种为米粒形，顶部有尖凸；一种为珍珠形，子粒圆而透明。目前，美国采用10 g重量的子粒数来区分爆裂玉米的大小，52~67粒为大粒型，68~75粒为中粒型，76~105粒为小粒型，以中粒型的品种居多。用爆裂玉米制成的各种风味食品，已成为市场上深受消费者欢迎的休闲食品。

2. 爆裂玉米生产现状和发展前景

我国进行爆裂玉米的研究始于20世纪80年代中期，进入90年代，我国才有自己选育的品种，如黄玫瑰、黄金花、沈爆1号、太爆1号等，并有批量生产。近几年国内爆裂玉米生产发展较快，据中科院品资所统计，我国登记的爆裂玉米品种就有92个。据生产试验，我国有些地方品种的生长势较好，果穗较大，有的品种也有较好的爆裂性能，可以选择利用。目前，我国各地的中小城市都有爆裂玉米产品销售，新型的适用于微波炉的爆裂玉米也已面市，但现有的爆裂玉米大多产量低，爆裂品质不够理想，优良的种质资源比较贫乏，限制了爆裂玉米的开发利用。

3. 爆裂玉米品种选择

新疆农垦科学院作物所于"七五"开始进行爆裂玉米的研究与开发，相继育成了石爆1号（综合种）、石爆（杂）1号、石爆（杂）2号、石爆（杂）3号，膨爆率95%以上，膨爆倍数25倍以上，在新疆地区生产中进行了推广应用。

七、黑玉米

1. 黑玉米的类型和用途

黑玉米是指子粒颜色相对较深（如紫、黑色等）的玉米，是一种珍贵的特种果蔬玉米，不仅外观墨黑独特，惹人喜爱，且口感黏香醇美，食后难忘，是集色、香、味于一体的黑色保健食品。据测试分析，黑玉米的营养成分明显高于黄玉米。蛋白质、氨基酸、脂肪和粗纤维的含量比黄玉米分别提高10.9%、30.3%、56.6%和6.1%，富含17种氨基酸，其中有14种高于黄玉米，其中氨基酸主要成分的谷氨酸、精氨酸、甘氨酸和丝氨酸总含量达8.5%，比黄玉米高1.2倍；矿物质营养元素——锌、锰、铁、铜的含量分别比黄玉米高22%、38%、20%和52.3%，对人体提高造血能力、免疫能力、延缓衰老等有益；所含具有防癌、抗癌作用的硒元素的含量比黄玉米高8.5倍。

2. 黑玉米的生产现状和发展前景

黑色食品含有丰富的营养成分和有利健康的特殊养分，具有明显的食补、防病、益寿的保健功效。我国素有"逢黑必补"的中医养生理念。黑色食品自20世纪80年代后期兴起，在短短数年间即风靡饮食界，全球刮起"黑食"旋风，黑色食品成为膳食保健的热点，这是广大消费者对黑色食品保健功能认同的结果。粗食是膳食保健的又一个全新理念。由于黑色素主要沉积于种子的外皮层（种皮、果皮、糊粉层），粗食是保持黑色素等保健营养成分不受损失的最佳途径。然而，粗食往往存在口感较差的缺陷，影响黑色粗食的消费量。黑玉米的出现，很好地解决了黑色粗食的口感缺陷，它不仅具有黑色食品延年益寿的保健功效，且纤维含量高，粗食口感良好，使黑色与粗食、粗食与口感达到完美的统一。同时，黑玉米又是粮食类食物，适宜大量食用，其消费潜力巨大。作为天然黑色粗食，黑玉米的开发利用具有十分广阔的前景。

3. 黑玉米品种选择

根据当地的气候特点以及预计的上市时间、本地加工能力、市场需求，选择适宜的品种。常用品种有黑珍珠甜玉米，黑（紫）色糯玉米杂交种系列的黑糯1号、2号、3号，中华黑玉米，韩国黑包公糯玉米等。其中黑珍珠甜玉米、黑糯2号等松软可口、甜香兼备，抗逆性好、适应性广、产量高。

（1）黑珍珠甜玉米。它是目前推广的主栽品种，其鲜粒为紫色，排列整齐，鲜穗熟食皮薄、无渣、甜香兼备，松软可口。该品种抗逆性好，适应性广，产量高，干粒产量达450 kg/亩。株高2.4 m，穗长20 cm，双穗率95%。鲜穗采收期80～85天，子粒成熟期为105天。种植密度3 500株/亩。该品种苗期耐肥，播种前需施足基肥，多施磷肥、钾肥。拔节期、抽雄开花期注意壅根培土防倒伏。

（2）黑（紫）色糯玉米杂交种。有黑糯1号、2号、3号。黑糯2号株高1.6 m，穗长12 cm，果穗圆锥形，子粒较小，株形紧凑，成熟晒干后子粒黑色皱缩。食味口感好，黏香无渣，属中熟偏早熟型杂交种。

栽培方法：4月上旬播第一期，行距1 m，株距0.17 m，采用地膜覆盖。5月上旬进行第二次播种，行距距第一次播种行0.33 m。第三次播种在6月上旬，最迟不超过6月15日，行距距第二次播种行0.53 m。田间管理和普通玉米相同。这样分期播种，从第一期果穗上市到第三期上市持续时间可达3个月。以亩用种子2.5~3 kg进行计算，出苗4 500~5 000株/亩，可采收鲜嫩穗4 000多个。

第三节 玉米的形态特征与器官构成

→ 能够识别不同玉米植株形态特征，各器官先后形成的生育时期划分

→ 能够把握不同生长发育阶段划分的具体要求标准

一、玉米营养器官的生长

1. 根

（1）种类。玉米根系一般按其发生时期、部位、形态和功能，分为初生根（胚根）、次生根和支持根。初生根又叫种子根，包括主胚根和次生胚根。次生根即地下根及其分支组成的根系。支持根为地上部近地表茎秆着生根系，主要起支持茎秆和吸收养分的作用。

（2）根系生长

1）初生根。种子萌发时，先从胚部长出胚芽和一条幼根，这条幼根垂直向下生长，可达20~40 cm，称为初生根。经过2~3天，下胚轴处又长出2~6条幼根，称为次生胚根，这两种胚根构成玉米的初生根。

2）次生根。幼苗长出2片展开叶时，在中胚轴上方、胚芽鞘基部的节上长出第一层节根，由此往上可不断形成茎节，通常每长2片展开叶可相应长出一层节根。玉米一生节根层数依品种类型、水肥供应和密度大小而定，一般可长4~7节，根数多达50~70条。玉米次生根数量多，而且形成大量根毛，是中后期吸收水分、养分的重要器官，还起到固定、支持和防止倒伏的作用。

3）支持根。玉米从拔节到抽雄，接近地表茎节1~3节上发出一些较粗的根，称支持根，又叫气生根或气根。它入土后可吸收养分和水分，并对植株有强大的固定支持作用，对玉米后期抗倒增产作用很大。

玉米根系能深入土层140~150 cm，最深处达200 cm以上，但80%以上根系集中在30 cm以上的土层，分布直径1 m左右，最大直径达2 m以上。

2. 茎

(1) 茎的组成及功能。玉米茎秆粗壮，直径2~3 cm；株高因品种类型及栽培条件而异。茎秆由茎、茎节和分蘖组成，有输导、支持、储藏以及着生叶片和果实的功能。

(2) 茎秆的生长。玉米茎节在拔节初始即已形成，每一个节间是一个单位，茎秆伸长及茎中组织，主要由节间基部分生组织的细胞分裂、生长和分化。各节间伸长的顺序，自下而上依次进行。每个节间都经历一个慢—快—慢的伸长过程。

玉米茎秆增长速度随生育时期而变化。从拔节期至孕穗前，茎秆增长速度较慢，每昼夜增长2 cm以下；孕穗初期至孕穗期，增长速度明显加快，每昼夜增长4~6 cm；孕穗期至抽雄期，增长速度最快，每昼夜达7~8 cm，最高达14~15 cm；抽雄穗后茎秆增长停止。因此，茎秆伸长与结实器官的形成有一定的依从关系。

玉米植株各节间长度表现出一定的规律性：基部粗短，向上逐节加长，至穗位节以上又略有缩短，而以最上部一个节间最长，且细。植株基部节间缩短与否，是鉴别玉米根系发育和植株健壮的重要标志。基部节间粗短，根系发育良好，抗倒能力强，是高产的象征；反之，根系弱，易倒伏，无法获得高产。苗期适当蹲苗可以收到茎基粗壮的效果。

(3) 茎秆的功能。输送水分和养分，支撑叶片，储存养料，后期转移到果穗和子粒。茎具有向光性和负向地性，可以使倒伏茎秆直立，减少损失。

3. 叶

叶片是重要的营养器官之一，主要进行光合作用和蒸腾作用。叶片通过光合作用制造的光合产物，是植物各器官生长所必需的物质来源，对维持植物生命活动和产量形成有重要的意义。

(1) 叶的形态。玉米的叶片属于不完全叶，在茎秆上呈互生排列，由叶身、叶鞘、叶舌三部分组成，与小麦相比，缺少叶耳。玉米叶片形状属于阔披针形。

(2) 叶片的生长及功能。玉米一生的叶片数是品种的一种相对稳定的遗传特性。叶片数目的多少较大程度上决定植物光合作用叶面积的大小。单株各叶片面积的大小自下而上呈单峰曲线，同一植株不同部位的叶片，其面积大小差异很大。最初发生的基部叶片小，自下逐渐增大，一般以穗位叶及其上下附近的叶片面积最大，再往上又逐渐减小。

玉米不同节位叶片对器官建成所起的作用不同，根据其光合产物在各个器官中分配的数量和规律，可将玉米整株叶片分为4组：

1) 根叶组。玉米从出苗到拔节的苗期阶段，主要生长器官是根系，供生长的叶是叶龄指数30以下的展开叶片。

2) 茎叶组。从拔节到孕穗初期，主要生长器官是茎秆，其次为雄穗，供生长的叶为叶龄指数30~60的展开叶片。

3）穗叶组。从孕穗初期到孕穗期，主要生长器官是雄穗，供生长的叶为叶龄指数 60~80 的展开叶片。

4）粒叶组。孕穗期以后，雌穗即进入结实粒数、粒重形成为中心的时期，主要供生长的叶为叶龄指数 80~100 的展开叶片。

二、玉米生殖器官的发育

1. 花序

玉米是雌雄同株异花作物，主要是依靠自然力——风力传播花粉，天然杂交率在 95% 以上，所以，玉米属于异花授粉作物。玉米的花由两种花序组成：雄、雌花序。

（1）雄穗的结构特征。玉米雄穗为圆锥花序，生于茎秆顶部。雄穗主轴与茎秆相连并向四周分出若干分枝，分枝数目因品种而不同，一般约 15~25 个，多则 40 个左右。雄穗主轴较粗，周围着生 4~11 行成对排列的小穗，分枝较细，通常仅着生两行成对排列的小穗。每个小穗有两朵小花，分枝越多，小花越多，散出的花粉也越多，因而有利于授粉；但是，分枝过多，雄穗过大，在形成过程中要消耗过多的养分，因此，在育种上多选用雄穗分枝较少的材料作为杂交亲本。

每对雄小穗中，一为有柄小穗，位于上方，一为无柄小穗，位于下方。每个雄小穗基部两侧各着生一个颖片（护颖），两颖片间生长两朵雄性花，成对排列的两个小穗花内侧的两朵花为内侧花（第二朵小花），外侧的两朵花为外侧花（第一朵小花）。同一小穗中两朵小花结构相似，但上部的第一朵小花先成熟。每一朵雄性花由一片内颖、一片外颖及三个雄蕊组成，如图 7—1 所示。雄蕊的花丝顶端着生黄绿色的花药。雄蕊未成熟时花丝甚短，成熟后内、外颖张开，花丝伸长，使花药露出颖片外面，散出花粉，即为开花。

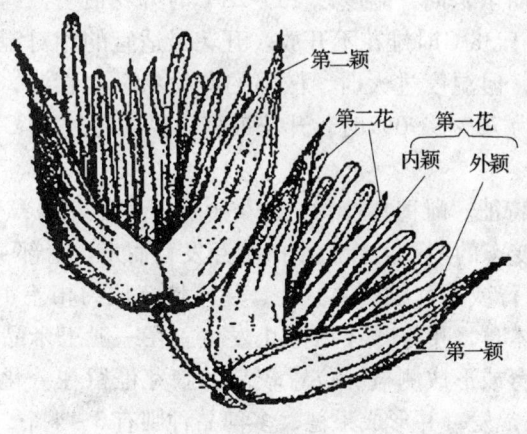

图 7—1 雄穗成对小花

发育正常的雄穗可产生大量的花粉粒。据观察，每一个雄穗有 2 000~4 000 朵小花，每朵小花有三个花药，每一花药产生约 2 500 个花粉粒。一个小穗约有 15 000 个花粉粒，一个雄穗花序能产生 1 500 万~3 000 万个花粉粒。玉米能产生如此多的花粉粒，完全符合异花授粉的生物学特性。

玉米雄穗抽出 2~5 天后开始开花，也有的抽出 7 天后才开花。开花顺序是：从主轴中上部开始，然后向上、向下同时进行。各分枝的小花开放顺序与主轴相同，按分枝顺序说，上中部的分枝先开花，然后上部和下部的分枝再开花。

雄穗开始开花后，一般经历 2~5 天为盛花期，但也有的 3~6 天为盛花期。据陕西省农业综合试验站和山东农业大学观察，开花后第 2~5 天的开花数占开花总数的 76.7%~84.59%，且集中在第 3~4 天，约占开花总数的 47.4%~52.1%。单个雄穗开花一般约需 7~10 天，长者达 11~13 天。

玉米在适宜条件下，每一雄穗昼夜之间均有花朵开放，一般以上午 7：00—11：00 开花较盛，尤以上午 7：00—9：00 开花最多，午后开花显著减少，夜间更少。如遇阴雨天气，则一日内开花最盛时间向后推迟，雨后不久仍能很快开花，在阴天无露水的晚上，如果温度适宜，不但当夜开花数量较多，而且能使次日的开花高峰时间由上午 7：00—11：00 提前到 6：00—8：00。所以，玉米实行人工辅助授粉，一般应在上午露水干后开花最盛时间进行。

每对雄小穗的四朵花开花时间是不同的。据内蒙古农牧学院 1961 年对白马牙品种的观察，其开花顺序是：无柄小穗的内侧花在早晨先开，有柄小穗的内侧花后开；无柄小穗外侧花下午开放，而有柄小穗的外侧花到第二天上午才开放。由于不同部位的小穗花和小花的开花散粉时间不同，因而延长了整个雄穗的散粉时间。这一特性，对人工辅助授粉和采粉杂交有重要意义。

玉米雄穗开花始期至末期，温度以 20~28℃ 时开花最多，约占开花总数的 46%~68%，低于 18℃ 或高于 38℃ 时雄花不开放。开花最适宜的相对湿度为 65%~90%，饱和湿度并不妨碍开花，但湿度过大时，散出的花粉易吸水膨胀，丧失生活力。温度在 25~28℃ 和相对湿度为 70%~90% 时，开花最多，温度超过 30℃ 和相对湿度在 60% 以下开花甚少。

（2）雌穗的结构特征。雌穗在植物学分类上属于肉穗花序，受精结实后也称果穗，玉米的果穗就是一个变态的茎，由叶腋中的腋芽发育而来，上部 4~6 节的叶腋无腋芽，下部 4~5 节腋芽不发育或发育成分蘖。叶、芽同伸节位约相差 4 个叶原基。当茎顶生长锥分化为雄穗原始体时，叶与叶芽均停止发生。在一般玉米品种中，茎基部（地下节）的腋芽往往不发育或形成侧枝。位置较高的腋芽停留在分化的早期阶段，只有最上部的 1~2 个腋芽正常发育并形成果穗，多穗品种则有 3~4 个，甚至更多。据黑龙江省嫩江地区农业科学研究所 1973 年对春播嫩单 1 号的观察，该杂交种具有 17~18 个节，由下往上第 1~4 节腋芽不发育，很少形成侧枝，第 5、6、7 节腋芽在雌穗小穗分化期停止发育，第 8 节腋芽在雌穗小花分化期停止发育，第 9、10 节腋芽在雌穗花丝伸长期停止发育，第 11、12 节腋芽为最上部的 1~2 个芽，能发育成结实的果穗。玉米腋芽在茎秆上的分化规律表明，玉米形成果穗的潜力是很大的，创造良好的营养、水分、光照等条件，是促进腋芽发育成穗，保证穗多粒大的重要因素。

玉米果穗为变态的侧枝，果穗柄为缩短的茎秆，各节着生一片仅具叶鞘的变态叶，即苞叶，它包着果穗，起保护作用。一般苞叶数目与穗柄节间数目相等。苞叶的长短因品种类型而不同，有些品种在苞叶上仍长有小的叶片，称为剑叶，对光合、防虫有一定作用，但对授粉有影响。在苞叶的叶腋中，有的品种也和主茎叶腋一样能形成腋芽，当条件有利时，腋芽能形成第二级果穗，而使果穗发生分枝。

果穗在茎秆上着生的位置因品种类型和栽培条件而不同。一般晚熟品种果穗着生高度以 80~90 cm 为宜，以便于机械化收获，过高容易倒伏，过低容易引起霉烂，也易遭兽害。

果穗的穗轴由侧枝顶芽形成。穗轴粗大，呈白色或红色，穗轴的粗细因品种类型而异，以较细的为好。一般其重量约占果穗总重量的 15%~25%。穗轴中部充满髓质，有很多维管束分布在边缘的厚壁组织中。穗轴节很密，每节着生两个无柄小穗，成对排列成行，每小穗内有两朵小花，上位花结实，下位花退化，故果穗上的子粒行数常呈偶数。但有时成对的小穗，由于发育不良而缺少一个，或一个小穗内两朵小花都能发育结实，因而粒行不成偶数或粒行不整齐。另外，有的子粒是成对合生的，两颖果有孪生并列的胚，萌发出现孪生幼苗；也有的在同一小穗内，两朵小花联合发育成双子粒，包含在同一果皮之内。果穗子粒行数 8~30 行不等，一般品种子粒行数为 12~20 行，粒行数多的具有丰产的特性。粒行数的多少，虽因品种而不同，但也与栽培条件有关。通常每个果穗有 200~800 粒或更多些，一个中等大小的果穗，约有 300~500 粒。一般晚熟品种每行的粒数较早熟品种多，穗粒数的多少除因品种不同外，栽培条件也有很大的影响。

每一雌小穗的基部两侧着生一个颖片（护颖），其中一个为退化的小花，仅留有膜质的内外稃（颖）和退化的雌、雄蕊痕迹；另一个为结实小花，其中包括内、外稃（颖）和一个雌蕊及退化的雄蕊。雌蕊长出两个心皮（也有人认为是三个心皮），它包括子房、花柱和柱头三部分。花柱和柱头通称为花丝，它是两个心皮强烈延长的顶端，因此具有两条维管束和中央结构。两条维管束穿经子房壁直达其基部，在基部与其他小穗的维管束相连接。花丝实心，略呈扁状，其上有两条陷沟，表面密布茸毛，分泌黏液，有黏着外来花粉的作用，所以花丝任何部位都能接受花粉。花丝颜色有绿色、红色、棕色、紫色等。柱头是花丝顶端分权的部分。多数人认为花柱极短，花丝不是花柱，而是柱头的延长，如图 7—2 所示。

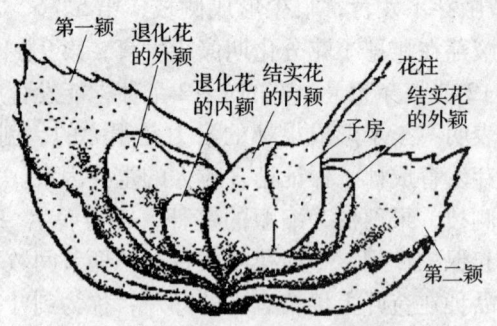

图7—2 雌蕊成对小花

同一株玉米，雌穗从苞叶露出叶鞘的时间一般比抽雄稍晚，推后5~6天。雌穗花丝开始抽出苞叶，即为雌穗开花（抽丝），一般比同株雄穗开始开花晚2~5天，也有雌雄穗同时开花的，这决定于品种特性和密植、肥水等外界条件。一般穗柄短的品种比穗柄长的品种抽丝性好，苞叶短、苞尖松的品种比苞叶长、苞尖紧的品种抽丝性好；双果穗、多果穗的品种和自交系，往往雌花早熟、抽丝早。

在干旱、缺肥或种植过密、光照不良的情况下，雌穗发育减慢，而雄穗的发育则很少受影响，因此，容易出现雌、雄开花不协调的现象。在一个果穗上，由于各个小穗花着生部位和花丝伸长的速度不同，花丝从苞叶中抽出的时间也就有先有后。一般果穗基部以上1/3处的小花先抽丝，然后向上、向下伸展，顶部小花的花丝从苞叶中抽出的时间最晚。所以，有些品种的果穗顶部花丝从苞叶中抽出时，已处于大田群体植株的散粉末期，粉源不足，容易造成秃顶现象；有些长果穗、长苞叶的品种，显然基部的小花成熟较早，但花丝需要很长时间才能从苞叶中抽出，实际上抽丝往往最晚，而且花丝因在苞叶内长期伸长而削弱生活力，所以，也常常由于授粉不良而造成果穗基部缺粒。因此，玉米开花后期，加强人工辅助授粉是减少秃顶缺粒、增加粒数的有效措施。一个果穗从第一条花丝从苞叶中抽出到全部花丝抽出，一般需5~7天。花丝长度一般为15~30 cm。如果授粉不良，长时间不能受精，可伸长到50 cm左右，直到受精以后才停止生长，2~3天后颜色变褐，并逐渐枯萎。

2. 雌、雄穗的分化

玉米雌、雄穗的分化、形成，与玉米的生育时期和根、茎、叶的生长以及营养物质的运转分配规律等密切相关，因此，研究玉米雌、雄穗的分化过程，不仅要了解雌、雄花序分化在各时期的形态发育特征，更重要的是要了解雌、雄花序内在的生长发育与外部器官表现的相关性，然后，将这些相关规律作为玉米栽培的理论基础，及时采取正确的农业技术措施，促进穗多、穗大、粒多、粒重，从而获得高产。

玉米雌、雄穗分化有一定的规律性，如花序各器官形成具有一定的顺序，外部形态与内部器官形成也密切相关,但因不同品种间对外界条件的反应不同,因而雌、雄花序开始分化的日期及其分化进度也有不同程度的差别。

玉米雌、雄穗的分化与形成,是一个连续变化的过程,根据变化过程中形态发育特征,可分为生长锥突起期、生长锥伸长期、小穗分化期、小花分化期和性器官形成期五个主要时期。

3. 开花、授粉

玉米雄穗开花时,花粉中的花粉粒及雌小穗小花和胚珠中的胚囊都已成熟,花药破裂。玉米散粉时机,在新疆地区,一天中以9:00—13:00为多,最盛时在9:00—11:00,下午开花少。花粉重量轻、数量多,每个花药可产达2 500多粒花粉,全花序多达250万粒左右。散粉可靠微风传至数米远,大风天气可达500 m以外,因此,制种田必须设置隔离区。

玉米授粉受精的过程:花粉粒落在花丝上,经过2 h萌发形成花粉管,进入胚囊,完成受精过程。授予花丝大量花粉,或者重复授粉,可促进花粉粒萌发和花粉管伸长。花粉粒在田间条件下,4 h内生活力最高,6 h后生活力显著降低,22~24 h则全部丧失生活力。

4. 子粒

(1) 子粒的发育。玉米种子的产生是由受精卵经过分化发育而成的,胚发育时间的长短因品种类型和外在条件而异。一般在授粉后30~34 h(受精后10~12 h),受精卵(合子)进行横向分裂,成为两个大小不等的细胞。下面较大的一个细胞发育为胚柄,是胚获得营养的暂时结构;上面较小的一个细胞继续分裂发育为胚。授粉后4~8天,胚胎变成大头棍状,上面增大的部分形成胚的本体,下面部分是胚柄,而后停止生长。授粉后10~19天胚胎伸长形成盾片,胚芽鞘开始出现,随后胚根和胚轴显现出来。胚的第一片真叶约在授粉后13~14天开始形成,而与第一片真叶相对应的第二片真叶,在授粉后15~16天分化出来,将近授粉后20天时,第三片和第四片真叶开始分化,第五片真叶在授粉后30天才出现。从授粉后30~40天,真叶已经完成分化过程。中胚轴在授粉后17~20天形成。授粉后15~20天胚根分化明显,出现根冠和生长点。根的输导系统在授粉后9~15天开始分化,22天即清晰可见。另在盾片节的上面发生不定根,第一对根分别发生在中胚轴的左右侧,第三条根发生在胚的外表,相当于小麦产生外胚叶的地方。这些根属于初生根系中的次生胚根,也称种子根,约在授粉30~50天内形成。

胚乳的发育:在极核受精后,紧接着开始分裂。受精后10~12 h,胚乳具有20~30个游离核。因此,胚乳的发育要比胚的发育开始得早些。胚乳所形成的核沿着胚囊的周边排列,授粉后3天,游离核充满了整个胚,这时开始转向胚乳细胞形成阶段。授粉后5~7天,胚乳细胞充满整个胚囊。授粉后7~8天,胚乳细胞周边层转变为糊粉层，它大致和胚开始分化是同时进行的。授粉后 10 天，在糊粉层的细胞内充满了小球状蛋白质的糊粉粒。授粉后 10～12 天，胚乳细胞质中先形成多糖，之后形成淀粉质体（造粉体）。授粉后 15～20 天，胚乳细胞内形成淀粉粒。授粉后 20 天，胚乳细胞体积达到最大限度，逐渐为淀粉粒所充满。淀粉粒的大量出现是乳熟期的开始。玉米种子中造粉体和淀粉的积累，是从种子顶端开始的，逐渐向下并沿着四周边缘扩展。授粉后大约 25 天，在整个种子中，胚乳细胞为淀粉粒所充满。但是，淀粉粒还不十分紧密，细胞核变形弯曲，这可作为乳熟期和转向蜡熟期的特征。授粉 30～35 天以后，淀粉粒增大，充满了每一个细胞，胚乳细胞核仁几乎变得没有结构，且往往观察不到，但是，并没有完全丧失活细胞的特性，这时大约处于蜡熟期。蜡熟后期储藏物质的积累已经结束，随后种子脱水变硬，并向完熟期过渡。

（2）子粒的形成。种子在胚和胚乳发育的同时，其形态、干重和含水量等均发生一系列的变化。按其发育特点，可将种子形成过程大致分为四个时期，即形成期、乳熟期、蜡熟期和完熟期。各期所需时间的长短，因品种类型和栽培条件而异。

1）形成期。自受精到乳熟初期止。一般早、中熟品种约在授粉后 15 天，晚熟品种约在授粉后 20 天。此期胚的分化基本结束，胚乳细胞已经形成，子粒体积迅速增长。鲜胚体积日增量达 5%～6%，其体积约占最大体积的 1/3～1/2，而干重积累很少，但已初具发芽能力。日平均粒积增长为 3%～5%，进入种子形成末期，粒积约达最大体积的 75%。干物质积累速度慢而数量少，日增重仅 1%，粒重约占子粒最大干物重的 10%。这一时期子粒中水分含量高，约在 80%～90%，子粒外形似珠状，呈乳白色，胚乳清浆状，后期稍带白浆。这时果穗轴基本定长、定粗，苞叶呈浓绿色。如果温度等外界条件不良，水分、养分供应不足，易形成"膜片状"子粒，造成果穗秃顶。

2）乳熟期。自乳熟初期至蜡熟初期止，15～20 天。一般早、中熟品种自授粉后 15 天起，至 30～35 天止，晚熟品种约自授粉后 20 天起，至 40 天左右结束。此期胚乳细胞内各种营养物质迅速积累，子粒和胚的体积均接近最大值，整个子粒干物质增长较快，日增干重最多，达 3%～4%，粒重累积干物质总量占最大干物质重的 70%～80%，阶段绝对累积量占 60%～70%。胚的干物质积累也到盛期，日增干重达 2%～4%，累积总量占成熟期的 70% 左右，阶段累积量占 60% 左右，胚已具有正常的发芽能力，子粒中的水分含量在 60%～80%，胚乳逐渐由乳状变为糯糊状。由于在较长时间内子粒胚乳呈乳白色，故称乳熟期。此期苞叶呈绿色，果穗逐渐加长增粗，并逐渐向外甩出，与主茎保持一定角度。这一时期如水肥充足，温度适宜，光照良好，保持有较大而稳定的绿叶面积，将有利于子粒增重，而不良的外界条件容易造成秕粒，影响粒重。

3）蜡熟期。自蜡熟初期至完熟，为期 10～15 天。一般早、中熟品种自授粉后 30～35 天起，至 40～50 天止，晚熟品种约自授粉后 40 天起，至 55 天止。此期子粒干物质积累速度慢、数量少,其干重累积总量和胚的体积均已达到或接近最大值,故为粒重缓慢增长和定局的时期。日增干重约在2%,阶段累积量约占子粒最大干物重的20%~30%,子粒水分含量逐渐下降为40%~50%,子粒内的胚乳因失水而由糊状变为蜡状,故称蜡熟期。此期苞叶呈浅黄色,子粒也呈现该品种固有的形状和颜色,但硬度不大,用指甲仍可掐破。

4) 完熟期。在蜡熟后期,干物质积累已停,主要是子粒脱水过程,含水量由40%下降到20%。子粒变硬,表面呈现鲜明光泽,用指甲已不能掐破,靠近胚的基部出现黑层,苞叶开始枯黄,即称完熟期。完熟期结束时,茎秆往往因其中一部分纤维素、果胶和木质素的分解而倒伏,此期时间较短,故需及时收获。

(3) 子粒的形态构造。玉米的种子实质上是果实,植物学上称为颖果,通常叫种子或子粒。玉米种子的形状、大小和色泽不尽相同,有的种子近乎圆形,顶部平滑,如硬粒型玉米;有的子粒长而扁平,顶部凹陷,如马齿型玉米等。种子色泽有黄、白、紫、红、花斑等色。栽培上最常见的为黄色与白色两种。种子大小因品种和栽培水平而异,一般千粒重200~350 g,最小的只有50多克,最大的可达400 g以上。通常马齿型比硬粒型千粒重高,硬粒型比马齿型的容重大。子粒出产率,即每个果穗的种子干重占果穗干重的百分比,其比例往往因品种而不同,一般为75%~85%。刚收获的鲜果穗,其风干种子重占鲜果穗重的百分比,因成熟度而异,一般50%~60%。

玉米种子纵切观察,主要由果皮、种皮、胚乳和胚四部分组成,如图7—3所示。

种子的外皮系由子房壁发育而成的果皮和内珠被发育而成的种皮所构成,两者紧密相连,不易区分,习惯上均称为种皮(子实皮)。生产上用的玉米品种,种皮大多数是透明无色的,极少数呈红、褐色。种皮有保护内含物的作用,约占种子总重量的6%~8%。

胚乳位于果皮的下面,占种子全重的80%~85%。胚乳的最外层为单层细胞所构成,其细胞是含有多种蛋白质的糊粉粒,所以称为糊粉层。糊粉层下面的胚乳,分粉质胚乳和角质胚乳两类。粉质胚乳结构疏松,不透明,含淀粉量多而蛋白质少;角质胚乳的淀粉粒之间充满蛋白质和胶体状态的碳水化合物,使胚乳组织紧密,呈半透明状,并且蛋白质含量较多。胚乳的结构、蛋白质的含量与分布,是玉米分类的依据之一。

胚位于种子一侧的基部,占种子总量的10%~15%。胚实质上就是尚未成长的幼小植株。胚由胚芽、胚轴、胚根、子叶(盾片)所组成。胚的上端为胚芽,

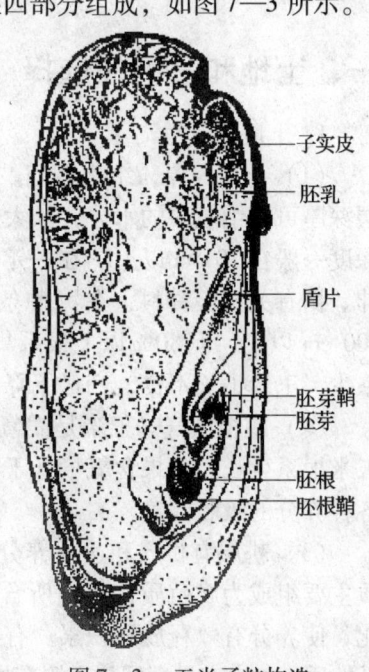

图7—3 玉米子粒构造

胚芽的外面有一胚芽鞘，胚芽鞘为顶端有一小孔的空锥体，有保护幼芽出土的作用。胚芽鞘内包着几个普通的叶原基和以后发育成茎叶的顶端分生组织（生长锥）。胚的下端为胚根，胚根外包有胚根鞘，胚根鞘在幼胚中连接着胚柄。胚芽与胚根之间由胚轴相连。在胚轴上，面向胚乳的一面有一片大的内子叶（外子叶退化），紧贴胚乳，在种子萌发时，有吸收胚乳养料的作用。这一片特殊的内子叶称为盾片。胚轴在盾片节与胚芽鞘节之间的节间部分，常称为中胚轴。

另外，在种子的下端有一尖形的果柄，它可使种子附着在穗轴上，并且保护胚。果柄与种皮连接，在植物学上是穗轴的一部分。脱粒时，果柄常常留在种子上，如果将它去掉，则可看到胚的黑色覆盖物（黑层），即标志着种子已达到生理成熟的最高干物质重量，此时即可开始收获。当然，干旱也可能形成黑层，故应多加注意。

第四节 玉米栽培技术要点

→ 能够了解玉米生长对土壤的要求
→ 掌握应用玉米栽培技术措施

单元 7

一、土地和品种的选择

1. 土地选择

（1）土层深厚，结构良好。耕作层是在长期的耕作栽培措施下逐步形成的。耕作层深厚可蓄纳较多的水分，扩大施肥范围，为玉米根系发育创造有利条件，玉米耕作层深度一般在 30 cm 以上。在一定范围内，玉米根系随耕作层厚度的增加而明显向下延伸。据有关试验资料，在深耕条件下，玉米根系能深入土层 140～150 cm，最深处达 200 cm 以上，但 80% 以上根系集中在 30 cm 以上的土层。在浅耕条件下，根系弱，根系少，玉米生长不良，产量下降。

（2）疏松通气。玉米是需氧气较多的作物，土壤空气中含氧量 10%～15% 最适合玉米根系生长。如果含氧量低于 6%，就影响玉米根系正常呼吸作用，从而影响根系对各种养分的吸收。

（3）耕层有机质和速效养分高。有机质和养分状况是土壤肥力的重要因素。有机质主要组成为腐殖质，其中所含的胡敏酸，可促进土壤微生物活动，利于土壤养分转化，使养分有效释放和积累。有机质还能促进土壤中团粒结构的形成，改善土壤物理化学性质。玉米产量高低与土壤有机质含量有密切关系。总结各地生产经验，高产玉米对土壤有机质的要求是：全氮含量>0.16%，速效氮60 mg/kg以上，水解氮在120 mg/kg；土壤有效磷10 mg/kg；土壤有效钾120~150 mg/kg；土壤微量元素硼含量>0.6 mg/kg；钼、锌、锰、铁、铜等含量分别为>0.15 mg/kg、0.6 mg/kg、1.5 mg/kg、2.5 mg/kg、0.2 mg/kg。

(4) 土壤微生态环境良好。土壤中有益微生物含量高，活动旺盛，病原物的活动和数量受到抑制或被控制在一定水平以下，即微生态环境良好，有利于土壤中养分有效化、土壤结构改善以及土传病虫害的防治，为作物的正常生长发育创造有利的土壤环境。经研究发现，高产稳产田的土壤中有益微生物活动旺盛，其总量比一般地块多出2倍，在微生物群落中固氮菌、磷细菌、氨化菌占较大优势。

2. 品种选择与搭配

品种的选择要充分考虑当地光、热资源和种植方式，光、热资源充足及小麦套种时，应选用增产潜力大的中晚熟品种。北疆以春播玉米为主，南疆及其他一些地区也有部分夏播和复播玉米。南北疆气候条件不同，全年无霜期：南疆长达200天左右，北疆在150天左右，≥10℃积温南北疆相差约1 000℃，因此，南疆春播玉米可选用晚熟高产杂交种，紧凑叶型品种通风透光性好，适于密植，群体增产优势大，是实现玉米高产的内在因素。主导品种为：SC-704、郑单958、先玉335、新玉34、新玉39、新玉41等。北疆可选中熟品种，阿勒泰等地则选用早中熟品种。南疆复播玉米，以选用早熟丰产的品种为宜。为确保在小麦收割后抢种能正常收获，最佳选择的主导品种为：石玉905、新玉9号、新玉13号、新玉15号、新玉28号、新玉29号、新玉35号。

二、适期早播，一播全苗

玉米种子的发芽、出苗，与温度、水分、空气等条件密切相关。一般春播玉米，从萌动到出苗需10~15天，而夏、秋播玉米则只需4~5天。种子在萌动时要吸收相当于自身重量50%的水分，所以，土壤底墒良好，必须湿润，含有适当的水分，才能满足播种壮苗早发的需要。玉米果穗上的小花分化方向是向顶式的，而花丝的抽出和受精则有先有后，因此，果穗的部位不同，其子粒的大小、饱满度和发芽势也有差别。而我国南北方的气候、土壤条件差异均较大，故种子发芽、出苗所必需的水、气、热三要素的变化也比较明显，很难使之彼此协调而处于最优状态。如果播种时深浅不一，则容易造成缺苗断垄，出现大小苗现象。玉米基本上是单株单穗作物，反馈能力较弱，一旦出现缺苗或小株弱苗，即使移栽补苗或偏肥偏水管理，也往往会给生产带来很大损失。要使玉米一次播种一次全苗，达到苗全、苗齐、苗壮，播种前必须做好整地保墒，精选种子和种子处理等一系列工作，并按照不同地区，及时抓住农时季节，充分利用符合生长要求的土质和品种，加强土壤保墒工作，确定适宜的播种时期和种植密度，提高播种质量，才能为玉米丰产奠定基础。

目前，有些地区玉米播种后不能全苗，主要是由于播前整地粗放、土壤墒情不足、播深不匀，种子质量不高等原因造成缺苗断垄。因此，要获得玉米全苗，播前必须做好整地保墒工作，根据栽培制度、品种特性和地温变化，确定适宜的种植密度和播种时期；根据土质和墒情，确定播种方法。总之，要使外界环境条件适于玉米的发芽和出苗，为保证玉米全苗、促进玉米生长和发育创造条件。

当 5~10 cm 地温稳定在 8~10℃ 时，就可以播种玉米。石河子地区最佳播种时间在 4 月 20—25 日，最迟 5 月 1 日前播种结束。播种量一般在 2.5~3 kg/亩，可根据品种特性酌情增减。

三、栽培技术措施

1. 培育壮苗

在玉米出苗后，4~5 叶时进行间苗、定苗，去弱留均，每穴一株。此时，应控制水肥，进行蹲苗，蹲苗期为 45 天左右。并及时中耕培土，除去杂草，促进根系发育，培育壮苗，以防后期倒伏。

2. 合理密植

玉米的产量由每亩穗数、每穗粒数和千粒重三者构成。光靠单株穗大粒多、子粒饱满，单株产量高，但亩穗数不足，是难以获得高产的。相反，如果密度过大，田间荫蔽，株间通风透光不好，光合作用减弱，即使穗数很多，但穗小，穗粒数减少，粒重减轻，也不能高产。因此，种植玉米一定要强调合理密植，解决好群体发育与个体发育之间的矛盾，才能获得高产。在通常情况下，确定玉米的合理密度，应根据以下两个方面情况：

（1）根据水肥条件确定密度。玉米需要水肥较多，水肥不足的"瘦地"，种植过密，营养不足，空秆率增加，穗子小、产量低；水肥条件好的"壮地"，种植过稀，虽然穗大粒多，但因穗数不足，也难高产。因此，对玉米来说，确定密度的原则，应以"瘦地"宜稀，"肥地"宜密，旱地宜稀，水浇地宜密为妥。

（2）根据品种确定密度。密度与品种关系密切，不同品种的株高、株形和叶片数不同，种植的合理密度也不同。在一般情况下，植株高大、叶片数多的晚熟品种，每亩可种植 3 600~4 000 株；株高中等的中熟杂交品种，每亩可种植 4 000~4 500 株；秆矮叶少的早熟品种，生育期 90 天的品种每亩种植 4 500~5 000 株为好。

3. 科学施肥

随着种植密度的增加，增施肥料就成为获取玉米高产必不可少的物质基础。20 世纪 70 年代，新疆玉米产量一般在 100~200 kg/亩，主要施用有机肥，基本不施化肥。20 世纪 80 年代后，化肥的施用数量显著增加，目前达到 1 000 kg/亩的高产玉米面积增多。按新疆每 100 kg 子粒吸收纯氮 2.6 kg、纯磷 0.5 kg 计，一般每公顷需供纯氮 390 kg、纯磷 127.5 kg，氮磷配比 1:(0.5~0.65)。化肥的具体施用情况一般为：尿素 15~20 kg/亩，三料磷肥 20~25 kg/亩做基肥，磷酸二铵 5 kg/亩做种肥，拔节期在头水前追尿素 25~30 kg/亩，第二水前小喇叭口期追尿素 8~10 kg/亩，总标肥量在 140~180 kg/亩。在施肥方法方面，以往多采用"一炮轰"，即将化肥在玉米播种前或拔节期一次施入。近年来，在高产农田的地力建设中，根据玉米需肥规律，推广化肥分次施肥、分层施肥和配方施肥技术，获得了明显的增产效果。

4. 适时灌溉

玉米植株高大，产量高、成熟期短，需要大量水分才能夺取丰收。但是，给玉米浇水也不是越多越好，而是应该抓住四个关键时期：

（1）种前浇足底墒水。玉米播种前一定要浇足底墒水，才能保证全苗。玉米播前浇底墒水，复播玉米一般在小麦临近收获时进行，这样可以调节三夏时期劳力和用水的矛盾。

（2）拔节时期浇好"攻棵水"。玉米苗高 0.7~1 m 时，正是茎叶迅速生长和开始分化的时期，适量浇水可促使雄穗很好分化，并使茎秆粗壮。这时如果天气干旱，就应及时浇水，但水量不宜过大，更不能大水漫灌，以防植株徒长和倒伏。

（3）抽雄穗前浇好"攻穗水"。这次浇水一般在抽雄前 10 天左右结合施肥进行。由于此时植株生长旺盛，雄穗的发育很快，需水量最为迫切。适时浇水对形成大穗、防止"卡脖子旱"有重要作用。

（4）灌浆期浇好"攻粒水"。玉米授粉到乳熟阶段为灌浆期，根系对糖类的营养吸收很强烈。这个时期及时地供应足够的水分，能加速同化作用与营养物质转运，从而增加粒重，提高产量。灌浆期浇水，水量不宜过大，过大容易造成烂根、早枯。

抽雄前 10 天到抽雄后 20 天的这段时期，是玉米需水临界期，对水分的反应极为敏感。如果遇旱，应及时灌溉，保持田间持水量在 70%~80%。据调查，玉米在干旱情况下，灌水比不灌水效果好。例如，抽雄遇旱时灌水，至少可增产 30% 以上。

5. 防止早衰

玉米开花授粉后，还应根据叶色和长势，每亩补施 2.5~4 kg 尿素，并配合施用磷肥和钾肥，或者用 800~1 000 倍的磷酸二氢钾溶液进行根外追肥，以延长根叶的功能期，防止早衰，促进灌浆，增加粒重。

6. 综合植保

玉米苗期，通过田间调查，发现以下情况：100 株出现黏虫达 15 条以上，蓟马危害叶率达 10% 时，100 株出现蚜虫 300 头，则每亩使用 40% 的氧化乐果 100 mL 和 25% 快杀灵 30 mL，兑水 600~800 倍液，进行综合防治；大喇叭口期用辛硫磷颗粒剂灌心防治，可有效地控制玉米病虫的危害。

四、复播玉米栽培技术

1. 选用良种

对品种的要求是高产、高抗、早熟、抗逆性高。新疆地区近些年种植的复播玉米为新玉9号、新玉28号、承玉10号等,在7月10日前播种结束,灌完出苗水,10月中旬即可成熟收割。所以,麦茬复播玉米,将早熟冬麦品种与能复播的玉米品种搭配起来,两熟配套的生产实践证明是成功的。

2. 抢时早播

抢时早播是玉米高产的重要一环,新疆地区生产实践证明,播期越早,玉米单产越高,7月早播一天,约增产20~25 kg/亩。早播植株发育好、空秆少、穗多、粒多、粒大,产量高。一般7月1—10日播种玉米为宜,播深4~5 cm。

对于前茬为小麦的地块,麦收前7天左右,需复播玉米的麦田浇好最后一水,让土壤表层湿润,有利于玉米播前土壤处理,为复播玉米出早苗、出全苗、出齐苗创造条件。凡需复播玉米的麦田,应安排联合收获机首先收割,割茬不超过20 cm。小麦边收割,边拉运麦草,做到麦田收割完毕,麦草拉运完毕。麦草运完立即翻地,做到翻地耙糖一遍过的复式作业。

3. 肥水早运筹

肥水早运筹是复播玉米田间管理中的核心。复播玉米的生长发育好坏,产量的高低,主要取决于营养供给多少。因此,必须适时适量供给肥水,才能保证复播玉米良好生长,获得高产。玉米苗期需肥水较少,如果营养不良,形不成壮苗,就无法实现高产。苗期追肥有促根、壮苗和促叶、壮秆作用,一般在定苗后至拔节期进行,最好用速效氮、磷、钾肥。苗期施肥一般采用沟施和穴施,施肥深度应根据追肥时的株高确定,防止沟土埋苗。

根据玉米高产的水分管理经验,玉米穗期阶段要灌好两次水。第一次在大喇叭口前后,正是攻穗肥最适期,应结合追肥进行灌溉,以利于发挥肥效,促进气生根生长,增强光合效率。灌水时间和灌水量根据当地土壤水分状况决定。当0~40 cm土壤含水量低于田间持水量70%时要及时灌溉。第二次抽雄前后,一般灌水量要大,但也要看天看地,掌握适度。

4. 适时晚收

复播玉米灌浆的8—9月间,正值秋高气爽,光照充足,昼夜温差大,适时晚收有利于提高粒重。有关栽培研究和生产单位报告中称,从吐丝后的40天以内,每早收1天,千粒重降低7 g;从吐丝后40~50天的范围内,每早收一天,千粒重降低4 g,相当于每天减产5 kg/亩以上。播种越晚,早收降低粒重的幅度越大,因此造成的减产损失,现在已引起人们注意。已有的观察证实,玉米完全成熟的标志是乳线消失。玉米子粒灌浆即充实淀粉是从子粒顶部开始而逐渐下移的，故子粒上部淀粉充实部分与下部未充实部分之间呈明显乳线，在灌浆期间逐渐下移，直到乳线消失灌浆结束，这时候才算达到成熟。依据对多个品种观察，苞叶发黄或者松散时，乳线还在子粒的1/2处，到乳线消失，一般还需7~10天。有些农户对玉米的成熟度认识不清，当玉米苞叶松散或发黄，便撕下苞叶，再用指甲掐下子粒顶部，如果顶部发硬，就认为成熟了，其实，这种成熟度的玉米，千粒重只达到最后粒重的80%左右。由此看来，适时晚收是一项人们易于控制、不需任何投资的增产措施。

单元测试题

1. 我国玉米生产发展的主要经验有哪些？结合当地已有情况回答。
2. 特用玉米的生产用途有哪些？其栽培技术要点主要包括哪些方面？结合本地种植的类型重点介绍。
3. 玉米全身几大形态器官的先后发育特点有哪些？依此进程可分为哪些生育阶段？各自的田间管理特点区别何在？
4. 大田玉米种植要获得高产，全生育期栽培要点有哪些？结合当地田间管理介绍。

第8单元

播种及苗后管理

- 第一节 确保"五苗"措施 /117
- 第二节 培育壮苗 /124

第一节 确保"五苗"措施

→ 为确保"五苗",必须掌握抓全苗技术
→ 理解整地对保全苗的重要作用,能组织实施

一、严把种子质量关

1. 种子质量

种子质量要符合种子纯度＞98%、发芽率＞85%、净度＞98%、含水量＜13%的标准。播前进行人工选粒,剔除瘦弱子粒、破碎粒、瘪小粒等有明显缺陷的种子。农户为获得纯度较高的优良杂交种子,可与种子公司签订预约合同,按时运回高质量的种子,以保证正常播种。

2. 种子处理

种子处理的作用在于打破种子休眠,促进种子内部氧化酶的活动,增强发芽势,以提高发芽率,减少病虫危害,达到早出苗、出全苗和壮苗的"五苗"(早、全、齐、匀、壮)目的。

(1) 晒种。在播前10天左右,选择好的天气,将种子摊在干燥的晒场或篷布、苇席上晒种,其厚度为10 cm左右,上午11点钟左右摊开,下午五六点钟收拢堆好。晚上用篷布或苇席盖好,以免返潮。晒种是我国传统的通用方法,简单易行、效果好,一般可提早出苗1~2天,提高出苗率13%~28%。

(2) 拌种与包衣剂使用。为防治病虫害,须进行药剂拌种。也有用微肥或生长调节剂制成包衣剂进行拌种的,以便于种子在萌动时,能及时吸收利用,促进全苗、壮苗。为防治玉米黑粉病,可用2‰的赛力散拌种。由于黑粉病除种子带菌外,土壤也可以传染,因此,近年来采用0.3%菲醌、五氯硝基苯拌种,并有兼治丝黑穗病的作用。

地老虎、金针虫等地下害虫,对玉米种子和幼苗危害较大,造成缺苗断垄,可用50%的辛硫磷,按种子量0.25%加上少量水拌种。

近年来,利用微量元素、菌肥和生长调节剂制成包衣剂作拌种用,虽然生产上还未普遍应用,但它是一项有发展前途的播前种子处理技术。对土壤缺少微量元素,适时补给一定的微量元素肥料,便可获得有效的收益。例如,玛纳斯县北五岔、乐土驿的土壤缺锌,增施锌肥,1 t种子拌3 kg锌肥,可增产12%,效果明显。利用菌肥增加土壤氮肥,活化土壤中的磷、钾元素,改善植物的营养状况,提早出苗,增加出苗率,促进根系早发、多发，可使用固氮菌剂，每亩用500 g固氮菌剂加3~5 kg纯氮拌种，或使用5406抗生菌，以1:2或1:4（菌肥:水）浸出液浸种24~36 h，晾干后即行播种。

目前，应用的植物生长调节剂有玉米健壮素、乙烯利、喷施宝、920、玉黄金、生根粉等。据北京市农林科学院陈国平报道，1991年全国在玉米上共推广应用生根粉725万亩，其主要作用是促进次生根原基的分化，使根系更加发达，因而能吸收更多的养分和水分供应地上部生长。在全国140个点的对比，应用生根粉处理种子，平均每亩增产47.6 kg，增产9.9%。

二、严格保证整地质量

1. 整地保墒

新疆的气候特点是春季短、温度上升快、降水量少、蒸发量大，及时整地保墒显得格外重要，它是保证全苗的基础工作。整地保墒的作用在于疏松表土、平整地面、破碎土块、消灭杂草等，为玉米创造良好的播种、出苗和生长的土壤条件。若整地保墒不及时，会引起土壤水分的大量散失，影响玉米出苗。土壤盐分含量重的地，还会引起次生盐渍化，轻者玉米生长发育受阻，重者幼苗甚至死亡。在黏重土地上，若过早进行整地，又会造成土壤板结，土块大而坚硬，不仅影响播种，对以后田间管理也带来困难。因此，生产单位都应重视播前的整地保墒。

当地表土微显白色，人走入田间，泥不沾脚，或5~10 cm土层内的土，用手捏成团后落地即散，即为播前整地的适宜时期。兵团农场根据多年生产实践，对播前整地提出以蓄水保墒为中心的"墒、平、松、碎、净、齐"的六字标准，即墒足，地平，土细，无大土块，地内无前作茬根，地头地边整齐一致。要达到六字标准，需做到不误农时，日夜奋战，换人换班，农机具不停。播前整地保墒，主要是通过耙、耱来完成。耙地可疏松表土，破碎土块，深度为5~10 cm，主要农机具是圆盘耙和钉齿耙，方式可顺耙、横耙、对角线耙等。耱地可平整地面，也有碎土和紧土的作用。耱地作用于表土2~3 cm，工具有耐磨的树条编成的耱、木板或木框等。

播前整地保墒，应依据基本耕作法，不同的土壤质地与播种时期，采用不同耙耱方式。秋耕冬灌地，在春季解冻后，可先采取人、畜点片平整土地和保墒，待机车能下地，及时全面耙耱复式作业保墒，以达到土地待播状态。对未进行秋耕冬灌地，解冻后，首先将基肥撒施于地面，深耕开沟，在播前10~15天进行灌水，在宜墒期进行耙耱保墒。对已秋耕未冬灌地，若秋冬雨雪较多，对蓄水性好的地块，可在土壤解冻后，立即用圆盘耙切地保墒，以便抢墒播种。南疆夏播多在5月中旬至6月中旬播种，从解冻到播种有70~90天，完全有时间对赤地进行处理或早春抢墒种向日葵、油菜等作物作绿肥，或早春施肥深翻晒垡，待洪水下来后灌水。由于玉米夏播时期气温高，最好用"之"字耙在晚间进行，以避免土壤水分大量散失。复播玉米的整地，宜在麦收前

7~10天进行麦田灌水,麦收后争取早整地,通常多用圆盘耙对角线来回两次进行翻地灭茬,即可播种。

2. 播前整地的特点

播前整地是保证播种质量和出苗齐全的关键措施之一。现行的播前整地多是在冬灌地上进行早春耙地、保墒、整地播种,或是在春灌地上合墒耙地播种。因为新疆春季风大,蒸发迅速,土壤跑墒很快,这种现象北疆往往比南疆更为严重。机车进入田间整地的时间,关键要掌握土壤含水率。土壤因其含水量不同而呈现不同的结持状态:

(1) 硬固结持。即干燥的土块,十分坚硬,不易破碎。

(2) 酥软结持。这时土粒被一层层水膜隔开,只要稍加外力,即可散碎。

(3) 塑性结持。土壤吸水继续增加,黏结力减弱,这时用手搓捏,可以塑造成各种形状。这种结持状态如果经受压力,土壤中原有的孔隙消失或变得很细小,最易形成板结,耕地时堡块形成明条,干燥后则成坚硬土块。

(4) 黏韧结持。如水分继续增加,土壤塑性消失,形成烂泥状态。

最适于耕作的土壤是酥软结持状态。此时土壤含水量为田间持水量的40%~60%,看起来地表发干变白,脚踢表土易碎,抓起一把5~10 cm深处的土壤,能握成团,但不出水,手无湿印,落地即散。黏质土壤的酥软结持阶段很窄,适耕期短,耕作时应特别注意掌握土壤的湿度。壤质土壤的酥软结持阶段较宽,适耕期较长。沙质的土壤,几乎没有明显的塑性结持状态和黏韧结持状态,可以在一个比较宽的含水率范围内耕作。新疆春季蒸发量大,跑墒很快,一般土壤宜耕期短,特别是黏土地,往往头天看来土地过湿,到第二天则又过干。应特别要注意掌握时机,整地之后,紧接着播种。故人们常采用夜间整地、白天播种的方法。

3. 播前整地的质量要求

播前整地"六字质量标准"是:

墒:土壤有充足的表墒和底墒,干土层不超过2 cm,有墒土壤深度50 cm以上。

平:田面平整,无高包、洼坑,畦面顺坡土壤高差不超过10 cm。

松:耕层疏松,无中层板结,上虚下实,松紧适度。

碎:土壤细碎,无拳头大的明暗土块,但也不要求土细如面。

净:田面清洁,没有大的作物残茬和草根。

齐:地头、地边、地角都要犁到耙到。

这六个字中,"墒"字的关键在于灌好底墒水并做好保墒工作。当春季平均气温上升到10℃以上后,蒸发很强,要避免在此期间耕翻和圆盘耙切地。当有大风时,往往切多深干多深,造成水分严重损失。一般只宜用钉齿耙耙地,紧接着耕地保墒。"松""碎"二字的关键在于准确掌握土壤的宜耕期。土壤黏湿时,机车整地是造成中层板结和大土块的主要原因。所以,机车下地以前应注意查看墒情,对于黏重土壤,往往地表很快发干裂口，看起来似乎很干燥，实际底下往往仍为湿泥，注意勿被此假象迷惑而过早整地。有时田块大而地势高低不平，灌水后干湿不一致，这时只宜干一块耙一块，人耙点，畜耙片，然后机器耙全面。这是大面积条田地块传统的保墒方法。

4. 耕作机械化

我国农业机械化的程度和应用水平，随着工农业生产的发展而迅速提高。1980年机耕面积已达42.4%，全国农垦系统的机耕面积占其总耕地面积的85.8%。耕作机械化不仅能提高劳动生产率，减轻劳动强度，而且可以加深耕层，提高耕作整地质量，保证适时播种，为进一步改善玉米栽培技术创造了有利条件。土壤耕作是玉米栽培过程中最繁重的劳动，实行机械耕作是争取玉米大面积丰收的有效手段。实践证明，逐步实现玉米栽培作业机械化，对发展我国玉米生产具有十分重要的意义。

三、合理使用耕作整地机械

我国的土壤耕作机械，20世纪70年代在平翻耕法的基础上，先后完成了水田犁、水田耙、旋耕机、旱田犁、圆盘耙等系列产品的研制生产，共有60多种，其他驱动型土壤耕作机具、联合整地机具、少耕深松机具也在部分地区得到发展。

1. 耕地机械

耕地机械即基本耕作机械，用于土壤翻耕作业的主要有水、旱铧式系列犁，耕翻犁和旋耕机等，其中以铧式犁使用最为普遍。

铧式犁的结构比较简单，工作连续，可以全翻垡、半翻垡或分层翻垡，植被覆盖质量较好，能量消耗也不高。它是通过拖拉机牵引进行作业的牵引型机具，多以悬挂式和牵引式与拖拉机配套。

旋耕机是一种全部或部分由拖拉机动力输出轴驱动工作部件、进行土壤作业的机具，多以三点悬挂或直接联结与拖拉机配套。作业时，通过工作部件的旋转切碎土壤，因此，其碎土性好，耕耙作业可一次完成。另外，根据需要，还可通过改变旋转速度和机组前进速度的比值，调节耙刀的组合排列顺序，提高耕作强度和碎土质量，以适应黏重土壤和水田的耕作要求。但旋耕时植被覆盖性差，耕地深度较浅。

为了提高耕地质量，减小耕地阻力，提高作业效率，我国已研制推广了水平旋转双向犁、滚子犁、耕耙犁等新型犁，还生产了圆盘犁、垄作犁、松土犁、垡子犁、山地犁、灌木沼泽犁、无壁犁等特殊用途犁。圆盘犁翻垡、碎土、覆盖以及耕后地表平整度均不及铧式犁。但具有浅耕作业质量高，对多草地或绿肥种植地的通过性好，圆盘刃口耐磨性强，沟底不板结，透水性好等特点，适于多草、多石及盐碱地区耕作。

2. 整地机械

土壤耕翻后，地面土块较大，凹凸不平，土层空隙多，不易保墒。所以，在耕地后或播种前，应平整土地，以利玉米的播种和发芽。我国常用的整地机械包括耙、耢和镇压器等，其中常用的有圆盘耙、钉齿耙、环形镇压器等。

(1) 圆盘耙。主要用于耕后碎土和播前平整地面。其特点是碎土力强、能切断草根残株，适用于黏重土壤的耙地和浅耕灭茬、搅土混壅等作业。圆盘耙与拖拉机挂接形式有牵引式、悬挂式和半悬挂式，配置形式有对置式和偏重式，按其最大耙深可分12 cm、17 cm、22 cm，即轻、中、重型三大系列。

(2) 重型缺口耙。主要用于黏重土壤或沼泽地、水田的耕前灭茬或耕后耙地，也可以耙代耕。

(3) 钉齿耙。土壤水分适宜时，犁后带钉齿耙进行复式作业，可以疏松地表，破碎土壤，平整地面，消灭幼小杂草，对提高作业质量有良好效果。

(4) 镇压器。主要分环形镇压器和圆筒形镇压器，它可与犁、播种机联结进行复式作业。环形镇压器又称星芒形（或网形）镇压器，其圆环呈凸齿状，多用于破碎黏重土块，其特点是下层压力大，对心土有镇压作用，且能使表层土壤疏松，防止水分蒸发。圆筒形镇压器形状如圆筒，与地面接触面积大，单位面积压力小，只对表土起镇压作用。

四、机耕耙地作业

1. 机耕作业方法

机耕作业的主要质量要求，首先，耕深要根据土壤情况，一般耕深25～30 cm；其次，要求翻土完整，覆盖性好，或有利于架空晒垡。另外，耕后要求土块破碎，地表平坦，地头齐整。

机耕作业方法有内翻法和外翻法，均为单向铧式犁机组田间作业行走的两种基本方法，实际生产中再结合地块条件，又可组合成套翻法、作畦耕法等多种行走方法。这些方法既可保证耕地质量，又能减少机组空行时间，提高作业效率。水平双向犁克服了单向犁的缺点，提高了耕地质量与效率。

2. 耙地机组作业方法

机耙作业一般有顺耙、横耙和斜耙三种基本方式。顺耙方向与犁耕方向平行，工作阻力小，碎土作用差，适用于疏松的土壤。横耙方向与垄沟垂直，碎土力强，平地效果好，但机具阻力大，颠簸跳动厉害，操作困难。斜耙与犁耕方向成45°角，碎土和平整作用较好，机组行走也较平稳，但行走路线比较复杂，易发生漏耙和重耙现象。耙地机组行走路线主要有绕行耙法、套耙法、交叉耙法等。

(1) 绕行耙法。适用于面积较小、土壤疏松的地块。耙地时机组先由地边开始，逐步向内绕行，最后在四角转弯处进行补耙。

(2) 套耙法。先要把地块划分为两个等份，机组由地边进入，从另一小区内侧返回，顺时针或逆时针方向套耙。一般用顺耙方式，可避免小转弯，但平地效果差，易漏耙和重耙。

（3）交叉耙法。有对角交叉和直角纵横交叉法两种，它要求地块呈正方形或长方形。机组沿对角线偏半个耙幅开始，到对角后返回，依次耙地，最后沿四周地边绕行一圈。此法实际上是耙两遍，又为斜耙，平地效果较好。

五、严把播种质量关

适时、高质量地完成播种任务，是确保全苗、壮苗，获得玉米丰产的基础，因而保质保量地完成播种技术的各个环节，显得格外重要。

1. 影响玉米播种的因素

（1）自然环境条件

1）温度。玉米是喜温作物，春化阶段较短，在新疆不论春播或夏播，都能满足春化阶段所需的光热条件，对玉米种子无须作特殊的春化处理。

玉米在6~7℃的温度条件下，开始发芽，但发芽缓慢。当10 cm土层温度上升到10~12℃时，发芽较快，生产实践中，常以此作为玉米开始播种的指标。

2）水分。水分是玉米种子发芽的重要条件之一。当播种的耕层土壤含水量达18%~20%，即土壤在手中握成团、丢在地上即行松散时，为适宜的土壤墒情，一般经秋翻冬灌、春天及时耙耱保墒即可达到此要求。

3）霜冻影响。玉米苗期能耐-2~-3℃的低温，但晚霜有时可致玉米幼苗地上部受冻死亡。

（2）品种熟性。由于新疆自然生态条件差异悬殊，特别在南疆热量资源丰富，无霜期长，从3月中旬至7月中旬均可播种。因此，可根据气候条件、栽培方式，选用不同生育期类型的品种。一般玉米从出苗至成熟可分为6个类型，即晚熟种（>135天）、中晚熟种（121~135天）、中熟种（111~120天）、中早熟种（101~110天）、早熟品种（85~100天）、特早熟种（<85天）。通常水情好的地区，在3月中下旬可选用晚熟品种播种；在4月中下旬洪水下来时，可选用中晚熟品种；5—6月播种的（夏播），选用中熟或中早熟品种。麦收后进行复播的，可选用中早熟或早熟、特早熟品种。近年来，南疆和田等地广泛推广套种，可选用中晚熟或中熟品种。

（3）栽培制度。玉米播期与各产区的轮作倒茬有密切关系。南疆产棉区，玉米的春播常与棉花播种发生矛盾。为此，玉米除注意合理搭配品种外，应力争在棉花播种前，完成玉米播种面积的50%以上，待棉花大部分抢播完后，再播余下的玉米。复播玉米地区必须注意前作及时收获、灌水、施肥、整地等措施，力争早播。间作、套种要注意合理选用品种与播种方法。北疆春玉米区，一般多在棉花播种前已完成玉米播种面积的80%以上，余下少部分，于4月底与棉花同时播种。

此外，在正式播种前必须对种子、化肥的播量与播深进行反复调试，把机械调试到最佳运行状态后开始播种。播种量不低于 37.5 kg/hm², 播深 5~7 cm, 做到种肥分开, 镇压后为 4~5 cm。防止播种口堵塞, 实现播种均匀, 保证全苗。在土壤干旱情况下, 应于播前 5~7 天进行喷灌增温后播种, 杜绝播后喷灌, 防止粉种、烂粒现象发生。

2. 播种量与播种深度

(1) 播种量。一般条播, 亩播量 3.4~4 kg, 精量播 2~2.5 kg。

播种量的计算：例如, 每亩计划保苗 5 000 株, 一般播种粒数应为留苗数 3 倍, 千粒重为 250 g, 发芽率 98%, 净度 98%, 其亩播量计算如下：

$$每亩播种量 = 3.75（kg/亩）$$

$$每亩实际用种量 = 3.75 \div 98\% \div 98\% \times 100\% = 3.9（kg/亩）$$

(2) 播种深度。玉米播种深度一般为 4~6 cm, 墒情不足的地块, 可深至 7~8 cm。播种不宜过浅, 因表层土壤水分不足, 早春温度低, 出苗慢, 难于全苗。过深, 易造成缺氧呼吸, 或受霉菌侵染, 出苗率更低。夏播、复播玉米, 因温度高, 出苗快, 播深一般 5~6 cm 即可。

(3) 播后镇压。播后镇压是西北干旱地区较为重要的一项措施, 特别是对轻壤土更为重要。播后镇压, 可使种子与土壤紧密接触, 吸收水分, 有利于发芽和扎根。

播后镇压一般是播种机后面带局部镇压器和轻型环形镇压器, 后带糖进行复式作业, 以疏松表土, 防止土壤水分从地面蒸发。对过湿地块, 不能急于镇压, 待土壤墒情适宜时再镇压, 否则, 会使土壤过于紧实, 结成硬块。

新疆生产建设兵团农业机械化程度较高, 玉米的播种基本上都是机械作业。因而播前机务人员应对农机具进行检修, 检查农机具的配套情况, 调整好所需要的播量, 使机具处于待播状态。

3. 播种期

玉米的播种期, 主要与外界温度、土壤水分、种植制度及品种特性有关。但选择适宜播期, 应与当地栽培制度和气候条件相适应, 尽可能多利用生长季节。一般春播玉米春播秋收, 在保证全苗的前提下, 以早播为好。适期早播, 可以延长玉米生长期, 增加干物质积累, 特别是保证子粒灌浆阶段有足够的积温, 而且早播还能减轻地下害虫危害, 提高抗倒、抗逆能力。依据各地的玉米种植区划, 各区的适宜播种期是有差异的。

(1) 春播晚熟、复种中早熟玉米区。南疆和田、喀什、克孜勒苏州（除部分冷凉山区外）是新疆最大的玉米产区, 无霜期长达 230 天左右, 可春播、夏播、套播。春播玉米适宜播期为 3 月下旬到 4 月上旬, 夏播中晚熟或中熟玉米, 以 5 月中旬至 6 月上旬为适宜播期。复播早熟玉米在 6 月中下旬播种, 不能晚于 7 月 10 日。

(2) 春播晚熟、复播早熟玉米区。在南疆包括阿克苏、阿瓦提、沙雅、新和、库车、库尔勒等地, 无霜期 175~200 天。春播晚熟玉米在 4 月上中旬播种；复播玉米应在麦收后立即整地播种, 不得晚于 7 月上旬。

(3) 春播早、中熟玉米区。北疆包括阿勒泰、哈巴河、富蕴、塔城、裕民、特克斯、新源以及南疆的部分冷凉山区（如乌恰等地），春播早熟或中熟玉米，无霜期 120～150 天，适宜播期为 4 月下旬至 5 月上旬，不得迟于 5 月中旬播种，力争在 9 月中下旬收获。

(4) 春播中晚熟玉米区。沿天山北麓一带，包括伊宁、精河、石河子、昌吉以及焉耆盆地和拜城盆地，无霜期 178～190 天，适宜播期为 4 月中下旬。

4. 播种技术

主要的播种方式有：

(1) 等行距条播。玉米属中耕作物，多采用 60 cm 等行距播种。有的因缺乏配套的轮式中耕机，也有用 50 cm 或 70 cm 等行距条播的。等行距条播的特点在于玉米植株生长均匀，光能利用率较充分，又便于田间中耕管理，机具调整方便，因而至今仍为玉米较普遍的播种方式。

(2) 宽窄行播种。有 60 cm×30 cm、70 cm×30 cm、60 cm×45 cm 等不同形式的播种方式。

(3) 精量播种。精量播种是节约用种、减少用工的栽培技术措施，其形式有精量点播或半精量点播。两种方式主要根据玉米保苗密度，采用气吸式点播机，依计划株距的大小，安装相应的排种盘，以达到节省种子与定苗用工的目的。

第二节　培育壮苗

→ 能够对玉米苗进行分类和识别
→ 能够结合当地生产培育壮苗

一、幼苗分类及识别

玉米播种后，依靠种子内的营养物质，出现 3 片叶后，种子内养分耗尽时，幼苗的根、茎、叶均已分化形成，自身制造养分供给生长。玉米出苗后，茎叶生长缓慢，生长的中心是根系。玉米根系发育和地上部的生长是相互制约的。地上部生长良好，根系也相应比较发达。苗期管理的任务是要求达到苗全、苗齐、苗匀、苗壮，为丰产打下基础。

1. 弱苗

(1) 弱苗的表现。玉米发芽受阻，幼苗不能正常生长，植株矮小，叶片衰弱黄瘦，生长停止，形成弱苗，甚至死苗。

(2) 产生弱苗的原因

1) 种子播种过深或过浅。由于整地粗放或在田间土壤湿度过大时播种过深，种子由于缺氧而引起闷种死芽，即使长出幼苗也因地中茎的伸长，胚乳养分消耗过多而生长瘦弱，不易成活。在土壤干旱、土温较高、光照充足的情况下，播种过浅，种子也因吸收不到充足的水分而导致发芽受阻，出苗迟缓或出土即干死。有时，种子虽能在地表发芽，也终因根系不能深扎，形成弱苗，造成缺苗断垄，直接影响产量。

2) 土壤结构不良，耕作不当。玉米苗期对土壤结构特别敏感，土壤的漏耕地段和板结影响土壤的通透性和升温，致使玉米的芽鞘不能穿破土层。这种硬土块透水性差，其土壤微粒结构紧凑，种子因吸水困难而发芽受阻，造成种子发芽障碍或不出苗。

3) 播种过早，播量不当。因抢墒而过早播种，常遇春寒低温造成发芽缓慢，引起种子发霉或烂芽，结果导致缺苗或出苗不整齐。播量不当，再加上种子质量差、发芽率低，造成出苗不齐、不全。若播量过多或间苗太迟，导致幼苗拥挤，光照不足，有机营养减少，形成弱苗。

播种后种子被地下害虫啃食，这种情况在墒情不足的土壤和绿肥茬地种植玉米更为严重。

(3) 弱苗的预防途径

1) 提高耕田质量。要掌握宜耕期，土壤太湿，翻耕后，因机械碾压形成不易打碎的硬土块；土壤太干，则不易耕碎原有土块。此外，要掌握耕翻深度，耕层过深对瘠薄地来说，会形成耕作层肥土下翻，降低土壤肥力；耕层过浅，对一般土壤来说，又达不到熟化土壤、消灭病虫害的目的。

2) 做好种子处理。首先要精选种子，做好发芽试验，一般要求发芽率不低于90%。此外，在有条件的地方，应在播前晒种，这样可以促进种子的后熟和酶的活力，增强种子的吸水能力，提高种子的发芽势和发芽率。

3) 提高播种质量。首先是播种深度要一致，应根据当地的土壤条件和播种方式灵活掌握。一般情况下，播深以 4~6 cm 为宜，干旱时可适当加深。其次是要掌握播量，及时间苗，保证苗全、苗壮。

2. 壮苗

(1) 拔节前期。植株近正方形，生长 4~5 片全展叶，7~8 片可见叶，叶色浓绿，茎基扁，叶宽厚，根发达，长 3~4 层根。

(2) 拔节期壮苗。植株敦实粗壮，基部节间短粗，叶片宽厚，叶色浓绿，叶挺直，根系发达。适时追肥、浇水，促进秆壮、穗大。

(3) 夏玉米壮苗标准。植株全叶 7~8 片，根系 4~5 层，根量多，叶色浓绿，茎基扁，叶宽，挺直。

二、培育壮苗措施

玉米苗期是指从出苗到拔节所经历的时期,这段时期的长短,春、夏玉米和早、中、晚熟品种有所不同。春玉米需35~50天,夏玉米需20~40天。保证苗全、苗齐、苗壮,是苗期管理的关键。全苗、壮苗是丰产的先决条件。玉米播后出苗前,如遇降雨,地面板结,影响出苗时,可采用人工顺行浅耙破壳,或机力牵引轻型钉齿耙、木质方框耙与播行垂直横向耙地,对出苗有良好效果。玉米刚出苗显行后,应及时查苗补种,以确保全苗。补种的种子应采用浸种催芽的方法,可以提早出苗,或用较早熟的品种补种。

1. 早间定苗

适时间苗、定苗是减少缺株率、提高群体整齐度、保证合理密度的重要环节。一般在3片叶展开时开始间苗,4~5片叶展开时开始定苗。具体操作时,要因地、因苗、因具体条件而定。定苗时要注重质量,保证玉米定苗的技术要求是拔除小苗、弱苗、病苗,留大苗、壮苗,一次定苗从根部全部挖出来,不留生长点。60 cm的等行距,每米留苗4~5株,株距20~22 cm,确保每亩保苗达到5 000~5 500 株。

2. 蹲苗

蹲苗是根据苗期生长发育的特点,以促进根系发育为主要目的,使根扎得深、分布广,增强抗旱、抗倒能力,促下控上,利于壮苗的形成。蹲苗的具体措施有中耕松土、控制灌水、扒土晒根等。经蹲苗的玉米叶片叶绿素含量高,保水力强,这对玉米植株增强抗旱、耐旱能力具有重要作用。

蹲苗要根据当时的苗情、土壤水分、肥力等情况区别对待。当苗色深绿,长势旺,地力肥,墒情好时应进行蹲苗;地力瘦,底墒差,幼苗色黄时不宜蹲苗;一般沙性重,保水力差,盐碱重的地不宜蹲苗。复播玉米因生育期短不宜蹲苗;套播玉米在麦田共生期间,光照条件差,缺肥缺水,幼苗生长受到抑制,苗细弱发黄,也不宜蹲苗。

3. 早中耕

中耕是玉米田间管理的一项重要工作。中耕的作用在于疏松土壤,流通空气,提高地温,破除板结,消灭杂草及病虫害的中间寄主,减少水分养分的消耗,满足玉米生长发育的要求。

玉米显行后进行第一次中耕,此时幼苗矮小,要避免压苗、埋苗,深度10~12 cm,中耕后地面要平整,以保持土壤墒度,增加地温,消灭杂草。第二、第三次中耕时,苗旁宜浅,行间宜深,中耕深度可达16~18 cm。此时行间深中耕虽会切断部分细根,但可促进新根生出,控制地上部生长。春玉米苗期地温低,出苗时间长,中耕宁早勿晚。据测定,中耕后可以提高10 cm处地温0.6~1.0℃。复播玉米,显行时及时中耕松土,防止跑墒。套播玉米播前无法耕地,土壤比较板结,麦收后应在玉米行间深刨深锄,去掉麦茬，破除板结，使幼苗由弱转壮。

4. 苗期施肥

玉米苗期因温度低，肥料分解缓慢，根系活动范围小，供给叶片的养分有限，加上叶片少，叶面积小，形成干物质的能力弱，或者由于土壤水分不足，种子质量差，覆土过深，往往会出现弱苗。因此，必须结合土壤肥力状况，看苗施肥，使群体长势均衡，避免大小苗。

（1）幼苗缺肥症状。当土壤中氮素不足时，幼叶的下部叶片叶尖发黄，并逐渐向叶的中脉扩展，呈楔形，严重时上部叶片也开始发黄，幼苗叶片小，色黄细弱。缺磷时根系发育不良，根生长缓慢，根量少，叶片呈深绿色，缺少光泽，边缘呈现紫色，逐渐扩展到整个叶片，出现"红苗"现象，严重缺磷时也会影响植株对氮的吸收。玉米缺钾时，植株下部老叶中的钾向新生组织转移，先是叶片尖端与叶缘呈黄褐色，进而整个叶片变成黄褐色，甚至干枯死亡，但叶片中脉有时仍保持绿色。

（2）苗肥的施用。苗肥应施用速效性肥料。每亩可用尿素 6~8 kg，三料磷 5 kg 开沟深施。如果土壤干旱，底墒差，沙性大，追肥后要立即浅灌水，并中耕松土。

5. 防治虫害

玉米苗期害虫主要是地老虎、金针虫、黏虫、蛴螬等。地老虎是一种杂食性害虫，玉米幼苗期易被咬断茎部而造成缺苗断垄。黏虫幼虫孵化后多集中在玉米心叶避光处危害，3龄以后的幼虫，白天潜伏在土中，夜间出来咬叶片，因此，应在3龄以前消灭。南疆复播、套种玉米，幼苗期有蚜虫、叶蝉、红蜘蛛危害，使叶片失绿，光合作用降低，形成早衰，应及早防治。

单元测试题

1. 玉米播前的准备工作包括哪些方面？在新疆和北方地区其重点是什么？
2. 要在总体上全方位把握好玉米播种技术，有哪些关键性要点？
3. 培育玉米壮苗的标准有哪些？其主要栽培技术措施包括哪些方面？

第9单元

施 肥

- 第一节 玉米的需肥特点 /129
- 第二节 土壤供肥特点 /131
- 第三节 化肥的合理施用 /140
- 第四节 测土配方施肥 /152

施 肥

第一节 玉米的需肥特点

培训目标
→ 了解玉米的需肥特点，掌握不同时期的需肥特性
→ 掌握玉米施肥原则，并能实施合理施肥

玉米是需肥较多的作物，施肥的目的在于补充玉米生长发育各阶段所需的营养。合理施肥就是按玉米生长发育规律、土壤供肥能力和肥料性质，采用合理的施肥技术，达到产量和品质高、经济效益好的目的。

一、产量与需肥量的关系

1. 氮、磷、钾是组成玉米植株的主要元素

玉米对氮、磷、钾的需要量，也就是在生育期吸收的数量。从玉米生产发展资料分析，随着产量的提高，施用的肥料量也在增加。研究表明，施用不同量氮肥、磷肥、钾肥，玉米的产量、增产率均随着施肥量的增加逐渐增加。不同氮、磷肥用量与产量间呈极显著的线性正相关关系，而钾肥用量与产量间呈极显著的抛物线相关关系。

2. 氮、磷、钾肥增量与玉米增产率间均呈极显著的抛物线相关关系

经回归分析，玉米最佳经济产量的氮、磷、钾肥料施用配比为氮:磷:钾 = 1:0.74:1.23，说明控氮、增磷、增钾能改善玉米的经济性状，促进玉米形成大穗、降低秃顶率，增加穗粒数和粒重，从而获得优质高产，回归分析结果基本符合实际。施肥量对产量的增加有一定的限制，过多施肥反而不能获得高产。

3. 施用不同量氮肥、磷肥、钾肥

玉米施用肥料的氮、磷、钾利用率随施肥量的增加逐渐下降，二者间均呈极显著的线性负相关关系。过量的氮、磷肥施用后引起环境风险的可能性分别增大17.50% ~ 57.07%和9.1% ~ 30.46%。

二、不同生育时期的需肥特点

1. 需肥的关键时期

在玉米的整个生育过程中，吸肥高峰在拔节、孕穗、开花期。因此，常采用攻秆肥、攻穗肥、攻粒肥的"三攻"追肥法。攻秆肥在6~8片叶时追肥，能促进玉米上部叶片增大，扩大光合作用面积，延长下部叶片的功能期，为促根、壮秆、增穗打好基

础。攻穗肥在玉米大喇叭期（抽雄前期10~15天，展开12~13片叶）追肥。这是玉米生长发育最旺盛阶段，需肥需水量多，是决定果穗大小、穗粒数多少的关键时期。这时重施穗肥、肥水齐攻，既能满足穗分化的肥水需要，又能提高中上部叶片的光合生产率，使同化产物输入果穗养分多，粒多又饱满，对提高产量有显著效果。攻粒肥是指雌穗花丝开始抽出，授粉前后的一次追肥，主要是为了防止后期脱肥，延长上部叶片的功能期，促进灌浆，增加粒重，提高产量。追肥次数应根据土壤肥力、施肥量、基底、口肥多少而定，有的可在大喇叭期一次做攻穗肥追施，也可在拔节、大喇叭口期两次追肥，但前一次要少追，后一次多追些。是否追攻粒肥，要根据土壤肥力状况而定，后期易脱肥的土壤可少追一点攻粒肥，以免追肥过多，引起贪青晚熟，反而造成减产。

2. 各阶段的营养需求

玉米不同生育时期，吸收氮、磷、钾的速度和数量都有显著的差别。一般来说，幼苗期生长慢，植株小，吸收的营养物质少。拔节至开花期，生长快，此时正值雌穗形成发育时期，吸收营养物质的速度快，数量多，是玉米需要营养的关键时期。此时期供给充足的营养物质，能够促进穗大粒多。生育后期，吸收速度逐渐缓慢，吸收数量也少。

（1）三叶期至拔节期。随着幼苗的生长发育，对养分的消耗量也不断增加，虽然这个时期对养分的需求量还较少，却是获得高产的基础。只有满足此期的养分需求，才能获得优质的壮苗。

（2）拔节期至抽穗期。此期是玉米果穗形成的重要时期，也是养分需求量最高的时期。这一时期吸收的氮占整个生育期的1/3、磷占1/2、钾占2/3。此期如果营养供应充足，可使玉米植株高大，茎秆粗壮，穗大粒多。

（3）抽穗开花期。此期植株营养生长基本结束。氮的消耗量占整个生育期的1/5、磷占1/5、钾占1/3。

（4）灌浆至成熟期。灌浆开始后，玉米的需肥量又迅速增加，以形成子粒中的蛋白质、淀粉和脂肪，一直到成熟为止。这一时期吸收的氮占整个生育期的1/2、磷占1/3。

三、施肥原则

合理施肥是玉米获得高产的保证。尽管玉米在整个生育期都需要营养，但在不同生育时期吸收养分的绝对和相对量是很不平衡的。拔节期以前由于植株干物质积累较慢，平均日吸收养分量很少，全期养分的吸收量只占吸收总量的5%左右，但这一阶段玉米植株对磷、钾反应特别敏感，虽数量不多，但不能缺乏。到了拔节期，玉米生长速度明显加快，吸收养分的能力不断增强，这时正好与基肥的作用相吻合，即基肥的肥效在拔节期开始发挥作用。抽穗至灌浆期生殖生长最快，是玉米子粒生长最关键时期，此期要保证肥水以获得大穗。

合理施肥需遵循以下原则：

1. 保证肥料使用量

高产玉米从土壤中带走更多的养分，要根据土壤的供肥能力来确定施肥量。土壤肥力长期定位监测结果和土壤肥分测定表明，加大投入仍然是提高产量的有效途径。拔节至抽雄期玉米生长迅速，是穗分化的关键时期，需要大量的养分供应才能增强穗器官分化，因此，玉米施肥的重点应是基肥。

2. 增加施用有机肥

有机肥不仅能更大限度地满足农作物生长需求，还能改善土壤性状，调节土壤水、肥、气、热等。秸秆和油渣还田是培养土壤肥力的好方法。

3. 提高追肥利用率

化肥作基肥，可结合犁地全层施于 30～40 cm 土层，作追肥应施于 10 cm 以下。尿素深施可防止氮素挥发，提高氮肥利用率。

4. 补钾肥保高产

钾素能促进光合产物的形成和运输，增强根系活力和抗逆能力。这样，不仅能增强叶片光合效率，提高产量，而且能提高子粒品质。对土壤速效钾中等偏低水平的地块，施用钾肥是提高产量和品质的有效措施。

5. 适当补充微肥

微量元素是玉米生长过程中必不可少的成分。例如，锌能促进光合作用，促进玉米茎粗增加，叶色浓绿。微量元素作基肥或与其他化肥拌匀基施都有增产作用。

6. 实施好根外追肥

根外追肥是玉米适期补肥的有效方法。常用的根外追肥为喷施叶面肥，但叶面肥品种多、乱、杂，在使用中存在极大的盲目性，应根据具体情况选用合适的叶面肥。

第二节 土壤供肥特点

→ 熟悉土壤主要养分的形态及转化特性
→ 掌握不同质地土壤的肥力特征

依靠土壤供给植物的必需营养元素称为土壤养分。土壤养分包括：氮、磷、钾、钙、铁、锌、锰、钼、硼、硫、氯等。根据植株对营养元素吸收利用的难易程度，分为速效性养分和迟效性养分。一般来说，速效养分仅占很少部分，不足全部的 1%。速效养分和迟效养分的划分是相对的，二者总处于动态平衡中。在自然土壤中，养分源于土壤矿物质、土壤有机质，还有天然降水、斜坡渗水和地下水。在耕作土壤中，大多养分来源于化肥和灌溉。

一、土壤养分

1. 土壤中氮的形态和转化

(1) 土壤氮素的形态

1) 无机态氮：NH_4^+、NO_3^-、NO_2^- 在土壤中含量变化很大，为 $1\sim50$ mg/kg。

2) 有效态氮：碱解性氮、矿质态氮。

3) 有机态氮：占土壤全氮的95%以上；有水溶性有机氮、水解性有机氮和非水解性有机氮；土壤全氮一般在 $2\sim2.5$ g/kg。

(2) 土壤氮素的转化

1) 铵的硝化。硝化作用是专性微生物（亚硝化菌和硝化菌）完成——自养硝化（pH值呈中性、好氧条件）。

有异养微生物参与的硝化作用为异养硝化。

$$2NH_4^+ + 3O_2 \longrightarrow 2NO_2^- + 2H_2O + 4H^+ + 660(kJ)$$

$$2NO_2^- + O_2 \longrightarrow 2NO_3^- + 167(kJ)$$

2) 反硝化作用。无机氮生物固定，铵离子的矿物固定。

$$2HNO_3 \longrightarrow 2HNO_2 \longrightarrow 2NO \longrightarrow N_2O \longrightarrow N_2$$

（pH值呈微碱性、严格厌气环境）

3) 氮素转化和循环，如图9—1所示。

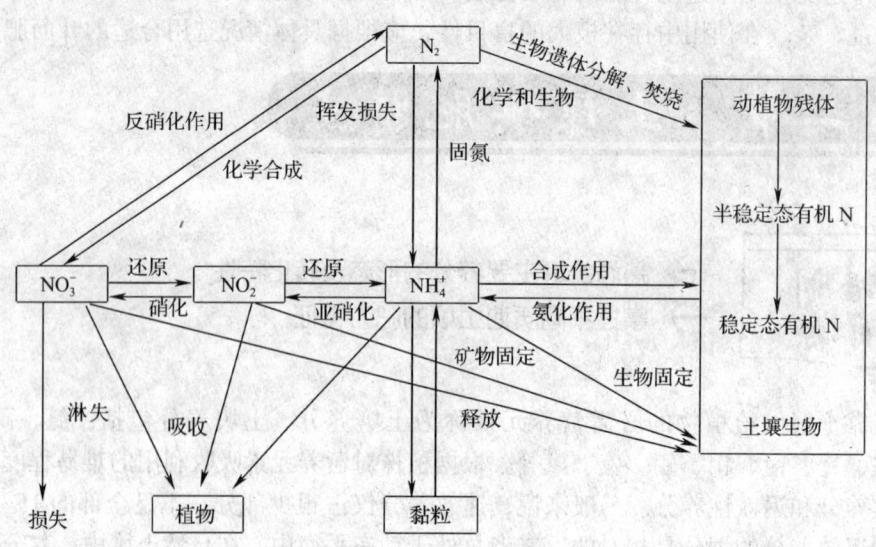

图9—1 氮素转化和循环

(3) 土壤氮素的调控。施用新的有机物质激发土壤原来有机质的分解（注意与无机肥的配合施用）；施用矿质氮肥促进原来土壤有机氮的分解和释放。

2. 土壤中磷的形态和转化

(1) 土壤磷素的来源。地壳含磷约为 0.12%，土壤全磷在 0.2~1.1 mg/kg；施用磷矿石肥料。

(2) 土壤磷素的形态

1) 无机磷

水溶态磷：$H_2PO_4^-$、HPO_4^{2-}、PO_4^{3-}。

吸附态磷：离子交换和配位体吸附。

矿物态磷：土壤中无机磷几乎 99% 以上以矿物态存在。

①磷酸钙类化合物（Ca-P）：氟磷灰石[$3Ca_3(PO_4)_2 \cdot CaF_2$]、碳酸磷灰石[$3Ca_3(PO_4)_2 \cdot CaCO_3$]、羟基磷灰石[$3Ca_3(PO_4)_2 \cdot Ca(OH)_2$]、氧基磷灰石[$3Ca_3(PO_4)_2 \cdot CaO$]、磷酸三钙[$Ca_3(PO_4)_2$]、磷酸二钙[$Ca_2(HPO_4)_2$]、磷酸一钙[$CaHPO_4$]。

②磷酸铁和磷酸铝类化合物（Fe-P、Al-P）：主要存在于酸性土中。

③闭蓄态磷（O-P）：闭蓄态磷是由氧化铁胶膜包被的磷酸盐，主要存在于酸性土中（石灰性土壤中包被的胶膜是难溶性的钙质化合物）。

2) 有机磷。有植酸类、核酸类、磷脂类。

(3) 土壤磷的固定及机制

酸性土壤中：

$$Fe^{3+} + H_2PO_4^- + 2H_2O \longleftrightarrow Fe(OH)_2 \cdot H_2PO_4 + 2H^+$$

$$Fe(OH)_3 + H_2PO_4^- \longleftrightarrow Fe(OH)_2 \cdot H_2PO_4 + OH^-$$

石灰性土壤中：

$$Ca(H_2PO_4)_2 + 2Ca^{2+} \longleftrightarrow Ca_3(PO_4)_2 + 4H^+$$

$$Ca(H_2PO_4)_2 + 2Ca(HCO_3)_2 \longleftrightarrow Ca_3(PO_4)_2 + 4CO_2 + 4H_2O$$

(4) 磷素转化与循环，如图 9—2 所示。

(5) 提高土壤磷元素有效性的途径

1) 调节土壤 pH 值。

2) 增加有机质：有机胶体的被覆作用；有机胶体络合作用；有机酸的溶解作用；有机阴离子与磷酸根竞争专性吸附点。

3) 土壤淹水。

4) 集中施肥。

3. 土壤中钾的形态和转化

(1) 土壤钾素的来源。地壳含钾约为 2.45%，土壤全钾在 5~25 mg/kg。

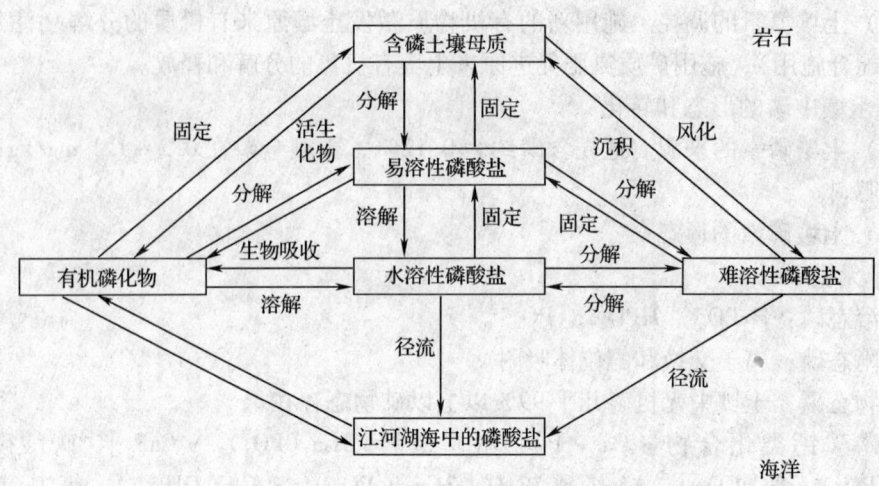

图 9—2　磷素转化与循环

(2) 土壤钾素的形态

1) 按化学组成分，有水溶性钾、交换性钾、非交换性钾、矿物钾。

2) 按植物营养有效性分，有速效钾、缓效钾和无效钾。

(3) 钾素转化与循环，如图 9—3 所示。

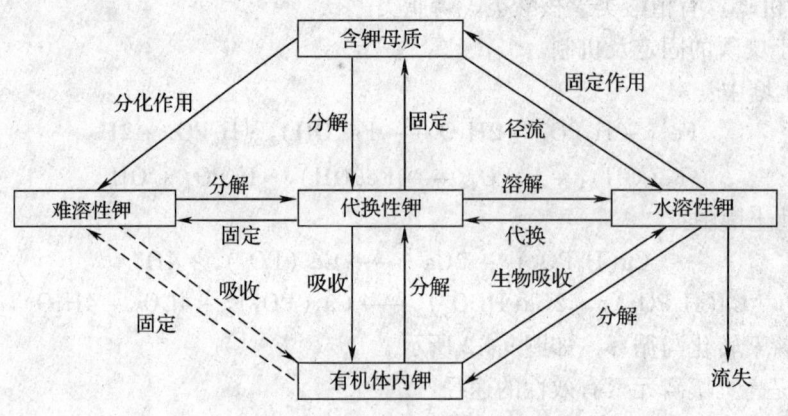

图 9—3　钾素转化与循环

4. 土壤中微量元素的形态和转化

(1) 形态

1) 矿质态：主要是原生矿物和黏土矿物中，很难溶解。

2) 交换性离子态：主要是各种阳离子及其羟基离子，少量为交换性阴离子，数量一般不超过 10 mg/kg。

3）溶解性态：在水溶液中，数量低。
4）络合态：与有机配位体形成络合物，比较稳定。
（2）转化。与土壤的pH值有关。在石灰性土壤中，铁、锌、锰、铜、硼容易形成难溶性的盐类，有效性低，在酸性土壤中有效性较高。

二、土壤类型

1. 沙质土

其特质是能见到或感觉到单个沙粒。干时抓在手中，稍松开后即散落；湿时可捏成团，但一碰即散。沙质土的主要肥力特征为蓄水力弱、养分含量少、保肥能力差、土温变化快，但通气性、透水性好，易于耕作。

此类土壤含沙粒多而含黏粒很少。土壤粒间孔隙大，小孔隙少，总孔度小，水分容易渗入，内部排水快，毛管作用弱，如地下水位较低，则不能依靠地下水通过毛管上升作用回润表土，故抗旱能力弱。由于其粒间大孔隙的通透性良好，水汽在土壤中迅速扩散而向大气逸失，所以，水分蒸发强烈，保水性能差。通气性、透水性较好，有利于好气性微生物的活动，有机质分解快、肥效快、猛而不稳，前劲大、后劲不足。因此，沙土在肥水利用和管理上，要注意选择耐旱品种，保证水源及时灌溉，并要防止灌水量过多而导致漏水、漏肥。

沙质土壤因含水量少，热容量较小，所以，昼夜温差变化大，土温变化快，这对于某些作物生长不利，但有利于碳水化合物的累积，对块根、块茎类作物的生长有利。早春，沙质土的温度回升快，所以，又称之为"暖土"；在晚秋，遇到寒潮则降温快，易受冻害。沙质土适宜种植耐旱、耐瘠薄、生育期短、早熟的作物。化肥施用少量多次，后期勤追肥；多施未腐熟有机肥改土；尽量勤浇水。

沙质土宜耕期长，易于耕作。但由于粉沙和细沙含量多，泡水后容易沉淀闭结（闭沙现象）。这是因为片状的云母质沙粒多，或是含沙粒和粗粉粒多，而有机质含量低，缺少团粒结构，在水流中土粒沉积快而排列紧，或带水耕耙时粉粒恰恰填充了沙粒之间的大孔隙之故。

2. 黏质土

黏质土中细粒含量高而沙粒少，粒间孔隙狭细，但总孔隙度远较沙质土多，蓄水量大，而雨水或灌溉水的垂直下渗和排水极为困难（黏粒吸水膨胀，可阻塞细孔），通透性差。

黏质土矿质养分含量丰富，对带正电荷的离子态养分有很强的吸附能力，使其不致被雨水或灌溉水淋洗损失。由于黏质土的细孔隙往往被水占据，通气不畅，好气性微生物活动受到抑制，有机质分解缓慢，因而容易积累，故保肥力强。

黏质土蓄水量多，热容量大，昼夜温差小。在早春，土温上升慢，故称之为"冷土"或"凉性土"。在受到短期寒潮侵袭时，黏质土降温也较慢，作物受冻害较轻。

有机质含量低的黏土，往往黏结成大土块，耕性特别差，干时板结，湿时泥泞，宜耕期短，耕作阻力大。黏质土干后龟裂，易损伤植物根系。对此类土壤，要增施有机肥，注意排水，在适宜的含水量条件下精耕细作，以改善其结构和耕性。

3. 壤质土

壤质土是介于沙质土和黏质土之间的一种土壤质地类型。它同时含有适量的沙粒、粉粒和黏粒，在性质上兼有沙质土和黏质土的优点，对一般农作物生长来说是理想的土壤。有些地方农民群众所称的"四沙六泥"或"三沙七泥"的土壤大致就相当于壤质土。

4. 灰漠土

灰漠土的颗粒组成虽以细土物质为主，但因物质来源及沉积区域不同有一定差异。在西北地区，粉沙、黏粒含量比较高，质地多属黏壤土，灰漠土中黏粒在紧实层的含量普遍较高。同时，土体中均夹有小砾石，但数量远不及其他漠土多。灰漠土全剖面具有强石灰反应，碳酸钙含量在 $50 \sim 200$ g/kg，以紧实层的中、下部含量最高，常比表土结皮层高出 1 倍左右。石膏聚盐层中的石膏含量高低不一。西北地区都偏高，多达 $20 \sim 80$ g/kg，最高可达 140 g/kg。盐分含量为 $5 \sim 20$ g/kg，以东部偏低，西部偏高，盐分组成多以氯化物为主或硫酸盐为主的混合型。重碳酸盐一般为 $0.3 \sim 0.8$ g/kg，包括表土结皮层在内，土壤都有一定的碱化现象，碱化度 $10\% \sim 20\%$，高者达 $40\% \sim 60\%$。pH 值为 $8.5 \sim 10.0$，呈碱性至强碱性，通常以紧实层碱性最强。灰漠土表土层的有机质含量为 $6 \sim 15$ g/kg，比其他漠土类型高出 1 倍以上。土壤腐殖质组成中，一般无活性腐殖质，大都以矿质紧密结合态的腐殖质存在。其中与钙结合的腐殖质酸比与铁铝结合的多，两者又常是富里酸含量高于胡敏酸含量，胡敏酸、富里酸比值大致变动在 $(0.4 \sim 0.6):1$ 范围内。

土壤化学组成中，除氧化钙移动较明显外，仅铁铝氧化物有从亚表层向紧实层移动的征象，其他氧化物基本上没有变化。

灰漠土剖面由表土结皮片状层、紧实层、石膏聚盐层和母质层四个基本层段组成。表土结皮层厚 $1 \sim 4$ cm 不等，呈浅灰或棕灰色，具有不规则的裂纹，背面多蜂窝状孔隙，干燥松脆，易沿裂纹散开。下面薄片或鳞片状结构土层厚 $1 \sim 5$ cm，松散易碎。紧实层位于结皮层下端，厚 $5 \sim 15$ cm，呈褐棕或黄棕色，块状、棱块状结构，中下部常有不同数量的斑点状、菌丝状或斑块状碳酸钙新生体聚积。石膏和盐分聚积在 40 cm 或 60 cm 以下，尤以 $80 \sim 100$ cm 深处多见。石膏一般呈白色小结晶或晶簇状，盐分则呈脉纹状乳白色结晶，有的还伴有多层石膏聚积，往下逐渐过渡到母质层。

灰漠土除上述四个基本土层以外，在一些地形较低平地段，剖面底土层还受到地下水毛管上升浸润的影响，出现锈纹斑特征。在有水源灌溉和耕种施肥历史长久的地段，剖面上又可形成厚度不等的熟土层。

5. 灰棕漠土

灰棕漠土也称灰棕色荒漠土，为温带荒漠地区的土壤，是温带环境气候条件下粗骨母质上发育的地带性土壤。灰棕漠土有机质含量低，介于灰漠土和棕漠土之间，在我国西北地区占有相当大面积，主要分布于准噶尔盆地、河西走廊等地，青海柴达木盆地西北部戈壁也有分布。分布区域的气候条件是夏季热而少雨，冬季冷而少雪，温度年变化、日变化大。年均温 $7 \sim 9℃$，$\geq 10℃$ 有效积温一般在 $3\,300 \sim 4\,100℃$，1月均温 $-16 \sim -10℃$，7月均温 $24 \sim 28℃$，年降水量多在 100 mm 以下。成土母质主要有两大类：在山前平原上为沙砾质洪积物或洪积—冲积物；在低山和剥蚀残丘上为花岗岩、片麻岩及其他古老变质岩。

灰棕漠土的成土过程表现为石灰的表聚作用、石膏和易溶性盐的聚积、残积黏化和铁质化作用。地表为一片黑色砾漠，表层为发育良好的灰色或浅灰色多孔状结皮，厚 $1 \sim 2$ cm；其下为褐棕色或浅紧实层，厚 $3 \sim 15$ cm，黏化明显，多呈块状或团块状结构；再下为石膏与盐分聚积层。腐殖质累积极不明显，表层有机质含量 $<0.5\%$，胡敏酸与富里酸比值为 $1:(2 \sim 4)$；表层或亚表层石灰含量达 $7\% \sim 9\%$，向下急剧减少；石膏聚积层的石膏含量可达 20% 以上，盐分含量达 1% 以上，以硫酸盐为主。土壤呈碱性或强碱性反应，pH 值为 $8.0 \sim 9.5$；黏粒硅铁铝率 $3 \sim 3.4$，黏土矿物以水云母为主。

灰棕漠土是中国重要的养殖业基地，土质矿物质元素较丰富，但其农业利用价值受到很大限制：气候干旱，地表水缺乏，灌溉条件差；土壤粗骨化，细土物质少，开垦利用困难。

6. 盐碱土

盐化或碱化形成的一系列土壤，又称盐渍土，包括盐土、碱土及各种盐化和碱化土壤。狭义的盐碱土是指既盐化又碱化的土壤，我国主要分布在华北、东北和西北的内陆干旱、半干旱地区，东部沿海包括台湾省、海南省等岛屿沿岸的滨海地区也有分布。

盐土是在气候干旱、蒸发强烈、地势低洼、含盐地下水位高的条件下，使土壤表层或土体中积聚过多的可溶性盐类而形成的。盐土一般呈碱性反应，盐基呈饱和状态，腐殖质含量低，典型盐土剖面地表有白或灰白色盐结皮、盐霜或盐结壳。划分盐土的表层含盐量下限指标，因盐分组成而异，以氯化物为主的下限指标为 0.6% 左右，氯化物和硫酸盐混合类型的盐土下限指标为 1% 左右，含石膏较多的硫酸盐土下限指标为 2% 左右。

当土壤碱化层交换性钠占交换性阳离子总量（碱化度）20% 以上，土壤呈强碱性，pH 值大于 9，表层含盐量不及 0.5% 时，称为碱土。低于上列含盐下限指标，而其含盐量 $>0.1\%$，或碱化度 $>5\%$ 者，则按对植物的危害程度，将其划分为轻度、中度、重（强）度盐化或碱化土。

盐土中含有过多可溶性盐类，增高土壤溶液的渗透压，引起植物生理干旱；某些盐类离子，直接毒害植物根系，造成植物吸收营养元素的比例失调；碱土中土壤胶体含有大量交换性钠，增加土壤碱度和恶化土壤理化性质，土壤湿时膨胀泥泞、干时收缩坚硬，通透性、可耕性极差。改良盐碱土应因地制宜地采取各种井、沟、渠相结合的灌排水利措施，同时，结合各种农艺生物措施进行综合治理，以排除过多盐碱，提高土壤肥力。

三、土壤性质

1. 土壤质地

土壤质地影响土壤养分含量、保水保肥能力和通气性，与施肥关系密切。黏土养分含量高，阳离子代换量大，保肥保水能力强，但通气性差，多为块状结构。土壤温度上升慢，微生物活动弱，养分释放慢。黏土地玉米生长发育前期养分供应不足，后期养分供应充分，这类田块属于有后劲而前劲不足的晚发田。所以，黏重土壤宜用"热性"及腐熟的有机肥作基肥，适当浅施。早春低温要重视叶面肥及早期追肥，促进早发，后期要适当控制用量，防止疯长和贪青晚熟，追肥次数可少些，每次用量可多些。

沙土地养分含量少，保水保肥能力弱，土质松散，结构也差，土温上升快，但通气好，土壤有机质分解快。沙土上的玉米生育前期供肥多，后期供肥少，属于有前劲而后劲不足的早发田。所以，应注意中后期的施肥，防止作物脱肥早衰。沙土要多施有机肥，用大量泥肥和半腐熟的有机肥作基肥，并要深施。沙土化肥的肥效猛而短，应掌握适量、分次、深施的原则，尤其是石灰性强的沙土施用挥发性强的化肥时更要注意。

壤土供肥平缓，肥效稳而长，供肥保肥都比较好，有利于玉米的生长。

土壤质地还决定土壤通气性，影响玉米根系对养分的吸收，从而影响肥效。

2. 土壤酸碱度

土壤酸碱度直接影响土壤微生物的活动和营养物质的转化，从而影响有效养分的含量。一般氮素在土壤 pH 值为 6~8 时，有效性较高；磷在土壤 pH 值为 6.0~7.5 时，有效性较高。

交换性钾、钙、镁一般在土壤的 pH 值大于 6 时较多，酸性条件下硼、锰、锌的有效性较大，铁在碱性条件下有效性较高。土壤的 pH 值为 6.5~7.5 时，各种养分的有效性都较高。土壤酸碱度与磷肥的合理施用关系密切，酸性土壤能促进难溶性磷的分解，因此，难溶性磷肥和弱酸溶性磷肥应用于酸性土壤。若土壤酸性过强，则要施用适量的石灰或草木灰以中和土壤酸度。

土壤酸碱度与氮肥施用也有关系。酸性土壤应选用碱性或生理碱性肥料，碱性土壤应选用酸性及生理酸性肥料，以提高肥效，这样也能避免土壤酸性或碱性的进一步提高。碱性土壤施用铵态氮肥时必须深施，尤其是碳酸氢铵等挥发性强的氮肥。

盐碱土最适宜施用有机肥，而不应施用含有 Na^+ 及 Cl^- 的化肥及农用食盐、海肥等。盐碱土使用化肥时要选用有效成分高的种类，用量宜少，并分次施用。盐碱土不宜用氮肥、钾肥作种肥，以免进一步提高土壤盐分而影响作物发芽。盐碱土上的作物采用根外追肥可取得较好的增产效果。

玉米喜好中性和弱酸性土壤，适宜的pH值为6.6～7.0，但在pH值为5～8时也可以种植，pH值在3.3～5.0的酸性土壤，会严重阻碍玉米生长。在施肥时应注意肥料性质对土壤pH值的影响。新疆土壤的pH值一般较高，属于碱性土壤，施用酸性肥料，可以中和土壤的碱性，促进有益微生物的活动，加速土壤有机质矿化，提高土壤肥力。在碱性土壤上可以多施有机肥或施用石膏改良土壤，以提高肥效。

土壤酸碱度还直接影响作物对养分的吸收，从而影响肥效。

四、土壤熟化程度

1. 土壤熟化的含义

土壤熟化程度不同，肥料的用量、用法都应不同。熟化程度低的土壤必须在增施有机肥料的基础上适时、适量地施用氮、磷、钾等各种化肥，以保证对作物养分的供应。熟化程度较高的土壤，在有机肥数量有限时可适当少施。通过各种技术措施，使土壤的耕性不断改善，肥力不断提高的过程，即生土变熟土的过程。熟化的土壤土层深厚，有机质含量高，土壤结构良好，水、肥、气、热诸肥力因素协调，微生物活动旺盛，供给作物水分、养分的能力强。

土壤熟化一般是指在人为因素影响下，通过耕作、施肥、灌溉、排水和其他措施，使土壤的土地构造被改变；减弱或消除土壤中存在的对作物生长阻碍因素；协调土体水、肥、气、热等诸多方面发生急剧的变化等，从而为农作物高产稳产创造有利的土壤条件。

一般生产发展情况下，土壤熟化措施都是有目标性、有针对性的，所以，往往改变土壤物化性质的时间很快。因此，土壤熟化过程具有快速、定向两大特点。

2. 土壤熟化的过程

土壤熟化过程是人为培养土壤的过程。通过耕作、灌溉、施肥和改良等方法，在土壤上部形成人为表层，并不断改变原有的土壤某些过程和性质，使土壤向有利于作物优质高产稳产方面发展。土壤熟化过程可分为：旱耕熟化过程（旱作条件下熟化成土过程）和水耕熟化过程（水田条件下熟化成土过程）。

（1）旱耕熟化过程。该过程为旱作条件下土壤的熟化过程，大致可分为两个阶段：一是改土阶段；二是培肥阶段。

（2）水耕熟化过程。该过程为在平整畦田的基础上，通过灌排、耕作、施肥等措施，定向培育高度肥沃的水稻土的过程。

深翻土壤，再结合增施有机肥，可以改善土壤结构和理化性质，促进团粒结构的形成,使土壤疏松、土层加厚、土壤透水和保水性能增强;生态条件的改善又使微生物活动加强,加速土壤熟化,促使难溶性营养物质分解转化为可溶性养分,从而提高肥力。对有效土层较浅的土地,对土壤进行深翻改良的效果非常显著。深翻可以为根系生长和吸收肥水创造良好的环境条件,促进植物根系向纵深和广度伸展。根量增加将促进作物地上部生长,增强植物适应不良环境的能力,对产量和品质都有明显的促进提高。

第三节 化肥的合理施用

→ 熟悉玉米生长发育的营养特性
→ 掌握玉米全生育期合理施肥技术

一、玉米营养特性

1. 玉米必需的营养元素

玉米是需肥较多的作物,在生长发育过程中,需要的营养元素很多,除需氮、磷、钾、钙、镁、硫等大量元素外,还需铁、锌、锰、铜、硼、钼等微量元素。在各种必需元素中,一旦缺少其中任何一种,都会导致玉米发育不良和减产。但在玉米不同发育阶段,对其营养元素吸收数量是不一样的,因此,只有了解玉米不同生育时期的营养生理特性和各种养分相互之间的作用关系,才能合理地施用各种肥料,从而达到高产增效的目的。

非矿质元素:碳、氢、氧。

矿质元素分为大量元素和常量元素。

大量元素有氮、磷、钾,被称为肥料三要素。氮、磷、钾一直是玉米矿质营养和施肥研究的主要内容。常量元素有:钙、镁、硫。硫被认为是玉米的第四大矿质元素。微量元素有:铁、锌、锰、硼、铜、钼、氯。玉米对微量元素当中的锌反应最敏感。有益矿质元素有:硅、镍、钴、钠。其他元素有:硒、铝、铬、钡、锶、锡、铅、银等在玉米植株体内的生理作用还不十分明确。

在长期连作条件下,玉米植株形成对矿质元素的单调吸收,大量元素之外的某种(或某些)元素有可能会成为产量限制因子。随着产量水平的提高,氮、磷、钾以外的其他矿质元素的增产作用越来越明显。大量元素的施用量越大,其他元素的相对亏缺程度越大,其增产作用也越大。长期连作条件下玉米植株形成对矿质元素的单调吸收,久而久之会造成未施用元素的相对亏缺。高产是在多种元素综合作用的基础上获得的,应当注意元素之间的平衡施用。

2. 玉米对无机元素的吸收和再利用

（1）氮、磷、钾等元素在玉米器官中的分布（见表9—1）。玉米吸收氮、磷、钾等营养元素，形成蛋白质、脂肪、纤维素、淀粉等有机物质。在玉米各器官中的这些有机物质的分布不同，蛋白质和脂肪以子粒中最多，其次是叶片、茎秆，穗轴最少。纤维素以茎、叶、穗轴中最多，子粒中最少。淀粉以子粒中最多，苞叶和根部次之，茎、叶、穗轴最少。灰分以根、叶中最多。各种有机物质，以纤维素、无氮浸出物最多，蛋白质次之，脂肪最少。

表9—1　　　　玉米各器官中氮、磷、钾的数量比率　　　　　　　%

器官	占干物重	氮所占比率		磷所占比率		钾所占比率	
		占器官	占全株	占器官	占全株	占器官	占全株
叶片	15.266	1.372	0.290 4	0.270	0.041 2	1.52	0.238 0
叶鞘	6.263	0.533	0.034 6	0.085	0.005 3	1.46	0.091 4
茎秆	15.638	0.696	0.108 7	0.100	0.015 6	4.00	0.625 1
雄穗	1.813	0.983	0.016 7	0.270	0.004 9	1.44	0.026 1
子粒	47.733	1.263	0.602 9	0.570	0.272 1	0.36	0.171 8
穗轴	8.004	0.738	0.059 0	0.208	0.016 6	1.44	0.115 3
穗柄	0.971	0.774	0.007 5	0.156	0.001 5	4.36	0.042 3
苞叶	3.902	0.591	0.023 1	0.130	0.005 1	1.80	0.070 2
花丝	0.419	2.770	0.011 6	0.110	0.004 7	1.80	0.007 5
全株	100		1.073 6		0.030 7		1.381 7

氮是构成蛋白质的主要成分，蛋白质又是原生质的主要组成部分，是一切生物组织生长和发育所必需的物质。氮也是叶绿素的组成部分，在许多维生素中，特别是硫胺素、核黄素、吡哆醇、泛酸、烟酰胺等都含有大量的氮。核酸、磷脂、生物碱、配糖体等有机物也多是以氮为主组成的。磷是构成磷脂、核蛋白的主要元素，核蛋白是原生质和细胞核的组成部分。钾在植物体中几乎完全是游离态的，对碳水化合物的合成和转移有重要作用。钾素较多，进入植物体内的氮素也较多，形成的蛋白质也较多。玉米各器官中氮、磷、钾的含量不同，氮在花粉、子粒、雄穗中含量较高。叶片在玉米生长过程中，从土壤吸收的氮素，在叶片进行光合作用，同化为简单的有机氮化物，当子粒形成时，叶中含氮有机物质，向子粒内运转，以复合蛋白质的形式储存起来。磷在花粉、茎和子粒中含量最高，大部分是有机态，出苗后磷过多时，以无机态形式积聚在植株内。

钾素在花粉、茎秆、穗柄中含量较高。玉米成熟后,各器官中还含有钙、镁和其他微量元素,但因受品种特性、土壤养分状况和施肥技术等影响含量有所不同。

(2) 春玉米营养元素的吸收。春玉米幼苗生长速度慢,干物质和养分积累少。拔节至开花期,如遇高温季节,当灌水后,生长速度加快,干物质积累和养分吸收也较快,是玉米需要养分的关键时刻,供给充足的营养物质,能够促进穗多、穗大。灌浆以后,干物质积累和养分的吸收速度缓慢,表现为前期慢,中期快,后期又变慢的规律性。

1) 氮素的吸收。氮素能使玉米生长旺盛,茎叶繁茂,叶色浓绿,光合作用加强,穗大粒多、粒重,增产效果显著。全国各地生产实践证明,增施氮肥,都有明显的增产效果,并能提高每亩蛋白质数量。

玉米不同生育时期对氮素的要求不同。春玉米苗期需氮量较少,仅占全生育期总吸收量的约2.4%;拔节孕穗期渐增,约占32.21%;抽穗开花期的10天需要量多达总吸收量的约18.95%;以后又逐渐减少,灌浆至成熟期的吸收量为约46.7%。

2) 磷素的吸收。玉米各个生育时期对磷的吸收较平稳,苗期吸收量占全生育期总吸收量的1.12%;拔节孕穗期吸收量较多,占45.04%;抽雄开花期占18.82%;灌浆成熟期占35.02%。

磷素可促使玉米体内氮素和糖分转化,氮磷配施可增效,促进根系发育和雌穗受精良好。在氮素充足而磷素缺少时,氮的代谢作用就要受到阻碍;磷能提高水分利用率,增强玉米的抗病性和促进早熟,提高产量和品质。

3) 钾素的吸收。苗期吸收钾占全生育期的约2.9%,拔节孕穗期占约69.54%,抽雄开花期占约27.54%,以后就不再吸收钾素。总体上来看,钾素在苗期吸收较少,拔节至开花期比较集中,而且较为平衡。

钾可促进碳水化合物的合成和运转,使机体组织发育良好,茎秆坚实,能增加植株的抗倒伏能力。

4) 生育期间氮、磷、钾吸收量和比例

①营养生长期。从出苗到拔节一般40~45天,此期虽然所需养分少,但若土壤中缺乏某种营养元素,将会影响整个生长发育过程。

②营养生长和生殖生长并进时期。从拔节到抽雄,一般35~40天。此期雌雄穗开始分化和发育成熟,同时叶片、茎秆等营养器官仍在继续生长,氮、磷、钾的相对含量和比例都较高,茎、叶和雌穗吸收养分的绝对量和累积速度均达到高峰。此期间,根系从土壤中大量吸收养分,各器官的营养物质迅速向雌穗运送。因此,这个时期充分供给玉米所需的养分,才能获得高产。

③子粒形成期。一般为40天左右,植株体内氮、磷、钾的相对含量和比例下降,由于营养器官和雌穗其他部位的营养物质都向子粒转运,根系还缓慢地从土壤中吸收养

分,这时适量施用粒肥可起到增粒重的增产效果。

1989年新疆维吾尔自治区土壤普查结果表明,全区土壤含钾比较丰富,而普遍缺氮、少磷。根据试验测定,平均每生产100 kg玉米子粒,需从土壤中吸收纯氮2.6 kg,磷0.96 kg,钾2.18 kg。

(3) 复播玉米营养元素的吸收。南疆"两早配套"复播玉米,出苗后正值高温季节,生长发育快,苗期干物质和养分积累比春玉米相对要快一些,对营养元素的要求也相对较高。出苗到拔节期经历的时间比春玉米短,吸收的氮、磷、钾占整个生育期总量的20%,拔节至灌浆期吸收量占40%,其余的在乳熟期以后吸收。

1) 氮素的吸收。出苗到拔节期,吸收氮素较少,占总吸收量的10%左右;拔节至抽雄期,氮素吸收增加,占总量的60%;抽雄吐丝至成熟期吸收氮素占总量的30%。氮素在地上部各器官的绝对含量是不相同的,一般是叶片>茎秆>叶鞘>苞叶>雄穗,到成熟时,氮素则主要转移到子粒中去。土壤肥力高,肥料施用多的条田,氮素的吸收量也高,玉米植株吸收氮的持续时间也较长,一直可以延续到蜡熟期,叶片功能期也较长。而在肥力低,供肥不足的情况下,灌浆以后叶片很快出现落黄,叶片功能期大为缩短,向子粒中转移的氮素减少,造成早衰减产。因此,在子粒形成期,酌情追施少量氮素肥料作粒肥,可以增加粒数,提高粒重,防止早衰。

2) 磷素的吸收。幼苗时期玉米根对磷的反应敏感,相对含量很高。抽雄吐丝期,磷素的吸收达到高峰,占总磷量的40%~46%。磷素的吸收速度极大值出现在乳熟至蜡熟期,进入成熟期吸收速度下降。

各器官磷素的分配情况,大致与氮素的分配相似,其分配顺序是叶片>茎秆>叶鞘>雄穗>苞叶>穗轴>雌穗柄,最后大部分转移到子粒中去。成熟期,子粒中磷素的含量占总磷量的76%。

玉米植株吸收磷素的数量和分配与土壤供磷、供氮有密切的关系,土壤含磷量高,供磷量多时,吸收的磷素也多;若磷素少时,对根系发育有不利影响,地上部茎叶将受到抑制。据施肥试验分析测知,当土壤含磷量高时,可促进氮素的吸收。氮磷配施具有明显的增效作用。

3) 钾素的吸收。在不同生育时期,钾素主要集中分布在幼嫩组织和新生器官中。幼苗期钾素吸收快于氮素和磷素,相对含量和绝对含量都高。展三叶期的钾素吸收量占地上部钾总吸收量的2%左右,拔节以后增加到40%~50%,到抽雄、吐丝期钾素积累已达钾量的80%~90%。钾对前期各生育器官有重要的作用,子粒形成期吸收量几乎停止。出苗到拔节期以叶片和茎秆中钾素含量高,雌穗小花分化到乳熟期达到高峰,随后开始下降。抽雄吐丝以前,钾在各器官中的含量顺序是茎秆>叶片>叶鞘>雄穗>苞叶>穗轴,以后向子粒转运。据原山东农学院胡昌浩等1977年的研究,钾素吸收最高时期在大喇叭口期至抽雄期,见表9—2。

表 9—2 夏播玉米不同生育时期氮、磷、钾累积吸收量和比例

生育期（月/日）		拔节(7/13)	小喇叭口(7/21)	大喇叭口(7/30)	抽雄(8/8)	灌浆(8/12)	蜡熟(9/15)	完熟(9/24)
出苗后天数		15	23	32	41	54	79	88
植株干重	kg/亩	4.50	33.87	200.07	363.35	628.5	1067.8	1 082.3
	%	0.42	3.13	18.49	33.57	58.08	98.66	100
氮	占干重%	2.789	2.549	1.799	1.421	1.089	0.992	0.987
	kg/亩	0.125	0.863	3.599	5.161	6.846	10.594	10.682
	%	1.175	8.084	33.692	48.320	64.094	99.181	100
磷	占干重%	1.033	0.874	0.755	0.731	0.562	0.507	0.504
	kg/亩	0.046	0.296	1.511	2.655	3.533	5.408	5.458
	%	0.852	5.423	27.691	48.649	64.725	99.084	100
钾	占干重%	1.933	1.712	1.623	1.990	1.214	1.194	1.129
	kg/亩	0.087	0.580	3.247	7.320	7.630	12.325	12.214
	%	0.706	4.706	26.394	58.611	61.907	100	99.099
氮：磷：钾		2.7:1.1:1.87	2.92:1:1.96	2.38:1:2.15	1.94:1:2.72	1.94:1:2.16	1.96:1:2.28	1.96:1:2.24

（胡昌浩、潘子龙，1977，品种：鲁原单 4 号，播期：6 月 20 日）

（4）微量元素锌对玉米的增产效果（见表 9—3）。新疆维吾尔自治区土壤一般有效含锌量在 1 mg/kg，有的地区仅 0.8 mg/kg。缺锌使玉米苗小，叶色黄白，出现黄叶、小老苗，发育不正常，严重地块缺苗断条，抽穗困难。缺锌土壤施锌后，植株茎粗增加，叶色浓绿，发育正常，可增产 5% ~ 12%，有的可增产一倍。伊犁哈萨克自治州土肥站、霍城县农技站 1984 年在潮土、灰漠土壤上做试验结果表明，锌肥作基肥增产显著，拌种增产更多。锌肥也可用做浸种、喷施。

表 9—3 锌肥对玉米产量因素的影响

土类	重复	处理	亩株数	穗粒数	0.5 kg 粒数	产量（kg/亩）	品种
潮土类	3	基肥	3 800	612.70	1 715.0	679.9	
	3	拌种	3 800	628.30	1 685.7	708.5	SC-704
	3	对照	3 800	567.30	1 705.3	632.3	
灰漠土	3	基肥	3 366	569.45	1 612.9	594.2	
	3	拌种	3 366	571.72	1 562.5	615.9	77-3
	3	对照	3 366	558.71	1 666.6	564.3	

（伊犁哈萨克自治州土肥站，1984）

具体施用方法如下：

1）拌种。土壤有效锌含量在0.66 mg/kg以下，1 kg种子拌入硫酸锌8~12 g；土壤有效锌含量在0.8 mg/kg以上，1 kg种子拌入硫酸锌6 g。拌种时硫酸锌溶于水中，喷在种子上拌匀，晒干后即可播种。

2）浸种。用0.1%硫酸锌溶液，浸泡8 h；低于0.1%浓度，浸泡12 h为宜。

3）喷施。每亩用0.2%~0.5%硫酸锌溶液50~75 kg在幼苗期、孕穗期分别喷一次。

4）基肥。每亩用1.5~2 kg硫酸锌加细土10~15 kg，拌匀施入土中。

二、土壤与玉米施肥的关系

玉米从土壤中吸收的养分、肥料，除少量作根外追肥，绝大部分是施入土壤后再被作物吸收的。因此，土壤性质与施肥关系密切。土壤中的有机质、养分、质地等都直接影响玉米的生长发育。

1. 土壤有机质

土壤有机质含量对土壤的结构、供肥保肥性、微生物的活动都有直接影响。有机质含量在2.5%以上的为高量，1%~2.5%的为中量，1%以下的为低量。一般有机质含量高的土壤结构好，保肥保水能力强，微生物活动旺盛，供肥性能好。这类土壤的施肥好控制，各种化肥都可以施用，用量稍多些也不会引起玉米疯长，肥分损失也较少；用量稍少点土壤养分供应也较强，对玉米产量影响也不大，化肥的效果发挥较好。

新疆土壤受干旱气候的影响，有机质积累少，消耗快，肥力不高。玉米产区农田土壤有机质平均含量约为1.09%，北疆地区为1.29%，南疆仅为0.85%，明显缺氮、少磷。土壤耕作层有效氮含量30 mg/kg（每亩含氮4.5 kg），含磷量3.9 mg/kg（每亩含磷0.6 kg）。北疆北部和伊犁河谷地区，土壤肥力较高，有机质含量一般在2%以上，有效氮高达60 mg/kg，有效磷约5 mg/kg，北疆其他地区肥力稍低。南疆有机质含量在1%以下，有效氮20~40 mg/kg，有效磷一般在3 mg/kg。总的来看，新疆玉米产区土壤肥力较低，应补充氮、磷肥料。

2. 土壤养分

田间试验研究结果分析证明，土壤碱解氮<20 mg/kg，速效磷<10 mg/kg时，玉米生长发育将受到严重影响。增施氮、磷肥，都有显著的增产效果。碱解氮>80 mg/kg，速效磷>30 mg/kg时，一般施用氮、磷肥料增产不明显。根据最小养分限制律的原则，应在测试土壤肥力、合理配方的基础上，确定氮、磷比例，才能达到既经济又高产的目的。

20世纪60年代增施氮肥产量不断提高，而每年却从土壤中带走了大量磷等；近年来，施氮肥增产效果不如以前显著，说明土壤中氮、磷比例失调。在施氮的基础上，应合理搭配磷肥。不同性质的土壤其物理和化学性质不同，对养分的吸收储存有较大的差别。例如，沙质土壤透气性和透水性强，昼夜温差大，肥料分解快，保肥力低，肥力不持久，宜多施有机肥料，可以改良土壤结构，稳定肥效；速效肥料则应分期施用，做到少施勤施，不使之脱肥。黏土质地紧密，透气性不良，肥料分解慢，保肥力强，肥料施用次数可以相对减少，每次用量可以稍多。

土壤有效养分含量是经常变化的，单靠化学测定的结果确定土壤是否缺肥是有局限性的。因此，必须结合生产实践和田间试验全面诊断，才能得出可靠的结果，制订出合理施肥计划并科学组织具体实施。

三、气候条件对玉米施肥的影响

温度、降雨量、光照、湿度、霜期等气候因素都能影响土壤养分的转化及玉米对养分的吸收，因而与施肥有密切关系，其中与温度、雨量的关系最大。

1. 温度

温度不仅会影响玉米的生长，也会影响土壤养分的有效性及玉米根系对养分的吸收能力。温度升高，迟效性养分分解加快，导致养分增加，特别是磷素。在一定范围内，温度升高，玉米吸收养分的能力提高。玉米吸收养分的最适根际温度为$28 \sim 30 ℃$。

气温低，应适当增加施肥量，特别是磷、钾肥。此外，还要多施有机肥，特别是马粪、羊粪等热性肥料。北疆玉米种植区的玉米在生长前期气温低，土壤有效养分含量少，要施适量的速效氮肥，促进早生快发。

温度对肥料本身也有影响。温度高时，有机肥料分解快，此时可用半腐熟的有机肥料，施用时间也不宜过早，以免养分损失；温度低时，有机肥分解慢，此时应使用腐熟的有机肥和速效化肥，或适当提早施用。温度升高会使铵态氮分解挥发程度加剧。夏季气温高，晴天的中午不要施用易挥发的氨水、碳酸氢铵等肥料，以免增加挥发，灼烧玉米植株，降低肥效。这类肥料最好在阴天或傍晚施用。

2. 降雨量

降雨量对土壤养分的影响很大。化肥的溶解、养分的移动、有机肥料的分解及根系对养分的吸收都需要水分。气候干旱时施肥必须结合灌溉，否则肥效很差。

3. 光照

氮能促进作物生长，增加叶面积和叶片蛋白质及叶绿素的含量，有效促进光合作用，提高光能利用率，并将光能和呼吸作用产生的能量转变为化学能储存起来。钾能促进作物对碳水化合物的同化进程。有机物分解放出的大量二氧化碳也能增强作物的光合作用。因此，合理施肥可促进作物生长，提高光能的利用率。

光照影响玉米的光合作用,而光合作用的产物碳水化合物中的木质素、纤维素等主要用于植株形态的建成。因此,光照不足必然影响作物植株的生长和对养分的吸收。据研究分析,当光照量为自然光照的26%时,氮、磷、钾的吸收量降低30%～40%。若光照不足,应酌情增加施肥量,特别是钾肥,以促进碳水化合物的合成和转化、输送,防止作物倒伏。若光照充足,则应适当多施肥料,特别是氮肥。

四、玉米缺素症症状

1. 缺氮

幼苗矮化、瘦弱、叶丛黄绿;叶片从叶尖开始变黄,沿叶片中脉发展,形成一个"V"形黄化部分;致全株黄化,后下部叶尖枯死且边缘呈黄绿色;缺氮严重的或关键期缺氮,果穗小,顶部子粒不充实,蛋白质含量低。缺氮是因有机质含量少,低温或淹水,特别是中期干旱或大雨易出现缺氮症。

2. 缺磷

嫩株敏感,植株矮化;叶尖、叶缘失绿呈紫红色,后叶端枯死或变成暗紫褐色;根系不发达,雌穗授粉受阻,子粒不充实,果穗少或歪曲。低温、土壤湿度小,易于发病,酸性土、红壤、黄壤易缺有效磷。

3. 缺钾

下部叶片的叶尖、叶缘呈黄色或似火红焦枯,后期植株易倒伏,果穗小,顶部发育不良。一般沙土含钾低,易出现缺钾,沙土、肥土、潮湿或板结土易发病。

4. 缺镁

幼苗上部叶片发黄,叶脉间出现黄白相间的退绿条纹,下部老叶片尖端和边缘呈紫红色;缺镁严重的叶边缘、叶尖枯死,全株叶脉间出现黄绿色条纹或矮化。土壤酸度高或受到大雨淋洗后的沙土易缺镁,含钾量高或因施用石灰致含镁量减少土壤易发此病。

5. 缺锌

缺锌严重的幼苗出土后在2周内显症,叶片具浅白条纹,后中脉两侧出现1个白化宽带组织区,且中脉和边缘仍为绿色,有时叶缘、叶鞘呈褐色或红色,是土壤或肥料中含磷过多所致。酸碱度高、低温、湿度大或有机肥少的土壤易发生缺锌症。

6. 缺硫

植株矮化、叶丛发黄,成熟期延迟,与缺氮症状相似。酸性沙质土、有机质含量少或寒冷潮湿的土壤易发此病。

7. 缺铁

上部叶片叶脉间出现浅绿色至白色或全叶变色。碱性土壤中易缺铁。

8. 缺硼

嫩叶叶脉间出现不规则白色斑点，各斑点可融合成白色条纹；严重的节间伸长受抑或不能抽雄及吐丝。干旱、土壤酸度高或沙土易出现缺硼症。

9. 缺钙

当土壤缺钙时，幼苗叶片不能抽出或不展开，有的叶尖黏合在一起呈梯状，植株呈轻微黄绿色或引致矮化。土壤酸度过低或矿质土壤，pH值在5.5以下，土壤有机质在48 mg/kg以下或钾、镁含量过高易发生缺钙症。

10. 缺锰

幼叶脉间组织慢慢变黄，形成黄绿相间条纹，叶片弯曲下披，别于缺镁。pH值大于7的石灰性土壤或靠近河边的田块，锰易被淋失。生产上施用石灰过量也易引发缺锰症。

五、玉米施肥技术

1. 基肥

播前整地时施入的肥料，称为基肥。基肥可以是农家肥料，也可以是化肥，两者混用，效果更佳。农家肥料所含的养分齐全，但分解缓慢。玉米生育期间不断地从土壤中吸收养分，全国各地农民都有施基肥的习惯。基肥的施用方法、种类、施用数量各地有所不同。

（1）基肥的种类。家畜、家禽的粪便，各种沤制堆肥、绿肥、土杂肥等都是作基肥的农家肥料，有机质含量高，三要素养分齐全，肥效时间长，对提高土壤肥力和增加玉米产量有很大作用。在各种家畜粪尿中，以猪、羊粪较好，其有机质、氮、磷、钾含量高，增产效果大。但是，各种家畜粪的肥效，与家畜饲料种类、垫圈时掺土多少、腐熟程度有密切关系，积肥时要重视肥料质量。

绿肥是含有机质较多的肥料，氮、磷、钾齐全，分解腐熟快。种植绿肥作基肥，能改良土壤，提高玉米产量。

北疆地区在小麦、油菜收割后都有复播油葵作为绿肥的习惯，10月初耕翻，亩产绿肥2 000~2 500 kg，来年播种玉米。南疆因复播、套种玉米面积大，只部分小块地混播或复播绿肥，也有在棉田套种绿肥的。播种绿肥的地块，土壤理化性状、有机质含量都有提高。在缺磷的土壤上，将磷肥作基肥或将磷肥与有机肥混合作基肥施用，可以提高磷肥的利用率，并使磷肥在耕层分布均匀，根系便于吸收。20世纪80年代初，作绿肥复播的主要是黄油菜。由于黄油菜要求整地质量高，保苗较困难，以后改种油葵作绿肥，其产量比黄油菜做绿肥高。10月初耕翻，鲜草产量每亩达3 707.4 kg，较黄油菜2 908.2 kg增收799.2 kg，有机质含量高10.1%，虽然油葵氮、磷含量低于黄油菜，但每亩氮、磷总含量还是比黄油菜高。不同绿肥作物产量及有效成分见表9—4。

施 肥

表9—4　　　　　　　　　不同绿肥作物产量及有效成分

项目 作物	每亩株数	鲜草量（kg/亩）	干物重含量（%）	有效成分		折合每亩		折合每亩	
				全氮（%）	全磷（%）	全氮（%）	全磷（%）	尿素（kg）	过磷酸钙（kg）
油葵	57 233	3 797.4	11.0	1.42	0.207	5.791	0.844	12.589	5.276
黄油菜	164 748	2 908.2	11.7	1.50	0.238	5.104	0.819	11.085	5.061
相差（±）	-107 725	+799.2	-0.7	-0.8	-0.031	0.687	0.035	1.504	0.215

（农二师农科所，1983）

（2）基肥的施用量。玉米施用基肥的数量，因肥料种类和质量而异。化肥作基肥时，磷肥占总磷量的2/3，氮肥占1/3~1/2。土杂肥每亩2~3 t，新鲜绿肥2~3 t。施基肥越多，玉米增产幅度也越大。

春玉米区一般在头年秋施基肥，撒施地面后，立即耕翻。复播、套种玉米因抢种时间短，施基肥面积较小。秋施基肥因有较长时间分解，一般比春施基肥的增产效果好。

2. 种肥

播种时，把肥料施在种子附近，或随种子同时施下，以供种子发芽和幼苗生长所需养分，称为种肥。种肥对玉米苗期生长发育有良好的作用，尤其在土壤瘠薄，基肥用量少或未施基肥的夏玉米、套种玉米更需要施用种肥，以弥补基肥的不足，为壮苗打下良好的基础。

（1）种肥的种类。玉米种子出苗后，初生根系较少，吸收养分的能力较弱，因此，应选用含速效养分多的肥料作种肥，以利玉米根系的吸收利用。

1）有机肥料。主要有腐熟的羊粪、油渣等，晒干碾细后作为种肥。

2）化肥。应以磷肥为主，搭配适量氮肥。作种肥的磷肥有三料磷肥、过磷酸钙等。氮肥主要有尿素、硝酸铵等。而磷酸二铵是氮磷复合肥，它以磷为主，是理想的种肥。

3）菌肥。用固氮菌作种肥，每亩500 g其增产效果相当于2.5~5 kg纯氮，可减少尿素施用量5~10 kg，对土壤有一定培肥作用。在玉米收获后，测定土壤有机质、碱解氮、速效磷分别比播前增加0.01%~0.21% mg/kg、4~15 mg/kg和19~27 mg/kg。玉米用菌剂不同拌量试验产量结果见表9—5。

表9—5　　　　　　　玉米用菌剂不同拌量试验产量结果

处理数量	1990年			1991年		
	产量（kg/亩）	与对照的%	位次	产量（kg/亩）	与对照的%	位次
200 g/亩	601.86	96.40	6	665.53	104.60	3
300 g/亩	618.06	99.06	5			

单元 9

续表

处理数量	1990 年			1991 年		
	产量（kg/亩）	与对照的%	位次	产量（kg/亩）	与对照的%	位次
400 g/亩	667.44	106.90	3	658.03	104.20	4
500 g/亩	728.17	116.80	1	722.84	114.47	1
600 g/亩	682.57	109.30	2	682.72	108.10	2
未拌菌种（对照）	624.23	100	4	631.48	100	5

（农二师农科所，品种：烟单 14）

（2）种肥的施用数量和方法。种肥的施用数量，应当根据当地的土壤肥力，基肥施用数量，春玉米、夏玉米，以及肥料供应等情况来决定。如果土壤肥力高，施基肥数量多，或前茬是绿肥地，可以少施或不施种肥。如果土壤肥力低，基肥施得少或未施基肥，种肥则应多施。春玉米幼苗期较长，为了促壮苗，种肥应多施一些。夏玉米营养生长期短，出苗后要施苗肥，种肥则应少一些。

腐熟的有机肥料作种肥，每亩用量 30~50 kg。化学肥料作种肥，应以磷肥为主，配合一定数量的氮素化肥，氮、磷比为 1∶2，土壤严重缺磷时可增加到 1∶3。一般每亩施三料磷 6~8 kg、尿素 3~4 kg 混合作为种肥。若用磷酸二铵作种肥，每亩 8~10 kg 就可以了。

种肥应施在播种行侧 5~10 cm，较种子深 3~5 cm 处，种子要与肥料严格分开。尤其是铵态氮肥如尿素，对玉米种子发芽有毒害作用，切忌与种子混播。

3. 追肥

玉米出苗后生长期间施用的肥料叫追肥。玉米植株高大，生育期较长，单靠施基肥、种肥还不能满足全生育期对养分的需要，因此，在生育期间补充一定量的养分才能获得高产。通常在穗分化期间到抽雄吐丝期是需肥的高峰期，适量及时追肥能获得高产。

追肥施用的肥料种类、数量、次数、时期和方法因土壤肥力和玉米生育状况而定。

（1）追肥的种类。玉米追肥应以速效性氮素化肥为主，缺磷的土壤可配合一定数量的磷肥，使氮磷比达到平衡。以油渣、畜粪、禽粪等有机肥料作追肥时，必须经过充分腐熟后才能发挥肥效作用。

生产上常用的化肥主要有：尿素、磷酸二铵、三料磷肥、过磷酸钙、硝酸铵、碳酸氢铵、液氨等。

液氨是一种新型的氮素肥料，增产效果优于其他氮肥，这是因为液氨的氮素利用率高。据中国农科院原子能利用研究所以同位素 N^{15} 测定结果：液氨——N 的当季利用率为 48%，尿素——N 为 35%，而碳酸氢铵——N 只有 28%。液氨不仅可以作玉米的追肥施用，也可作为玉米的基肥。

当土壤缺磷时，氮磷肥配合施用，对玉米生长发育和提高产量效果好。

（2）追肥的数量。确定玉米追肥的数量，应该做到经济合理，以施用最少的肥料，获得较高的产量为原则。

在一定的土壤肥力状况下，产量随追肥量的提高而增加，但是，当肥料达到某一限度时，肥料的增产效益便开始下降。因此，制订施肥计划时，事先要测土再配方，因地制宜在大面积上进行均衡施用，以降低成本，提高总产量。

追肥的数量，因土地肥力、产量指标和品种类型而定。在中等肥力下，每亩追施尿素 25~40 kg，三料磷或磷酸二铵 10~15 kg，再加上全部钾肥。

（3）玉米的追肥次数和时期。玉米一生的追肥次数，根据追肥总量和玉米全期生长发育的需要来定。一般追肥 1~2 次，追一次时，应在小喇叭口期以前，此时正值雌穗小穗分化初期，北疆中晚熟玉米此时展开叶 11 片，时间约在 6 月 20 日，结合灌第一水，开沟施肥。分两次追肥时，第二次在抽雄前。丰产田可进行第三次追肥，时间在乳熟初期。

兵团农二师 21 团场试验站在中上等土壤肥力地块上，不施基肥，亩施种肥 3 kg 三料磷的情况下，分别在拔节期、抽雄前、灌浆前每亩追施尿素 25 kg。试验结果表明，以拔节期追 15 kg、抽雄前 10 kg，产量最高，见表 9—6。

表 9—6　　　　玉米追肥时间和次数不同的增产效果

处理＼项目	出子率（%）	单株产子（g）	千粒重（g）	果穗长（cm）	产量（kg/亩）	为最高产量的百分比	位次
拔节期追 25 kg 尿素/亩	83.4	24.7	335	25.2	700.2	87.5	3
抽雄前追 25 kg 尿素/亩	84.1	279.0	343	24.6	755.5	93.2	2
灌浆前追 25 kg 尿素/亩	83.2	244.0	344	25.3	670.0	83.7	4
拔节期追 15 kg、抽雄前追 10 kg 尿素/亩	83.3	290.0	345	25.3	806.0	100	1
拔节期追 15 kg、灌浆前追 10 kg 尿素/亩	82.6	239.0	331	24.5	668.2	82.9	5

（品种：SC-704，1985）

玉米生产上采用的"三攻"追肥法：

1）攻秆肥。玉米定苗后至拔节期间所施用的追肥，称为攻秆肥。当幼苗发黄、茎秆细弱时，则应追施攻秆肥。攻秆肥的数量不宜过多，一般占总追肥量的 20%~30%。攻秆肥以速效性氮肥为主。

土壤底墒要足，施攻秆肥才能发挥肥效。如果土壤水分不足，应在追肥后立刻灌水，中耕松土，以提高肥料利用率。

2）攻穗肥。玉米抽雄前所施用的肥料称为攻穗肥。这时期正值玉米雌穗小花分化时期，是营养生长和生殖生长并进时期，需要的养分和水分最多，是决定果穗大小、粒数多少的重要时期。生产实践证明，不论是春玉米、夏玉米，不论是"瘦地"还是"肥地"，重施穗肥都能获得显著的增产效果。攻穗肥可以占总追肥量的60%~70%，其余的肥料可作为粒肥，或秆肥施用。

3）攻粒肥。玉米授粉前后所施用的肥料称为攻粒肥。这时期玉米已进入子粒形成期，此时对营养的吸收虽然比前阶段缓慢，但仍然需要吸收大量养分。如养分供应不足，后期往往脱肥早衰，造成秃顶、缺粒、粒重降低。追施粒肥可以延长果穗位以上叶片功能期，形成更多的有机物质运往果穗，减少秃顶，增加粒重。攻粒肥主要是氮肥，施肥量占总追肥量的10%。

4. 追肥原则和方法

追肥原则是肥料必须施在根系附近，埋于土中。试验证明，深施比浅施效果好，条施比撒施效果好。化肥一般可用施肥机将肥料施在玉米行侧10 cm处，深10 cm以上。液氨挥发损失严重，施用时应进行深施，深度不浅于10 cm。化肥可在灌水时随水冲入沟内，也可先将化肥撒入沟内立即灌水。施粒肥最好采用人工穴施，如劳力紧张，也可将肥料随水冲入沟内，或将肥料撒入沟内后立即灌水。

第四节 测土配方施肥

→ 了解玉米配方施肥的作业过程
→ 掌握玉米配方施肥技术并能实施

一、配方施肥

1. 概念

玉米配方施肥是根据玉米需肥规律、土壤供肥性能与肥料效应，根据本地区土壤普查和多点肥料试验结果，按照"缺什么、补什么，缺多少、补多少"的原则，科学、合理地运筹肥料种类、数量及施肥时期和方法，以实现优质、高产、低成本的施肥新技术。

配方施肥技术的核心是调节和解决玉米需肥与土壤供肥之间的矛盾。同时，有针对性地补充玉米所需的营养元素，玉米缺什么元素就补充什么元素，需要多少补多少，以实现各种养分平衡供应，满足玉米生长发育的需要。此外，还能达到提高肥料利用率和减少用量、提高玉米产量、改善玉米品质、节省劳力和成本、节本增效的目的。

2. 配方施肥的目的
（1）提高玉米的产量和品质。
（2）提高土壤肥力，用地养地结合。
（3）增加社会经济效益与生态效益。
（4）不污染土壤、水质和作物，有利于环保。

3. 配方施肥的原理

配方施肥是以养分归还（补偿）学说、最小养分律、同等重要律、不可代替律、肥料效应报酬递减律和因子综合作用律等为理论依据，以确定不同养分的施肥总量和配比为主要内容。为了充分发挥肥料的最大增产效益，施肥必须与选用良种、肥水管理、种植密度、耕作制度和气候变化等影响肥效的诸因素结合，以形成一套完整的施肥技术体系。

（1）养分归还（补偿）学说。玉米产量的形成有40%～80%的养分来自土壤，但不能把土壤看做一个取之不尽、用之不竭的"养分库"。为保证土壤有足够的养分供应容量和强度，保持土壤养分的输出与输入间的平衡，必须通过施肥这一措施来实现。依靠人为施肥，可以把被玉米吸收的养分"归还"土壤，确保土壤肥力不衰退。

（2）最小养分律。玉米生长发育需要吸收各种养分，但严重影响玉米生长、限制产量的是土壤中相对含量最小的养分因素（最小养分）。如果忽视最小养分，即使继续增加其他养分，玉米产量也难以再提高。经济合理的施肥方案，是将玉米所缺的各种养分同时按玉米所需比例相应提高。

（3）同等重要律。不论大量元素或微量元素，都是同样重要、缺一不可的。即使缺少某一种微量元素，尽管它的需要量很少，仍会影响玉米的某种生理功能而导致减产。例如，玉米缺锌，导致植株矮小。微量元素与大量元素同等重要，不可或缺，不能因为需要量少而忽略。

（4）不可替代律。玉米需要的各营养元素，相互之间不能替代。例如，磷不能用氮代替，钾不能用氮、磷配合代替。缺少什么营养元素，就必须施用含有该元素的肥料进行合理补充。

（5）报酬递减律。从一定土地上所得的作物产品报酬，随着向该土地投入的劳动和资本量的增大而有所增加，但达到一定水平后，随着投入的单位劳动力和资本量的增加，报酬的增加却在逐渐减少。当施肥量超过适量时，玉米产量与施肥量之间的关系就不再是曲线模式，而呈抛物线模式了，单位施肥量的增产会呈递减趋势。

（6）因子综合作用律。玉米产量高低是由影响玉米生长发育诸因子综合作用的结果，但其中必有一个起主导作用的限制因子，产量在一定程度上受该限制因子的制约。为了充分发挥肥料的增产作用，提高肥料的经济效益，一方面，施肥措施必须与其他农业技术措施密切配合，发挥生产体系的综合功能；另一方面，各种养分之间的配合施用，也是提高肥效不可忽视的问题。

4. 配方施肥的方法

基于田块的肥料配方设计，首先要确定氮、磷、钾养分的用量，然后确定相应的肥料组合，通过提供配方肥料或发放配肥通知单，推荐指导农民使用。肥料用量的确定方法主要包括养分平衡法、肥料效应函数法、土壤养分丰缺指标法和土壤与植株测试推荐施肥方法。

(1) 养分平衡法。根据玉米目标产量需肥量与土壤供肥量之差估算目标产量的施肥量，通过施肥补足土壤供应不足的那部分养分。施肥量的计算公式为：

施肥量（kg/亩）=（目标产量所需养分总量－土壤供肥量）/（肥料中养分含量×肥料当季利用率）

肥料利用率指施肥区作物体内该元素的吸收量减去无肥区作物体内该元素的吸收量占施用土壤中肥料养分总量的百分率，可用下式表达：

肥料利用率（%）=（施肥区作物体内该元素的吸收量－无肥区作物体内该元素的吸收量）/所施肥料中该元素的总量×100%

养分平衡法涉及目标产量、需肥量、土壤供肥量、肥料利用率和肥料中有效养分含量五大参数。目标产量确定后因土壤供肥量的确定方法不同，形成了地力差减法和土壤有效养分校正系数法两种方法。

地力差减法是根据作物目标产量与基础产量之差来计算施肥量的一种方法，其计算公式为：

施肥量（kg/亩）=（目标产量－基础产量）×单位经济产量养分吸收量/（肥料中养分含量×肥料当季利用率）

土壤有效养分校正系数法是通过测定土壤有效养分含量来计算施肥量。其计算公式为：

施肥量（kg/亩）=（作物单位产量养分吸收量×目标产量－土测值×0.15×有效养分校正系数）/（肥料中养分含量×肥料当季利用率）

肥料的有效性=肥料中养分含量×肥料当季利用率

(2) 肥料效应函数法。根据田间试验结果建立本地玉米的肥料效应函数，直接获得本地玉米的氮、磷、钾肥料的最佳施用量，为肥料配方和施肥推荐提供依据。

(3) 土壤养分丰缺指标法。通过土壤养分测试结果和田间肥效试验结果，建立本地玉米土壤养分测试结果指标，提供肥料配方。土壤养分丰缺指标是田间试验收获后计算产量，用缺素区产量占全肥区产量的比例，即相对产量的高低来表达土壤养分的丰缺情况。相对产量低于50%的土壤养分为极低，50%~75%的为低，76%~95%的为中，>95%的为高。对其他田块，通过土壤养分测定，就可以了解土壤养分的丰缺状况，提出相应的推荐施肥量。

(4) 土壤与植株测试推荐施肥方法。该技术综合了目标产量法、养分丰缺指标法和作物营养诊断法的优点，在综合考虑有机肥、前茬作物秸秆还田和管理措施的基础上，根据氮、磷、钾和中、微量元素的不同特征，采取不同的养分优化调控与管理策略。其中，氮素推荐根据土壤供氮状况和玉米需氮量，进行实时动态监测和精确调控，包括基肥和追肥的调控；磷、钾肥通过土壤测试和养分平衡进行监控；中、微量元素采取因缺补缺的矫正施肥策略。该技术包括氮素实时监控，磷、钾养分恒量监控和中、微量元素养分矫正施肥技术。

5. 配方施肥步骤

配方施肥技术包括田间试验、土壤测试、配方设计、校正试验、效果评估五个环节。

(1) 田间试验。田间试验是获得各种作物最佳施肥量、施肥时期、施肥方法的根本途径，也是筛选、验证土壤养分测试技术，建立施肥指标体系的基本环节。通过田间试验，可掌握各种施肥处理方法的玉米优化施肥量，基肥、追肥分配比例，施肥时期和施肥方法；摸清土壤养分校正系数、土壤供肥量、玉米需肥参数和肥料利用率等基本参数；构建玉米施肥模型，为施肥时期和肥料配方提供依据。

(2) 土壤测试。土壤测试是制定肥料配方的重要依据之一。随着种植业结构的不断调整，玉米高产品种不断涌现，施肥结构和数量发生了很大的变化，土壤养分库也发生了明显改变。通过开展土壤氮、磷、钾及中、微量元素测试，可了解土壤供肥能力状况。

(3) 配方设计。肥料配方设计是测土配方施肥工作的核心。通过总结田间试验、土壤养分数据等，划分不同地块施肥分区；同时，根据气候、地貌、土壤、耕作制度等相似性和差异性，结合专家系统经验，提出不同作物的施肥配方。

(4) 校正试验。为保证肥料配方的准确性，在每个平衡施肥点设置配方施肥、本地习惯施肥、空白施肥三种处理方法，以本地玉米主栽品种为研究对象，对比配方施肥的增产效果，校验施肥参数，验证并完善肥料配方，改进测土配方施肥技术参数。

(5) 效果评价。农民是测土配方施肥技术的最终执行者，也是最终受益者。检验测土配方施肥的实际效果，应及时获得农民的反馈信息，不断完善管理体系、技术体系和服务体系。同时，为科学地评价测土配方施肥的实际效果，必须对一定的区域进行动态调查。

6. 不同玉米种植平衡施肥的主要参数

由于不同地区玉米种植的气候、土壤条件及施肥技术不同，平衡施肥的各种参数也不同。

不同土壤的基础肥力不同，经济合理的施肥量和最高产量的施肥量也不同。

二、土壤取样方法

通过样品采集化验，可了解土壤中的养分丰缺、障碍因子存在情况及其原因，为合理施肥决策提供依据。因此，样品采集是否有代表性，决定测土配方施肥质量的好坏。

土壤样品采集分三个步骤，即采样前准备、采样和采样后样品处理。

1. 采样前准备

（1）普通测土配方施肥采样。无特殊要求，准备采样必需的工具，如铁铲、塑料布、塑料袋、标签纸即可。

（2）大面积测土配方施肥采样。应用本区采样资料，收集各级土壤图、常年生产情况、设计并印制调查内容表格等。收集资料，主要用于了解本区内土壤分布规律、农业生产发展现状，制订符合实际情况的采样计划，包括采样具体地点、采样线路、采样数量等。

2. 采样

（1）采样田块。先将采样地点的土壤类型、肥力等级相同区域，按 100~200 亩划分为一个采样单元。在采样单元内，选相对中心位置的典型地块为采样地块，面积 1~10 亩。

（2）采样时间。在玉米收获后或播种施肥前采集，一般在秋后。一些特殊要求根据目的而定，例如，了解玉米各生育时期肥力变化，在玉米收获后采样；了解土壤养分变化和玉米高产规律，在各生育时期定期采样；解决生产过程中所出现的问题则随时采样。

（3）采样深度。粮、油、糖、菜等作物根系主要分布在耕作层，应采取耕作层土样；耕作层和心土层区分不明显，采土深度 0~20 cm；果树、棉花、油菜、甜菜、玉米等根系分布较深的作物，采 0~40 cm；研究养分在土体中的分布规律，采用分层取样。

（4）采样点数。通常采集样品是少量的，而化验结果是要反映大面积土壤情况的，如果所采的样品没有代表性，即使化验再准确也无实用价值。因此，不能在采样地块中单一点采样，而必须多点采样、混合均匀。采样点数量，根据地形地貌、肥力均衡性和采样地块的大小而定。地形地貌较复杂的要多采些，肥力差异较大的地块相应要比肥力均匀的田块多一些，田块大的要比田块小的多一些。一般地块面积小于 10 亩，采 5~10 个点；10~40 亩，采 10~15 个点；大于 40 亩采 15 个点以上。部级试点的样品，不能少于 7 个点。

（5）采样点分布。原则是分布均匀，不能过于集中，要避开田边、路边、沟边、肥堆边和前茬作物施肥处等特殊部位。根据地块大小、地形地势、肥力均匀等因素来确定，分对角线、棋盘式和蛇形三种方法，各布点法适用情况见表 9—7，布点示意图如图 9—4 所示。

表9—7　　　　　　　　　　　采样点分布表

方法＼因素	地块大小	采样点数	地势	地形	肥力
对角线	小	少	平	端正	匀
棋盘式	中	较多	较平	较整齐	较匀
蛇形式	大	多	不平	不规则	不匀

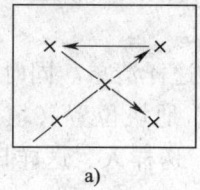 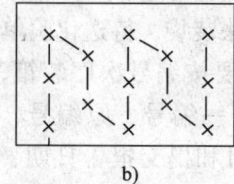 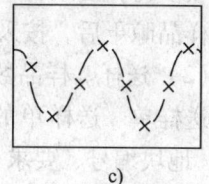

a)　　　　　　　　　　　b)　　　　　　　　　　　c)

图9—4　土壤采样法示意图

a）对角线采样法　b）棋盘式采样法　c）蛇形采样法

注：图中线条代表采样线路，×代表采样点。

（6）采样。每个采样点的取土深度及采样量应均匀一致，土样上层与下层的比例要相同，采样工具应垂直于地面入土，深度相同。采样时，选用小铁铲取土，先挖成一个与铲一样宽、与耕作层或取样要求深度相同深的土坑，将土坑一面铲成垂直面，然后从垂直一面铲取1~2 cm厚的土样。要特别注意的是，如测定微量元素的样品，必须用不锈钢或非金属取土工具采样。

（7）样品质量。样品最终质量要求0.5~1 kg。在采样过程中，采取的混合样一般都大于该质量，所以，要去掉部分样品，将所有采样点的样品摊在塑料布上，除去动植物残体、石砾等杂质，并将大块的样品破碎、混匀，摊成圆形，中间画十字分成四份，然后对角去掉两份，如图9—5所示。若样品还多，将样品再混合均匀，再反复进行四分法，直至样品最终质量为0.5~1 kg（试验用的样品2 kg）为止。

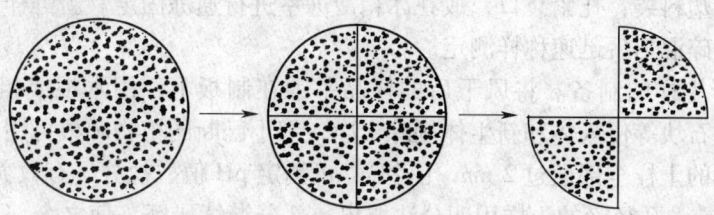

图9—5　土壤四分法示意图

（8）装袋。采集的样品放入统一的样品袋，用铅笔写好标签，内外各一张。标签内容包括编号、采样地点、采样深度、地块位置（部分测土配方施肥要求填经纬度）、农户、采样时间、采样人等。

(9) 相关内容调查了解。其目的是为正确地作出施肥决策提供参考，主要内容有耕地生产性能、历年施肥水平、历年采用品种、生理性病害、农田生态、成土条件、生产设施、作物长势等。

3. 样品处理

(1) 晾干。样品采集后，未能及时化验或未能送到化验室化验的样品，应及时摊开于塑料布上，在通风、干燥、避免阳光照射和不靠近肥料农药处自然晾干。需晾干的样品较多时，必须将一张标签纸放在样品中，另一张标签纸和样品袋用样品及塑料布压住。样品晾干后，按采样的装袋方法装袋，待送化验单位分析化验。

(2) 送样。样品数量较多时，要按编号次序装箱，内外附上送样清单。同时，填写好送样单。送样单的内容包括统一编号、原编号、采样地点、地块位置（填经纬度）、地块编号、要求分析化验项目和提交报告日期、送样单位、送样人、送样日期、通信联系方式等。

三、土壤养分测定

土壤养分测定是玉米配方施肥的重要环节，也是制定玉米肥料配方的重要依据。因此，土壤养分测定在玉米平衡施肥工作中起着极为重要的作用。土壤养分测定方法有：M3 土壤有效养分的测定（推荐方法）、ASI 土壤养分测定法、土壤养分常规分析方法和土壤养分速测四种方法。目前，新疆地区玉米配方施肥的土壤养分测定以常规方法为主。

玉米配方施肥对土壤养分的测定项目通常包括有机质、全氮、碱解氮、有效磷、速效钾等，同时，也有针对性地测定微量元素的有效态含量。

1. 样品制备

(1) 新鲜土样的制备。某些土壤成分，如低价铁、铵态氮、硝态氮等在风干过程中会发生显著变化，必须用新鲜样品进行分析。为了能真实反映土壤在田间自然状态下的某些理化性状，新鲜样品要及时送回室内进行处理和分析。如需要暂时储存时，可将新鲜样品装入塑料袋，扎紧袋口，放在冰箱冷冻室进行速冻固定。新鲜样品可先用粗玻璃棒将样品弄碎混匀后迅速称样测定。

(2) 风干土样的制备。将风干后的样品平铺在制板上，用木棍或粗玻璃棍碾压，将植物残体、石块等侵入体和新生体剔除干净，细小已断的植物须根可用静电吸引的方法清除。压碎的土样全部通过 2 mm 孔径筛，可测定 pH 值、盐分、有效养分等项目。

将通过 2 mm 孔径筛的土样用四分法取出一部分继续研磨，使之全部通过 0.25 mm 孔径筛，可测定有机质、全氮等项目。如测定矿物质成分等项目还需研磨，使之通过 0.149 mm 孔径筛。

2. 养分测定

(1) 土壤有机质的测定。土壤有机质直接影响土壤的保肥性、保墒性、缓冲性、适耕性、通气性和土壤温度。土壤有机质含量的高低代表土壤供肥潜力的大小及耕地的肥沃程度，是土壤肥力高低的重要指标之一。因此，在土壤常规分析中都要测定有机质的含量。

土壤有机质测定普遍使用的方法是油浴加热——重铬酸钾容量法。其特点是设备简单，操作简便快捷，再现率好，适用于大批量分析。

当土壤有机质含量小于 1% 时，平行测定结果的相差不得超过 0.05%；含量为 1%～4% 时，不得超过 0.10%；含量为 4%～7% 时，不得超过 0.30%；含量为 10% 时，不得超过 0.50%。

(2) 土壤全氮的测定。氮素是作物必需的重要元素之一。土壤氮素含量高低是土壤肥力的重要指标。土壤中氮素的总储量（即全氮）及其存在状态将影响作物的产量。测定土壤全氮含量，不但可以作为氮肥施用的重要参考，而且可以作为评价土壤肥沃程度的重要指标，并据此制定氮肥合理施用的有效技术措施。

在平衡施肥中，全氮的测定通常采用半微量凯氏法。

(3) 土壤碱解氮的测定。土壤碱解氮也称土壤有效氮，它包括无机的铵态氮、硝态氮和土壤有机氮中易被分解的部分氨基酸、酰胺、易水解的蛋白质等。土壤碱解氮含量与土壤有机质含量呈正相关。试验研究和生产实践表明，土壤碱解氮的含量可以反映出近期内土壤氮素的供应水平，对于合理施用氮肥具有重要的指导意义。

土壤碱解氮的测定通常采用的是碱解扩散法，适用于测定各种类型土壤的碱解氮含量。它不仅能测定土壤中氮的供应程度，也能看出氮的供应情况和释放效率，是一种比较理想的方法。

(4) 土壤有效磷的测定。土壤有效磷也称土壤速效磷，它包括水溶性磷和弱酸溶性磷。土壤有效磷的测定采用碳酸氢钠——钼锑抗比色法（也称 Olsen 法），适用于对石灰性土壤及中性土壤的测定，即用 0.50 mol/L 碳酸氢钠溶液浸提土壤有效磷。碳酸氢钠可以抑制溶液中 Ca^{2+} 的活性，使某些活性较大的磷酸钙盐被浸提出来，同时也可使活性磷酸铁、磷酸铝盐水解而被浸出，浸出液中的磷不致次生沉淀，并可用钼锑抗比色法定量。

(5) 土壤速效钾的测定。常用乙酸铵提取、火焰光度法测定，即以中性的 1 mol/L 乙酸铵溶液为浸提剂，NH_4^+ 与土壤胶体表面的 K^+ 进行交换，连同水溶性钾一起进入溶液。浸出液中的钾可直接用火焰光度计进行测定。

3. 土壤养分分级指标

西北内陆玉米种植区土壤较瘠薄，养分含量低，土壤养分分级指标与其他地区有所不同。新疆石河子垦区的科技人员经过多年的取样分析，提出了该玉米种植区的土壤养分分级指标（见表 9—8），可供其他玉米种植区参考。

第二部分　农艺工——玉米种植（中级）

表9—8　　　　　　　石河子玉米种植区土壤养分分级指标

养分＼级别	极低	低	中	高
有机质（g/kg）	<7	7～12	12～20	>20
碱解氮（mg/kg）	<30	30～60	60～90	>90
速效磷（mg/kg）	<8	8～15	15～30	>30
速效钾（mg/kg）	<100	100～180	180～320	>320
肥料反应	极显著	显著	较显著	不显示

四、随水施肥

随水施肥就是将肥料溶入灌溉水并随同灌溉（滴灌、渗灌等）水施入田间或作物根区的过程。滴灌随水施肥，是根据作物生长各阶段对养分的需求和土壤养分的供给状况，准确地将肥料补加和均匀施在作物根系附近，并使根系直接吸收利用的一种施肥方法。

滴灌随水施肥技术是近几年随着滴灌技术的应用刚发展起来的一种综合性栽培技术，同类技术有日本的"滴灌养液土耕栽培"或"养液土耕"、以色列的"滴灌同时施肥栽培法"等。滴灌随水施肥技术，是利用滴灌设施最低限度地供给玉米需要的养分、水分，使其限定在玉米根域25 cm左右，并能随意控制水分、肥料，满足玉米生长需要。

在玉米的不同生育阶段，将所需的不同养分配比的肥料和水，分多次小量供给，肥、水均匀地浸润地面25 cm左右，使玉米根系发达。也可根据玉米需要，使、水浸润更深、更广。滴灌的肥、水利用重力和毛细管现象，向玉米根部的下方及外侧浸润，在玉米根系周围形成圆锥形湿润带，持续供给玉米生长所需的水和养分。

1. 随水施肥的特点

传统的施肥体系方式多凭感觉和经验确定施肥种类和施肥量，难以做到适时、适量，一般情况下容易造成超量施肥，产生的盐积累难以根治，或肥水不足而难以保证作物正常生长需要。采用滴灌随水施肥技术，除使用有机肥外，不需要使用其他化肥作基肥，完全通过随水施肥方式为作物施肥，维持理想的土壤水分、通透性，克服了传统灌溉方法造成的农田过湿、缺氧、烂根或干燥、盐积累等缺点。

滴灌随水施肥是将通过营养诊断和测土施肥技术所确定的肥料溶于灌溉水中，通过滴灌带将其送到作物根系区域的施肥技术。它能适时、适量地供给作物肥料、水分，减少盲目性。对作物仅供给必要的水、肥，既保证了作物稳定生长，又节约了大量的肥料和水，这样能避免因养分积累造成生长障碍和连作障碍。此外，滴灌随水施肥还能减少肥水流失，降低生产成本，防止环境污染，形成可持续的环保生产体系。

滴灌随水施肥可保证土壤中肥、水适度的纵向和横向扩展，使土壤中、水含量均衡，维持理想的根围环境，使须根发达，减少根系压力，容易控制作物生长，增加产量，并节省了追肥所需机械、人力，提高肥料利用率和肥效，实现节本增效的目的。

2. 玉米田随水施肥时养分在土壤中的分布

实际测定结果表明，苗期随水滴灌的氮素，主要集中在 10~20 cm 的土层，最大分布深度 60 cm。在中后期滴施的氮素中，NO_3^- 主要分布在 10~20 cm 的土层，分布半径 30 cm；NH_4^+ 主要分布在 0~10 cm 的土层，分布半径为 15 cm。随水滴灌的磷肥，则主要集中在 0~10 cm 的土层，分布半径也仅 10 cm。

3. 滴灌专用肥的特点

新疆地区土壤多呈碱性，因此，随水施肥所用的肥料主要是滴灌专用肥。

（1）滴灌专用肥为酸性肥料，其 pH 值 <6.0，可减少水及土壤中碱性物质对肥效的影响。

（2）滴灌专用肥可与各种中、酸性农药、植物生长调节剂混用。

（3）滴灌专用肥水溶性好（≥99.5%），各营养元素间无颉颃现象，含杂质及有害离子（如钙、镁等）少，不易造成滴头堵塞而使农田肥水不均及肥效降低。

（4）滴灌专用肥养分分配比例根据作物营养诊断和测土配方结果进行灵活调整，并可根据需要添加中、微量元素，为作物供给全价营养。

单元测试题

1. 氮、磷、钾肥料三要素施用与玉米增产有何重要关联度？
2. 土壤类型有哪些？各有什么特点？
3. 科学合理施用各种营养元素的增产作用，在玉米不同生育时期如何配合？优质高产的施肥技术有哪些？可结合当地生产实际回答。
4. 总体上归纳玉米一生的施肥技术有哪些方面？新疆地区玉米大面积创高产的经验何在？
5. 测土配方施肥特点和目的有哪些？应用技术流程包括哪些部分？必须把握的重点何在？

第10单元

灌　　溉

- 第一节　玉米的需水规律 /163
- 第二节　干旱与涝害诊断 /167

第一节 玉米的需水规律

→ 了解玉米对水分的吸收情况
→ 掌握玉米的需水规律
→ 能够对玉米田合理灌溉

一、玉米的需水量

需水量也称耗水量，是指玉米在一生中株间土壤蒸发和植株叶面蒸腾所消耗的水分总量。玉米是用水比较多的作物之一，各生育阶段的蒸腾系数在 250～500 之间。因为玉米植株比较高大，一生制造的干物质比较多，而且生育期多处于高温季节，所以绝对耗水量很大。玉米全生育期需水量受产量水平、品种特性、栽培条件、气候等诸多因素的影响。

1. 产量水平与需水量

试验证明，在一定范围内玉米的需水量随着子粒产量水平的提高而逐渐增多。但产量增加到一定程度后，耗水量增长的比值逐渐减少。表现为玉米对水分的利用效率随产量的提高而提高，产量越高用水越经济。一般每生产 1 kg 子粒约耗水 $0.6\ m^3$。

2. 品种与需水量

玉米需水量受品种影响。品种不同，其生育期、植株大小、单株生产力、吸肥耗水能力、抗旱性等均有差异，其耗水量也不同。即使在同一产量水平，对水分消耗也不同。生育期长的晚熟品种，一般植株高大、叶数多、叶面积大，因而叶面蒸腾量大、株间蒸发和叶面蒸腾持续期相对加长，耗水量也较大。反之，生育期短的早熟品种耗水量则较小。此外，抗旱性强的品种，叶片蒸腾速率低于一般品种，消耗的水分也比不耐旱的品种要少。

3. 栽培措施与需水量

施肥、灌水、密度和田间管理等栽培措施都是影响玉米需水量的因素。在相同生态条件下，增加施肥量可促进植株根、茎、叶等营养器官生长，不仅增强了根系对深层土壤水分的吸收，同时也增加了蒸腾面积和植株蒸腾作用，从而使耗水量增加。灌水次数越多，每次灌水量越大，玉米实际的耗水量越高。如果灌水方法不科学，更会加大玉米耗水量，降低水分利用效率。在一定范围内，随密度增加会因群体叶面积和蒸腾量的相应增多，使总耗水量有加大的趋势。中耕可以切断土壤毛细管，避免下层土壤水分向空间蒸发。地面加盖覆盖物，如地膜、秸秆等，可减少土壤水分蒸发，从而降低玉米总耗水量。

4. 土壤条件与需水量

土壤质地不同，保水能力强弱有差别。一般沙性或黏性土都会使耗水量增加，而壤土的保肥、保水能力强，在同样条件下比沙土和黏土耗水量少。另外，土壤水分状况对玉米需水量也有影响。一般土壤含水率越高，玉米叶片蒸腾和株间蒸发越大，耗水量也相应增多。

5. 气候条件与需水量

凡能影响玉米株间蒸发和叶面蒸腾的气候条件，均可使玉米需水量发生变化。一般在相同栽培条件下，玉米生育期内气温高、空气相对湿度小、光照强度大、日照时数长、风力大等气象因素综合作用的结果，均会导致地面蒸发和叶面蒸腾作用增强，总耗水量增多。

二、玉米的需水规律

玉米不同生育时期，由于其植株大小、田间覆盖状况的不同、叶面蒸腾和株间蒸发量的变化，对水分的需求也不同。春玉米一生中其需水量和需水强度均呈现两头小、中间大的规律。

1. 播种出苗期

春玉米从播种发芽到出苗需水量少，约占总需水量的 3.1%~6.1%。如果此时土壤田间持水量达 70% 即可保证全苗；过少则易造成出苗率下降。

2. 幼苗期

春玉米从出苗到拔节的幼苗期间，由于气温较低，植株矮小，生长缓慢，需水量少，约占全生育期需水量的 20% 左右。

3. 拔节孕穗期

春玉米拔节后进入旺盛生长阶段，茎、叶增长量大，雌雄穗分化形成，是春玉米营养生长与生殖生长并进时期。尤其是抽雄前半个月左右的大喇叭口期，此时雄穗已分化形成，进入四分体期，雌穗正加速小穗、小花分化，对水分要求更高。此时如水分不足，就会引起小穗、小花数目减少，穗粒数下降。同时还会造成"卡脖子旱"，延迟抽雄和授粉，降低结实率而严重地影响产量。此期需水量约占总需水量的 30%~40%。

4. 抽雄开花期

此时春玉米对土壤水分十分敏感，对水分要求达到一生中的最高峰，称为春玉米需水"临界期"。此时如果水分不足，气温升高，空气干燥，抽雄后两三天内就会"晒花"，或雄穗抽不出，或抽雄延迟，造成严重减产。此时需水量占总需水量比率并不高，但日耗水强度却最高，此时以保持田间持水量的 80% 为好。

5. 灌浆成熟期

此时仍需要相当多的水分才能满足春玉米灌浆要求。这期间是产量形成的重要阶段，需要有充足的水分作溶媒，把光合产物由茎叶运送到子粒中去。这时期的需水量约占总需水量的 20%~30%。

三、玉米灌溉的指标

1. 土壤水分指标

根据研究，春玉米不同生育时期维持正常的生长发育，土壤水分必须达到最大田间持水量的以下指标：出苗到拔节，65%~70%；拔节到抽雄，70%~75%；抽雄到开花末期，75%~80%；灌浆期，70%~75%。当土壤水降到下限值时应进行灌溉。

2. 植株形态指标

当土壤水分不能满足春玉米蒸腾消耗的生理需水时，晴天中午春玉米上下部叶片出现萎蔫现象，但夜间又恢复正常，这种萎蔫现象叫做"暂时萎蔫"。这就是需要灌水的生理指标，要立即进行灌溉。如夜间不能恢复称"永久萎蔫"，这时再灌水为时已晚。

3. 生理指标

（1）叶片膨压。叶片相对膨压是生产上采用较多的测定植株水分盈亏的指标。植株缺水，叶水势降低，相对膨压相应降低。研究认为，玉米在水分临界期前后，植株从上向下第 5 片叶相对膨压为 95% 时，表示供水适宜；膨压低于 85% 时，表示轻度缺水；膨压为 75% 时，表示严重缺水。

（2）叶片水势。叶片水势在供水不足时变小，干旱越重，叶片水势越小。玉米需水临界期前后，在晴天上午 7—9 时，若叶片水势降至 $-0.7~-0.8$ MPa 时，应立即进行灌溉。当叶片水势为 -1.0 MPa 时，叶片出现暂时性萎蔫；叶片水势在 -1.5 MPa 时，叶片出现永久性萎蔫；叶片水势在 -2.4 MPa 时，可能造成植株死亡。

四、玉米的灌溉技术

1. 灌水时期及灌水量

新疆北疆及北方春玉米中晚熟区，一般玉米一生灌水 4~5 次。

（1）播前灌水。又称底墒水或蓄水灌溉。实践证明，适宜的土壤水分不但能保证玉米适时播种出全苗，也为幼苗苗壮生长创造条件。春玉米播前灌水宜冬灌，确因受各种条件限制不能冬灌时才进行春灌。冬灌比春灌增产 10% 左右，灌水量 600~750 m^3/hm^2。

（2）大喇叭期灌水。此时雌穗进入小花分化期，进入玉米需水临界期的开始，对水分要求增多，结合追施攻穗肥灌孕穗水，可防止"卡脖子旱"，增强叶片的光合作用，促使气生根的发生，减少小花退化，缩短雌雄花的抽出间隔时间，利于授粉结实。

灌水量 600~750 m³/hm²。

（3）抽穗开花期灌水。抽穗开花正值盛暑，日照长，气温高，叶片蒸腾最强，耗水强度最大，是玉米需水临界期，结合补施粒肥适时灌水，增加行间湿度，提高花粉生活力，利于良好地授粉，提高结实率，增加光合作用强度，使更多养分向果穗中转移。灌水量 750~900 m³/hm²。研究表明，如开花期干旱不及时灌水，会大幅度减产。

（4）灌浆期灌水。玉米开花授粉后进入子粒形成和灌浆阶段，为使光合产物顺利向子粒中运输，减少子粒败育，提高粒重，要适时灌水，以防止叶片早衰，延长叶片功能期，提高光合强度。灌水量 600~750 m³/hm²。如此时雨水可满足玉米生育要求，也可不灌水。

2. 灌溉技术

（1）沟灌技术。玉米为高秆作物，种植行距较宽，采用沟灌简单方便。沟灌除了省水外，还能较好保持耕层土壤团粒结构，改善土壤通气状况，促进根系发育，增强抗倒能力。沟灌一般沟长可取 50~100 m，沟与沟间距为 80 cm 左右，入沟流量以每秒 2~3 m 为宜，流量过大过小，都会造成浪费；隔沟灌可进一步提高节水效果，可结合玉米宽窄行距采用隔沟灌水，即在宽行开沟灌水。每亩每次灌水定额仅为 20~30 m³。这种方法既省工又省水。

（2）滴灌技术。滴灌是利用一种低压管道系统，将灌溉水分布在田间地面上的每一个滴头，以点滴状态缓慢地、经常不断地浸润玉米根部的灌溉过程。它的主要特点是能湿润玉米根部耕层土壤，避免因渗漏、株间蒸发、地面径流等损失，比一般喷灌节水 30% 以上。滴灌的水滴对土壤的冲击力小，不易破坏土壤结构，能使根系一直处在比较适宜的土壤环境中，有利于生长发育。滴灌也存在一次性投资大、管道和滴头易堵塞等缺点。

（3）喷灌技术。喷灌是用一定的压力将水经过田间的管道和喷头喷向空中，使水经拨打后散成细小的水珠，像降雨一样均匀地喷洒在植株和地面上的灌溉方法。它是一种比较先进的灌溉技术。其优点：首先是节约用水，喷灌基本上不产生深层渗漏和地面径流，而且灌水比较均匀。一般可节水 30%~50%。在透水性强、保水力差的沙质土壤地区，可节水 70%~80%。其次，喷灌可以改善玉米生长发育的条件，喷灌每次灌水量较小，不易破坏土壤的结构，使玉米根系生长有一个良好的土壤环境。喷灌可增加空气湿度，降低气温，能有效防止"晒花"现象的发生。另外，在水温低于气温时，喷灌还可将水在空气中加温，从而增加地温，有利于玉米的生长发育。每次喷水量以 30~40 m³/亩为宜，低产田喷的次数可少些，高产田可多些。喷灌的不足之处是设备投资高，风力大于 3 级时会影响喷灌质量。

第二节 干旱与涝害诊断

培训目标
→ 掌握玉米受旱缺水的土壤指标和形态指标
→ 正确了解玉米各生育时期缺水受旱的指标

一、干旱诊断

1. 土壤指标

在生产中，人们往往根据土壤湿度来决定灌溉时期，即根据土壤含水量来确定是否要灌溉，这是一个比较简便的参考指标。一般作物生长较好的土壤含水量为田间持水量的60%～80%。例如，团粒结构良好的粉沙壤土的田间持水量为70%左右，适合植物生长的这种土壤的含水量应为12%～16%。土壤含水量指标的数值因不同作物、生长阶段和土壤条件等因素而异。

在考虑土壤水分的情况下，还应考虑灌溉的对象——农作物的情况，这样才能根据作物本身的变化来确定灌溉的适宜时期。

2. 玉米形态指标

人们在长期的生产实践中，总结出作物缺水时茎叶的形态发生变化的经验。

（1）幼嫩的茎叶易发生卷曲是由于土壤水分供应不上，水分亏缺所造成的。

（2）茎叶颜色转为暗绿可能是由于缺水、细胞生长缓慢、叶绿素浓度相对增加所致。

（3）植株生长速度下降是由于缺水影响植株的各种内部代谢，从而使生长缓慢。

（4）对于大田玉米，苗期干旱胁迫对玉米株高有明显的影响，苗期阶段根系分布较浅，植株对干旱敏感，株间对水分的竞争导致壮弱苗两极分化明显。

灌溉的形态指标易观察，可以不用仪器设备。但是，当作物出现上述形态变化时，往往缺水情况就已经比较严重，此时才进行灌溉就晚了。因此，形态指标的观察应及时，在出现轻微的形态变化时就应采取措施。由于形态指标没有一定量的要求，所以，要经过不断实践、总结经验，用不同作物比较敏感的形态变化来判断。

二、涝害诊断

玉米是一种需水量大又不耐涝的作物，土壤湿度超过田间持水量的80%时，植株的生长发育受到影响，尤其是幼苗表现明显。玉米生长后期，在高温多雨条件下，根系常因缺氧而窒息死亡，导致生活力迅速衰减，植株未熟先枯，对产量影响大，长期受涝减产严重。

1. 芽涝对玉米出苗及苗期生长的影响

播种至三叶期是玉米一生中对涝害最敏感的时期,其中尤以播种后 2~3 天受涝的危害最大,严重影响玉米的出苗率。陈国平研究证明,芽涝影响出苗率的程度与温度有密切关系。不论哪一时期淹水,时间多长,高温能显著降低受涝玉米的出苗率。

播种到出苗期淹水造成严重的缺苗,对长大的幼苗生长也有明显影响。芽涝对生长发育不利影响的程度:叶面积>根系面积>单株干重>株高>展开叶数。

玉米苗期需要水分较少,0~30 cm 的土层中田间持水量以 60%~70% 为宜,低于 40% 或高于 80%,对玉米生长均不利。在苗期发生涝害的情况下,根系是受害最严重的、最早的器官。受涝幼苗根系在形态上发生明显变化,首先是所有根系都变短,几乎不长分支和根毛,根系内部形成发达气腔。其次,许多根系一反其向地生长的习性,根尖露出地面,产生翻根。地面植株上部器官受影响较小,株高、叶面积和干物重略有下降。

2. 玉米不同生育时期对涝害的反应

(1) 玉米不同生育时期涝害对根系发育的影响。玉米苗期淹水有促进上位次生根提早产生的作用,当淹水两天时,不定根开始形成。不定根开始发生时,首先是几个中柱鞘细胞质变浓,并进行平周分裂,分裂后的细胞形成不定根突起,成为不定根。

(2) 玉米不同生育时期涝害对地上部分的影响。玉米三叶期至乳熟期淹水超过 3 天,叶片颜色明显变淡,植株基部叶片枯黄。淹水使玉米株高降低,叶片数减少,光合有效叶面积缩小,新发叶产生慢,同时叶窄而薄,如淹水时间过长,使下部叶片变黄,并逐渐死亡。研究观察结果显示,三叶、拔节和雌穗小花分化期淹水 6 天后,出叶速度分别降低 38.1%、55.0% 和 15.4%;株高增长分别减低 42.9%、53.5% 和 24.9%;单株叶面积缩减 16.6%、26.6% 和 2.5%。

(3) 玉米不同生育时期涝害对产量和产量构成因素的影响。玉米开花前对涝害反应较为敏感。三叶期、拔节期淹水单株产量明显降低,而小花分化期淹水减产显著,但产量略高于三叶期和拔节期淹水植株产量。而开花期和乳熟期淹水对产量没有显著影响。

三叶期涝害影响产量主要在于影响千粒重,四、六叶期淹水将显著减少每穗行数和每行粒数,而八叶期涝害则主要由于营养生长和生殖生长受到影响而导致每株粒数减少,乳熟期淹水将降低子粒中蛋白质含量。

单元测试题

1. 玉米一生的水分需求特点有哪些表现?
2. 如何正确确定玉米全生育期的灌溉制度,以达到早熟优质高产?

第 11 单元

调 控

□ 第一节 调控基础 /170
□ 第二节 调控方式 /172

第一节 调控基础

→ 理解系统调控的意义
→ 掌握多种调控途径

一、调控概念

调控是一个技术体系,即以生物调控技术为基础,以肥水调控和化学调控为主体技术,有机地结合其他调控技术,适时、适量调控玉米的个体和群体,使其按照人们预期的方向和程度发展。对玉米个体生长发育和群体发展进行的综合调控,贯穿于玉米栽培管理的始终,这是玉米栽培中的主体技术。

二、调控原则

要做到"适时、适度",就要坚持看苗调控,即根据苗情的旺、壮、弱及发展趋势,确定调控的方法、调控时间及调控强度,使调控恰到好处。要做到有效、简便、低耗,就要熟悉各种调控技术的特点,对症下药,并尽可能选用方法简便、不增加或少增加成本、一技多效的调控技术。

三、调控途径

1. 直接调控

直接调控是指调控效应直接影响植物体的内因,并通过内因影响作物群体的大小。

(1) 调节植物体内激素的平衡关系。主要是通过施用植物激素及其人工合成产品(如赤霉素、矮壮素、乙烯利、缩节胺、玉米健壮素、壮丰安等)来促进或抑制细胞的生长,或调节植物体内有机营养的分配方向,进而促进或抑制植物体的生长发育和群体的发展。

(2) 直接调节植物体内的营养水平。例如,通过施用叶面肥来补充植物体内矿质元素,调节各种元素的平衡关系。

(3) 选用适宜的植物遗传基因型。例如,根据土壤肥力选择适宜的品种,通过品种的不同生长类型(紧凑型或半紧凑型),来调节不同玉米个体发育和群体发展的速度和规模。

2. 间接调控

间接调控是将调控技术实施于栽培环境因素，通过改变外在环境因素来间接调控个体生长和群体发展。它包括：

（1）通过调节土壤温度，调控玉米个体与群体。常用的技术有覆盖地膜、中耕松土等。

（2）通过调节土壤养分和水分来调控玉米个体与群体，最有效的技术是施肥和灌水，其次还有水前揭膜、中耕散墒等。

（3）通过调节群体内的生态环境，实现对玉米群体的调控。例如，高温干旱季节通过地面灌或喷灌，提高群体内田间小气候湿度，降低作物群体内的温度来提高授粉受精的结穗率；通过人工辅助授粉来提高群体植株全面授粉的概率等。

四、调控对象

玉米群体是由若干个体组成的，但不是个体的简单相加。一方面，群体以个体为基础，个体的生长发育决定着群体的数量和质量以及群体内的微生态环境；另一方面，玉米群体及其内部环境又反过来影响个体的生长发育。因此，玉米调控的对象既包括个体，也包括群体。

1. 对个体的调控

对个体的调控就是对玉米的生长发育的调控。玉米的生长发育包括营养器官的分化与生长和生殖器官的分化与发育。因此，对玉米个体的调控，也就是对玉米各个器官（根、茎、叶、雄穗、果穗、子粒）分化、生长、发育和成熟或枯黄的调控。例如，通过剪掉下部的老叶控制个体的主茎叶片数量，利于全田群体的通风透气，防止病虫害的发生，同时促进棒三叶的生长，增加果穗的养分供给。

2. 对群体的调控

对群体的调控就是对群体数量、质量、时空分布及其动态的调控，使群体内微生态环境得到相应的改善。例如，对旺苗田推迟灌头水，就是通过肥水来调节群体的叶面积指数，改善群体内的通透性；后期通过合理控制肥水，促进灌浆成熟，防止贪青晚熟。

3. 调控的器官、时期和部位

（1）调控的器官。调控的器官是叶片（即叶面积），因为叶面积是群体组成及对群体生态影响最大的因素，调控好叶片就调控好了群体。

（2）调控的时期。调控的时期是在欲控叶片面积快速增长期前。叶片的快速增长期是决定该叶面积大小的主要时期。只要采用调控技术的效应期与该叶片快速增长期同步，就能有效地控制该叶片的面积。对已长成的叶片起不到调控作用。

（3）调控的部位。影响群体生态的叶片主要是群体中下部和伸向大行的叶片。这两个部位的叶片是受光最多，也是影响下部通风透光的关键部位。只要把这两个部位的叶面积调控好，就能有效地改善群体中、下部的温、光、气、湿等生态条件，提高群体的光合生产率。

第二节 调控方式

→ 掌握多种调控手段，明确不同阶段应用目的
→ 能够灵活应用调控手段对玉米进行有效调控

作物的群体结构是一个从出苗到收获全过程的动态结构，因此，对玉米群体结构的调控技术是贯穿于玉米一生的重要技术。它是以合理密植为基础，以玉米的自动调节能力和相对环境反应能力为依据，通过人为的管理措施，使玉米的群体结构始终处于合理指标范围内，从而实现高产、优质、高效目的的基本技术。

一、生物调控

生物调控技术是利用玉米的遗传基因效应和玉米的自动调节特点调控玉米群体大小的发展速度及其空间分布。按照当地光热资源、品种特性、土壤肥力及计划投入的水肥条件等，确定选用的品种、种植方式、株行距配置、留苗密度，使玉米从出苗开始，就处于合理的指标范围内。生物调控是人为调控群体结构的基础，若这一调控措施失误，则会使以后的调控十分被动。常用的生物调控技术有品种、密度、种植方式等。

1. 品种类型

主要是利用品种遗传基因所控制的生长发育特性（如早发、后期不早衰等）、株型（如松散或紧凑、果穗位高低等）、叶形叶姿（如叶片大小、伸展角度、叶片形态等）等来调控群体。例如，利用紧凑型品种通过密植增加群体规模；利用早发型品种来加快生育前期群体发展速度，提高群体光合生产力；利用上举叶姿来调节叶面积的空间分布等。

2. 留苗密度

土壤肥力和栽培管理水平是利用密度进行调控的依据。土壤肥力较高或肥水条件较好的地块的玉米生长快，群体发展也快。较低的密度有利于促进个体发育而减慢群体发展速度，从而推迟个体与群体矛盾激化的时期。相反，肥力低的玉米田则可通过适当密植加快群体发展速度来弥补个体生长量小的不足。

3. 株行配置

玉米的自动调节能力是利用种植方式进行调控的依据。玉米种植方式常用的有等行距和宽窄行两种。等行距种植方式，一般行距 60～70 cm，植株地上部和地下部在田间分布均匀，便于机械化操作。在高水肥和密度加大的条件下，行间荫蔽，光照条件差。宽窄行种植方式，一般宽行 85 cm，窄行 55 cm。改善了后期行间光照条件，充分发挥边行优势，使棒三叶处于良好的光照条件下，有利高产。等行距种植方式的前期个体发育好，群体封行晚，但封行后，群体没有调节余地。这种方式用于土壤肥力较低的玉米田，有利于促进个体生长，群体光能利用较好。宽窄行种植方式的窄行封行早，但宽行封行晚，可推迟玉米地总的封行时间。

二、肥水调控

1. 施肥

肥水调控是玉米栽培中最通用、使用广泛、效果好的调控技术。它是通过施肥和灌水来对玉米个体和群体进行全面调控的。具体做法是：旺苗玉米田少追或不追肥，或少施氮肥，多施磷、钾肥，推迟灌水或减少灌次。弱苗增施肥料，加强田管，提早灌水，促进生长。

矿质营养是玉米生长发育必不可少的条件，肥料的品种、数量、施用方法和施用时期等，都对玉米植株生长和群体发展有显著影响。运用施肥调控的时段长（从播种前到穗粒期），调控幅度大（肥料数量变幅大），施用的农资多（有机肥与无机肥、大量元素与微量元素）、施法多样灵活（基施、追施、随灌水液施、叶面追施等），调控效果好。该类方法强度大，尤其是追施化肥后，可看到叶色、叶面积及株高的显著变化。

2. 灌水

在北方许多干旱农业区，灌水既是满足玉米需水的主要手段，也是给玉米根系溶解和输送养分的重要方式。它通过改变土壤的供水、供肥状况和群体内的小气候对作物群体起到关键性的调控作用。

三、化学调控

化学调控是一种调控强度大、见效快的调控技术。主要是通过施用化学物质（主要是激素及其人工合成植物生长调节剂），直接影响玉米体内的激素平衡关系，从而实现对植株生长速度的调控。化学调控的主要特点是调控速度快、强度大、用量小、效果好，因而受到农民群众的欢迎。

常用的剂型有对生长发育起促进作用的各种微肥、生长素类和起控制作用的矮壮素、乙烯利、缩节胺、玉米健壮素、壮丰安等。乙烯利与玉米健壮素常用于各种高产玉米塑造理想株型和用于旺长玉米群体控制植株徒长，改善群体通风透光状况，促进生殖、穗粒生长，抗倒伏等。

1. 生长促进剂

赤霉素、生长素具有促进细胞伸长，使玉米生长速度加快的作用，对苗期的僵苗促长有明显效果。玉米健壮素、乙烯利复配剂也是玉米控旺防倒的常见产品之一，江苏淮阴地区和中国农业大学研究资料显示，玉米健壮素大面积推广应用的解决途径是，加入适量的春雨1号（复硝酚钠原粉），调节时间可以提前，剂量略减，浓度范围可调节，副作用消失，控旺增产效果优异。目前，生产应用中还存在一些问题：使用时间早了，对果穗发育影响大；使用晚了，群体植株高大，不易操作，控旺效果不明显，也不能与其他农药（有机磷）混用，浓度范围较窄。

2. 生长抑制剂

这类药剂对玉米生长起抑制作用，能够降低玉米穗高和穗粒，增加基部茎秆粗度，促进气生根的发生和伸长，促进根系向下发展，使叶片变小、叶色加深，改善玉米通风透光条件，提高光合速率，是目前应用最广泛的化学调控药剂。其用量范围变化幅度较大，使用的时段长、方法灵活，效果好而见效快。矮壮素、缩节胺等植物生长调节剂药效快、抑制作用强，若使用不当，会适得其反。因此，必须准确判断不同作物在不同时期苗情的旺、壮、弱，正确把握施药时期及剂量，实行看苗化控，做到化控、水控、肥控相结合，要防止一刀切。

3. 植物生长调节剂使用方法

植物生长调节剂是一种与植物激素相类似的具有生理和生物学效应作用的物质，已被广泛应用在农业生产中。具有调控植物生长和发育功能的物质有生长素、赤霉素、细胞分裂素、脱落酸、油菜素内酯等，其作用和特点是效果显著。植物生长调节剂适用于大田作物、蔬菜、果树、花卉、林木、海带、紫菜、食用菌等，可增强作物的抗逆能力，提高作物的产量和农产品品质。它们有以下几种使用方法：

（1）拌种。拌种法和种衣法主要用于种子处理。用杀菌剂、杀虫剂、微肥等处理种子时，可适当添加植物生长调节剂。拌种法是将药剂与种子混合拌匀，使种子外表沾上药剂，如用喷雾器将药剂喷洒在种子上，搅拌均匀后播种。

（2）作种衣。作种衣是用专用型种衣剂，将其包裹在种子外面，形成有一定厚度的薄膜，除可促进种子萌发外，还可达到防治病虫害、增加矿物质营养、调节植株生长的效果。

（3）浸泡法。常用于促进插穗生根、种子处理、催熟果实、储藏保鲜等。

（4）溶液喷洒。按需要配制成相应浓度喷洒植株，喷洒时要求液滴细小、均匀，以喷洒部位湿润为度。为了使药剂易于黏附在植株及叶片表面，可在药剂中加入少许乳化剂，如中性洗衣粉或表面活性剂及其他辅助剂，以增加药剂的附着力。

（5）涂抹法。用羊毛脂处理时，将含有药剂的羊毛脂直接涂抹在处理部位，大多涂在伤口处，有利于促进生根，还可涂芽。

（6）土壤浇灌。将植物生长调节剂配成水溶液，直接灌在土壤中或与肥料等混合施用，使根部充分吸收。

四、物理调控

1. 农艺耕作调控

玉米生育期间的土壤耕作具有疏松土壤、提高地温、散墒或保墒等作用，达到跑表墒、保底墒的目的。因此，它可以通过调节土壤的温度和墒情来调控玉米的生长发育。苗期进行中耕可以提高地温并促进玉米幼苗早发；拔节前进行深中耕，通过断根、散墒可以抑制旺苗生长；灌水后适时中耕，可以通过切断毛细管，减少土壤水分蒸发，保证玉米稳健生长。

（1）播前耕作。通过播前耕作，使土壤保持适宜的水、肥、气、热状态，为玉米出苗、壮苗早发和根系生长创造良好的土壤环境。

（2）生育期中耕。它是通过疏松土壤，散墒提温，促苗生长；同时，通过切断部分根系对玉米生长起到短期的抑制作用。生育期中耕具有先控后促的效果。

2. 地膜调控

（1）覆膜。在地面覆盖一定宽度的塑料膜，可以增加土壤温度和水分，给种子发芽和苗期生长创造有利条件；可增加群体下层的有效辐射量；可抑制返盐和消灭杂草等，达到改善玉米田微生态环境、促进壮苗早发、实现早熟高产的目的。

（2）揭膜。在头水前揭膜是解决残膜回收、减少白色污染的有效方法。揭膜后土壤水分散失快，能在一定程度上抑制玉米幼苗的生长。揭膜的关键在于确定揭膜到灌水的间隔天数。一般来讲，两者间隔不宜超过 7 天。旺苗田间隔天数可以长一些，弱苗田宜短一些。因此，一定要安排好揭膜、中耕、开沟、追肥、修毛渠及灌水这些工序的衔接，否则会使调控失败。

（3）切膜。对苗期、拔节前旺长玉米田，可先切开宽行膜两侧，以散墒控苗，隔 5 天左右可揭去宽行膜，并及时中耕或临近头水前再揭膜。

各地生产实践都证明：地膜玉米根系分布浅，对耕层土壤优越的水肥条件依赖性大，对不良环境的适应能力差。揭膜后，由于土壤水分迅速散失，恶化了耕层土壤的水肥条件，直接影响了玉米根系对水肥的吸收，进而抑制玉米的生长。若揭膜后及时追肥灌水，则基本上不会抑制玉米生长，而且由于肥水的及时供给，反而对玉米的生长起促进作用。因此，通过调节揭膜与灌水间隔天数，也可对玉米的生长发育起到调控作用。

单元测试题

1. 什么叫调控？调控的途径有哪两种？
2. 作物调控方法有哪些？玉米生产上多用何种手段？
3. 你所在单位玉米生产中具体采用哪种调控方法？应用效果如何？

第 12 单元

病虫草害的防治

- 第一节　玉米病害的综合防治 /178
- 第二节　玉米虫害的综合防治 /182
- 第三节　玉米地杂草的防治 /186

第一节 玉米病害的综合防治

→ 掌握玉米病害防治原则和技术
→ 能够对玉米主要病害进行综合防治

玉米病害对玉米生产的丰歉起着重要的作用,有时可因病害减产30%~40%。普遍发生的病害有玉米瘤黑粉病、丝黑穗病、粗缩病、大斑病、小斑病等。随气流传播的病害至今尚未有理想的化学药剂防治,主要通过选育抗病品种和加强田间栽培管理提高玉米的抗病能力,达到防病的目的。对玉米干腐病、玉米细菌萎蔫病等,则通过植物检疫措施,防止扩大蔓延。

一、玉米丝黑穗病综合防治

1. 选用抗病品种

应用抗病品种是防治玉米丝黑穗病的有效途径,应因地制宜选用抗病品种,尽快淘汰感病品种。

2. 农业综合防治

加强栽培管理轮作倒茬,根据各地病情合理安排轮作,病重地块实行与非玉米或高粱作物3年以上轮作。调整播期,根据地势、土质、墒情、品种生育期和抗病性,结合茬口和地块发病轻重,因地制宜灵活掌握播种期。避免不适宜的早播,提高播种质量,选用子粒饱满、发芽势强的优良种子,提高抗病性。土壤要深翻、耙压连续作业,储水保墒,提高地温。播种要深浅一致,覆土厚薄适宜。采取一切措施快出苗、出好苗,缩短种子在土壤中的滞留时间,减少病菌侵染的机会。禁用带病秸秆或"乌米"喂牲畜和积肥。施用含有病植株残体的厩肥或堆肥要充分腐熟。

拔除病株,减少菌量。根据苗期的发病症状,结合定苗和田间除草及时铲除病苗或可疑病株。在植株病症显现后,病穗未开裂散出冬孢子之前,及时铲除病株或病穗,并携出田外集中掩埋。切忌让病菌散落于田间,增加田间土地菌量,造成第二年病害严重发生。

3. 化学防治

用三唑类杀菌剂拌种,防治玉米丝黑穗病效果好,大面积防效可稳定在60%~70%。常用药剂有:17%三唑醇(羟锈宁)拌种剂或25%三唑酮(粉锈宁)可湿性粉剂，按种子重量的 0.3% 拌种。12.5% 腈菌唑乳油 100 mL 加水 8 L 混合均匀后拌种子 100 kg，稍加风干后即可播种。12.5% 速保利可湿性粉剂按种子重量的 0.3% 拌种，风干后播种。2% 立克秀粉剂 2 g 兑水 1 L 混合均匀后拌种子 10 kg，风干后播种。在使用时不得任意加大药量，以免造成药害。

二、玉米瘤黑粉病综合防治

1. 选用抗病品种

在目前种植的品种中，Sc704、新玉 30、新玉 41 等都是中抗玉米瘤黑粉病的，因此，可根据本区病情的轻重因地制宜加以种植。

2. 农业综合防治

玉米瘤黑粉病病菌主要在土壤中越冬，所以，全面实施轮作倒茬是防治该病的首要措施，尤其是重病区至少要实行 3~4 年的轮作倒茬。

越冬期间注意铲除病株，及时销毁并应在春播前处理完毕；秸秆用作肥料时要充分腐熟；田间遗留的病残组织应及时深埋。及时灌水，适时追肥，合理密植，增加光照，增强玉米抗逆性。

3. 化学防治

玉米瘤黑粉病是系统侵染病害，化学防治最有效的方法就是拌种，可用 20% 粉锈宁乳剂 200 mL 拌种 50 kg 或 50% 多菌灵可湿性粉剂按种子重量的 0.5%~0.7% 拌种，也可用玉米种衣剂包衣后再播种，使孢子不能侵染，从而减少发病率。

三、玉米大斑病综合防治

1. 农业综合防治

（1）玉米大斑病重的地块，应结合种植作物结构的调整，适当压缩玉米的播种面积，有计划地实行轮作倒茬，避免重茬、迎茬种植。在种植形式上，要变窄行距播种为宽窄行种植，变大面积平播为高矮作物间作套种，以改善田间通风透光条件。

（2）适时早播，加大肥水管理。夏玉米早播可明显减轻发病；适当增施磷肥，注意氮、磷、钾肥合理搭配，重施喇叭口肥；合理灌溉，低洼地注意田间排水。

（3）改善栽培环境。玉米收获后，积极组织机械深耕，深埋病残株，消灭菌源；山坡丘陵区要及时刨拾根茬，清除秸秆落叶，集中起来高温沤肥，并在秋耕的基础上，在冬春季节多次碾压土地，耙耱保墒。在玉米田推广化学除草技术。

（4）做好病害预测预报。选择大斑病历年发生较重的种植区建立测报点，定期系统观察大斑病的发生消长情况。当田间出现病株，病叶开始自下而上垂直扩展时，如田间湿度大，或近日内气象预报有中到大雨，则可得出"玉米大斑病将在 10~15 天流行"的预报，指导农户适期防治。

2. 化学防治

由于玉米植株高大、群体密植、经济效益以及药源不足等原因，目前常以药剂用于保护价值较高的自交系或制种玉米和高产试验田等。一般于病情扩展前防治，即在玉米抽雄前后，当田间病株率达70%以上、病叶率20%时，开始喷药。有效的药剂有：50%甲基硫菌灵或75%百菌清、50%多菌灵、65%代森锰锌600~800倍液或40%克瘟散乳油800倍液等。用药量750~975 kg/hm^2，隔7~10天喷药1次，连喷2~3次。

四、玉米小斑病综合防治

1. 农业综合防治

适时播种，使抽穗期避开多雨天气。施足底肥，适期、适量合理追肥，促进植株生长健壮，特别是必须保证拔节至开花期的营养供应。对发病的制种基地实行大面积轮作，把病原基数压到最低限度，减少初侵染来源。集中清理底部病叶并带出田外处理，可以压低田间菌量，改善田间小气候，从而减轻病害程度。收获后，清除地面病株残体，把带菌残体充分腐熟，最好不用于玉米制种田。病田应实行秋翻，使病株残体埋入地下20 cm以下。

2. 化学防治

发病初期喷洒药剂，每隔7~10天防治1次，连续喷2~3次。药剂可选用50%好速净可湿性粉剂1 000倍液，或80%速克净可湿性粉剂1 000倍液，或75%百菌清可湿性粉剂800倍液，或70%甲基硫菌灵可湿性粉剂600倍液，或25%苯菌灵乳油800倍液，或50%多菌灵可湿性粉剂600倍液，或20%草酸青霉水剂50倍液。

五、玉米茎腐病综合防治

1. 选用抗病品种

种植抗病品种、耐病优良品种是防治茎腐病经济而有效的措施，各地可因地制宜选用一些优良抗性品种。

2. 农业综合防治

（1）清除田间病株残体。从抽穗期开始注意发现并拔除发病植株。玉米收获后彻底清除发病株，集中烧毁、深埋或用泥封玉米秆垛，消灭菌源。

（2）轮作倒茬。实行玉米与小麦、马铃薯、蔬菜等其他非寄主作物之间2~3年轮作。防止土壤病原菌积累。

（3）适期晚播。各地可根据当地实际气温变化在适宜播种期内晚播数日，以减轻病害。

（4）合理施肥。坚持配方施肥，多施有机肥，秸秆沤肥要经过充分腐熟。在氮肥的施用上,要防止过多、过晚。在玉米拔节期或孕穗期要增施钾肥或叶面喷施磷酸二氢钾。缺钾地块,可适时施硫酸钾;在玉米抽穗时,要掌握好氮、磷、钾的配合比例。

3. 化学防治

据张春山试验结果,应用化学除草剂对由镰刀菌引起的玉米茎腐病有一定的抑制作用,可降低发病率。发病严重田块,用25%叶枯灵或20%叶枯净可湿性粉剂,加25%瑞毒霉可湿性粉剂或58%瑞毒霉锰锌可湿性粉剂,等量稀释成500~1 000倍液叶面喷施,防止扩大再侵染。

利用增产菌按种子重量0.2%拌种,或者用颉颃菌2.25 kg/hm^{2}加水适量,复合细胞分裂素200倍稀释液浸种,对茎基腐病有一定的控制作用。采用每克风干土中接种$1×10^6$个哈茨木霉或绿色木霉的孢子悬浮液,对镰刀菌厚垣孢子的萌发有显著的抑制作用,或在土壤中接种木霉菌并加入每克土4~6 μg微量的三唑酮防治效果比单独使用更显著。同时,在种子包衣之前,采用玉米生物种衣剂按1:40拌种,或诱抗剂浸种,或用根保种衣剂等对玉米茎基腐病都有一定的抑制作用,防治效果比较明显。

六、玉米粗缩病综合防治

1. 选用抗病品种

尽管目前推广的玉米品种大多感病,但从这几年种植的品种比较而言,还是有些品种比较耐病的,如新玉28、新玉30等。

2. 农业综合防治

(1) 提倡连片种植,播种基本一致。避免少量叉花田和玉米田感病生育期与灰飞虱盛发期吻合,造成灰飞虱传播。

(2) 清除田间杂草寄主。及时清除田边地头及田间杂草,以减少灰飞虱和病毒的越冬、越夏寄主。

(3) 防治麦田灰飞虱,减少传毒媒介。结合麦田冬灌消灭灰飞虱越冬若虫。早春小麦拔节期结合防治小麦病害,喷药防治灰飞虱越冬成虫,小麦抽穗后防病治虫,防治一代灰飞虱。

(4) 适当多下种,确保足够苗数。早间苗,晚定苗,拔除病苗并带到田外销毁。适当多下种,可保证因间苗、定苗减少的苗数,确保有足够的基本苗数。

3. 化学防治

(1) 用甲拌磷等种衣剂拌种,可有效防治灰飞虱发生危害。

(2) 玉米播种前后和苗期对玉米田及田边地头杂草喷洒40%氧化乐果或吡虫啉、扑虱净等杀灭灰飞虱。

(3) 玉米苗期喷洒5%菌毒清500倍液或病毒A、植病灵等抗病毒药剂,6~7天喷

1次，连喷2~3次。

（4）可在灰飞虱传毒危害期，尤其是玉米7叶前喷洒2.5%扑虱蚜1 000倍及10%病毒王600倍液，并加叶面肥每隔5~6天喷1次，连喷2~3次，防治效果好。

第二节 玉米虫害的综合防治

→ 掌握不同虫害的防治指标
→ 能够对玉米虫害进行综合防治

一、地老虎的综合防治

地老虎种类繁多，常发生危害的有小地老虎和黄地老虎。

1. 防治指标

防治指标因种类、地区不同，各地有较大区别，综合各地植保资料的报道，提出以下指标供参考。玉米地每平方米有地老虎幼虫（或卵）1只（粒），或心叶被害率达5%时进行防治。

2. 生物防治

（1）深耕翻犁。有明显的灭虫作用，实行春、秋播前翻耕和休闲的伏耕，通过机械杀伤、晾晒、鸟类啄食，可较大量地杀灭害虫。

（2）除草灭虫。在春播前进行春耕、细耙等整地工作，可以杀灭地老虎部分卵和早春的杂草寄主。

3. 化学防治

依据防治指标，可采用种子处理、土壤处理、毒饵、糖浆诱杀等多种主要方法，辅之以其他方法，如喷雾、喷粉、生物诱杀等。

（1）种子处理。方法简便，用药量低，对环境安全，是保护种子和幼苗免遭危害的理想方法。以辛硫磷和甲基异柳磷为主，即50%辛硫磷乳油0.5 kg，拌种子250~500 kg 或用种子重量0.1%~0.2%的40%甲基异柳磷乳油拌种。处理方法是将药剂先用种子重量10%的水稀释后，均匀喷拌于处理的种子上，堆闷12~24 h，使药液充分渗吸到种子内即可，对地老虎、蝼蛄、金针虫等地下害虫均有良好的防治效果。

（2）毒土。50%辛硫磷乳油，每亩250~300 mL加细土25~30 kg，施后随即浅耕。南疆和田地区以40%辛硫磷乳油，加细土制成毒土在玉米地撒施，防治黄地老虎效果好。

（3）毒饵。利用40%甲基异柳磷乳油、40%乐果和90%晶体敌百虫，用药量分别为饵料量的1%~2%、1%和1%，先用适量水将药剂稀释，然后拌入炒香的谷子、麦麸、豆饼、玉米碎粒等饵料，每亩施用量1.5~2.5 kg。

（4）喷粉和喷雾。常用1.5%乐果粉、2.5%敌百虫粉、乙敌粉等，每亩1~2 kg。喷粉防治蝼蛄和金龟子效果好。

75%辛硫磷乳油、90%晶体敌百虫、41%氧化乐果、2.5%敌杀死，加水1 000~1 500倍喷雾，对多种地下害虫都有防效。

4. 其他防治方法

（1）灯光诱杀。设置黑光灯测报和诱杀地老虎效果好。近年来，内地试用黑绿单管灯诱杀地老虎的诱集量比黑光灯多出10%左右。

（2）人工诱捕。越冬地老虎蛾子黄昏集中在大葱花、马兰花等花上吸食花蜜补充养分，此时可发动群众徒手捕捉。

（3）糖浆诱杀。利用地老虎成虫的趋化性，在玉米地边摆设糖浆盘或罐，可大量诱杀其成虫。糖浆配方多种，其中加入发酵面使其发酵尤其重要，然后加少量敌百虫可防其外逃。

（4）生物防治。保护地老虎的多种天敌，如寄生蝇、姬蜂等发挥自然生物控制作用。颗粒体病毒可使黄地老虎致死。

（5）铲埂除蛹。这一措施是不少玉米产区防治地老虎的成功经验，每年结合整修渠道或单独进行铲草除根，可铲死不少地老虎的蛹。

二、玉米螟的综合防治

1. 防治指标

石河子农科中心植保站经过3年的试验，测得第一代玉米螟的化防指标为百株卵量11~15块。以心叶末期花叶率达10%以上实行普治；5%~10%为挑治。心叶中期花叶率超过20%或100株卵量30块以上，再防治1次。结穗期虫穗率10%或100%果穗花丝有虫50头时，要及时喷药防治。

2. 生物防治

（1）以菌治虫。即使用苏云金杆菌或白僵菌进行处理，方法有两种：

1）于心叶中期（玉米螟卵处于孵化初期至孵化盛期）施用白僵菌或苏云金杆菌颗粒剂消灭幼虫。颗粒剂可以自行制作，白僵菌颗粒剂是将每克50亿~500亿的白僵菌孢子粉500 g与过筛煤渣5 kg拌匀；苏云金杆菌颗粒剂是将苏云金杆菌乳剂15 mL同沙粒3.5 kg拌匀制成，每株用2 g施入玉米心叶内。此外，每亩用白僵菌粉250 g与陶土750 g混合喷粉，也可达到较好的防效。

2）早春使用白僵菌封垛，即在越冬幼虫化蛹前，用白僵菌对寄主秸秆根茬进行喷粉封垛，用量为每平方米 100 g，杀虫效果好。

（2）以虫治虫。即利用自然或释放的赤眼蜂消灭玉米螟。为了提高田间自然赤眼蜂的寄生率，可采用增加间作物的方法。例如，在玉米田内间作绿豆，可增加赤眼蜂的数量。此外，利用人工释放赤眼蜂方法防治玉米螟，即在越冬幼虫孵化率达到 20%～30% 后的第 11 天放第 1 次蜂，以后每 4～5 天放 1 次，连续放 3 次。放蜂量为每亩 15 000～30 000 头。

3. 化学防治

目前最为普遍的方法是在玉米心叶末期施用含有化学农药的颗粒剂。颗粒剂可使用市售的制成品，如 0.1% 氯氟氰菊酯颗粒剂，每株施用 0.16 g；3% 辛硫磷颗粒剂，按 1∶15 拌煤渣后，每株施用 2 g；1.5% 辛硫磷颗粒剂，每株施用 1 g；5% 杀虫双颗粒剂，每亩用 200 g 与细土 4 kg 拌匀后撒施。如果没有现成的颗粒剂，也可以使用化学农药和过筛的煤渣参照配制白僵菌颗粒剂的方法配制。自行配制的颗粒剂应经过药效及安全性试验后再大量使用，以确保药效和环境安全。

穗期一般使用药剂灌注雄穗及蘸花丝的方法防治。用药剂灌注雄穗时，常用的药剂有 25% 杀虫双水剂 500 倍液、50% 敌敌畏乳剂 800 倍液、0.5% 阿维菌素乳油 1 000 倍液、5% 氟虫脲（卡死克）乳油 2 500 倍液。药剂蘸花丝时，可将 50% 敌敌畏乳剂 800 倍液灌入废弃的矿泉水瓶内，瓶口盖上带吸管的瓶盖。在玉米散粉基本结束时蘸花丝，可有效熏杀在穗部为害的幼虫。

4. 农业综合防治

（1）处理秸秆，消灭越冬虫源。收获后将有虫的玉米秸秆用做燃料或铡碎沤肥。用作工业原料的秸秆、穗轴当年用不完的，要封垛存放，隔年使用。

（2）设置诱集田。利用雌蛾喜好高大植株产卵的特点，春播时在正常播期前 1 个月种植小面积早播玉米作诱集带，诱集成虫产卵，结合使用高效农药一举歼灭。

（3）结合田间管理清除虫源。例如，利用间苗、定苗及果菜类的整枝打杈，清除有虫卵或幼虫的植株，集中销毁。

（4）选用非玉米螟寄主进行间作。在一些地方习惯使用玉米与辣椒间作，以减轻病毒病的发生，但有时躲过了病毒病，却加重了玉米螟对辣椒的为害，应注意全面防治，避免顾此失彼。

5. 其他防治方法

（1）灯光诱杀成虫。目前一般市场出售的诱虫灯，如频振式杀虫灯、双光雷达自控式害虫诱杀灯都很有效。使用前应仔细阅读诱器的使用说明，加强使用期间的维护和管理，提高灯具的杀虫效果。

（2）昆虫性信息素的利用。目前较常使用的是诱杀法，即使用人工合成的玉米螟性信息素（性诱剂）诱芯，在成虫交尾的场所诱杀雄虫，使群体中雄虫交配率下降，降低下一代的发生率。使用时一般相距 50 m 设一诱源，每个诱源放 100~400 μg 的诱芯 1 枚。将其放在直径约 20 cm 的盛有洗衣粉液的水盆上，水盆高出株冠。使用此法也要注意维护和管理，每天应及时捞出雄虫，并添加水和洗衣粉。

三、蚜虫的综合防治

1. 防治指标

在玉米抽穗初期调查，当百株玉米蚜数达 4 000 头，有蚜率 50% 以上。

2. 生物防治

蚜虫的天敌有食蚜蝇、瓢虫、草蛉、蚜茧蜂、蜘蛛等，但尤以瓢虫食蚜量最大。异色瓢虫成虫一天可食蚜 160 头，七星瓢虫成虫和幼虫每天也可食蚜 30 头。体形较小的龟纹、隐唇、小十三星、二星等瓢虫，还能钻入未抽雄的玉米心叶内觅食。

3. 化学防治

在夏玉米大喇叭口期（此时为玉米蚜发生的初发盛期），用 40% 氧化乐果乳剂和 80% 敌敌畏各 0.5 kg，兑水 50 kg，配制成高浓度药液，再将剪成 8 cm 左右的麦秸放入药液中浸泡 1 h，便制成"毒麦秆"，做好后每株玉米心叶内插入 3 根"毒麦秆"，防治效果可达 90% 以上。在玉米蚜虫发生初盛期，采用 40% 氧化乐果乳剂 100 倍液用毛笔或棉絮蘸药液，涂抹在玉米果穗以上 1~2 节上，每株玉米涂药宽为 7~10 cm。平均防效达 95% 以上。

喷洒：用 40% 乐果乳油或 80% 敌敌畏乳油 1 500~2 000 倍液；或 BT 乳剂每亩 200 mL，兑水 30 kg；或 25% 灭幼脲 3 号胶悬剂 1 000 倍液；或 50% 抗蚜威可湿性粉剂 3 000~5 000 倍液。根区施药：用 30% 克百威颗粒剂，每亩拌细土 10~15 kg，掌握玉米蚜初发阶段，在植株根区周围开沟埋施，药效长达 30 天左右。

此外，可选用 10% 吡虫啉可湿性粉剂 50~100 g、10% 大功臣可湿性粉剂 20~30 g 或 40% 氧化乐果乳油 50 mL，加水 40~50 kg 喷雾。

4. 其他防治方法

（1）结合中耕，清除田边、沟渠等处禾本科杂草，消灭蚜虫孳生基地。

（2）内吸杀虫剂拌种，用种子重量的 0.3% 的 75% 甲拌磷乳油，加种子量 7% 的清水喷洒，拌匀后堆闷 16~12 h 再播种。

（3）喷雾，常用的药剂有 5% 抗蚜威可湿性粉剂 4 000~5 000 倍液、40% 乐果乳油 1 000~1 500 液、50% 马拉硫磷乳油 1 000 倍液、50% 二溴磷乳油 2 000~3 000 倍液。

（4）喷粉，1.5% 乐果粉剂每公顷用量 30~45 kg。

四、金龟子的综合防治

1. 生物防治

采用白僵菌、苏云金杆菌（制剂有虫死定、千胜、苏得利、青虫灵、菌杀敌、益万农、果菜净、快来顺、生力、敌宝、菜虫特杀、苏特灵、康多惠)低毒杀虫剂,对蛴螬的防治可采用灌根或下午兑水喷雾,对金龟子的防治则应在晚间喷雾,使之染病而亡。白僵菌是一种真菌性杀虫剂,其孢子接触害虫后产生芽管,通过皮肤侵入其体内长成菌丝,并不断繁殖,使害虫新陈代谢紊乱而死亡。苏云金杆菌是一种细菌杀虫剂,主要是胃毒作用,可用于防治直翅目、鞘翅目、膜翅目,特别是鳞翅目的多种幼虫。两种菌剂均为活体,要避免高温、光照。

利用成虫的伪死性,采取摇动树枝,让成虫掉落在地上,人工捕捉收集处理;田里放养鸡、鸭,保护鸟类、青蛙、蛇及寄生蜂等天敌,利用鸡、鸭和天敌捕食。

2. 化学防治

每亩用3%甲基异柳磷颗粒剂或5%辛硫磷颗粒剂5~7 kg撒施于地面,然后翻入土中,毒杀其幼虫。在成虫盛发期的傍晚喷药,药剂可选用90%晶体敌百虫800倍液,或50%敌敌畏乳油800~1 000倍液,或50%辛硫磷1 000倍液,或10%灭百可1 000倍液,或灭虫灵1 500倍液。

3. 其他防治方法

(1) 灯光诱杀。在成虫羽化出土高峰期,利用其趋光性,在田边挂装黑光灯,灯下放置水盆,水中滴入一些煤油,诱杀效果更好。

(2) 诱杀成虫。在5月中下旬,把细口的空酒瓶挂在玉米地边、玉米田附近的树上,挂瓶高度为1~1.5 m,瓶内放入2~3个白星花金龟子,田间的成虫可被其诱到瓶内,然后进行捕杀,每亩挂瓶40~50个,捕虫效果良好。

(3) 用糖醋液杀虫。利用白星花金龟子对酒醋味有趋化性的特点,配制糖醋液进行诱杀。用糖、醋、酒、水、90%敌百虫晶体按3∶3∶1∶10∶0.1的比例在盆内拌匀,放在玉米田边架起,高度与雌穗位置相同,可诱杀成虫。

第三节 玉米地杂草的防治

→ 能正确识别玉米田常见杂草
→ 根据杂草类型正确选择除草剂
→ 能够对玉米田主要杂草进行综合防治

一、玉米田常见杂草

春玉米播种时气温较低,玉米苗期生长缓慢,田间裸地面积大,有利于早春杂草的生长发育。据植保研究观察显示,不论是人工除草地块还是化学除草地块,100%的田块都有杂草危害。发生的杂草种类有 30 种，分属 17 科，它们是：禾本科杂草的稗草、狗尾草、马唐、野黍；藜科的藜；苋科的苋；蓼科的蓼；鸭跖草科的鸭跖草；茄科的龙葵；大戟科的铁苋菜、地锦；锦葵科的野西瓜苗、苘麻；十字花科的独行菜、风花菜、荠菜；唇形科的水棘针、野薄荷；马齿苋科的马齿苋；豆科的苜蓿、鸡眼草；菊科的苍耳、豚草及多年生的苣荬菜、山苦菜、小蓟、青蒿；萝藦科的萝藦；百合科的小根蒜；车前科的车前草。其中，危害严重的有禾本科、藜科、大戟科、蓼科和鸭跖草科，发生多少的程度分别为 56.8%、19.5%、8.8%、3.9% 和 2.4%，其余种类合计为 8.4%。

危害时间比较早的有稗草、铁苋菜、藜、蓼、苘麻、龙葵、苣荬菜、鸭跖草和风花菜等 10 种杂草，在玉米播种后一周就开始陆续出苗。播种后两周每平方米杂草密度就达 1 151.2 株，这些杂草生长迅速，与作物争夺水、肥、光、热，影响了玉米的生长。特别是在玉米出苗后 3~5 周内，控制杂草生长是很必要的。根据田间试验（自玉米出苗算起），杂草保留 20 天、30 天、40 天和全生育期不除草，玉米的百粒重分别下降 0.8 g、3.2 g、4.5 g 和 9.3 g，折合每公顷玉米产量依次下降 125 kg、1 050 kg、2 475 kg 和 3 075 kg，空白对照区与化学除草区比较，玉米植株高度降低 20.9 cm，茎粗减少 0.8 cm，百粒重降低 17.0 g，每公顷产量减少 4 750 kg，减产幅度为 47.9%。

二、常用的除草剂种类与使用方法

1. 玉米田杂草除草剂比较与选择

（1）**酰胺类除草剂。** 酰胺类除草剂是目前玉米田最为重要的一类除草剂，可以为杂草芽吸收，在杂草发芽前进行土壤封闭处理，可有效防治一年生禾本科杂草和部分一年生阔叶杂草。该类除草剂品种较多，如乙草胺、甲草胺、丁草胺、异丙甲草胺、异丙草胺、异丁草胺等。试验证明，在同等有效剂量下，该类除草剂除草活性比较结果如下：乙草胺 > 异丙甲草胺 > 丁草胺 > 异丙草胺 > 甲草胺。根据其有效用量，除草活性的量化比较结果是：乙草胺：异丙甲草胺：丁草胺：异丙草胺为 1：0.9：0.8：0.7。其中以乙草胺应用较为普遍，活性最高、价格较低。该类除草剂受墒情影响很大，墒情差时除草效果显著降低。

（2）**三氮苯类除草剂。** 三氮苯类除草剂可以有效防治一年生阔叶杂草和一年生禾本科杂草，以杂草根系吸收为主，也可以为杂草茎叶少量吸收。代表品种有莠去津、氰草津、西玛津、扑草津等，其中以莠去津使用较多，对玉米较为安全，活性最高；但莠去津宜与乙草胺等混用，以降低用量，提高除草效果和对后茬作物安全性。

（3）**苯氧羧酸类除草剂。** 主要用于玉米苗后防治阔叶杂草和香附子。代表品种有 2 甲 4 氯钠、2,4-D 丁酯。其中，2 甲 4 氯钠广泛用于玉米田防治香附子，但使用时期有要求，使用时期不当会产生药害。

（4）**磺酰脲类除草剂。** 烟嘧磺隆、砜嘧磺隆可以用于玉米田防治禾本科杂草、莎草科杂草和部分阔叶杂草，噻磺隆可以用于玉米田防治一年生阔叶杂草。

（5）其他除草剂。百草枯和草甘膦是灭生性除草剂，在玉米40 cm高以后进行定向喷雾，可以有效防治多种杂草。另外，也可以用使它隆、百草敌、溴苯腈、苯达松等品种防治玉米田阔叶杂草。

2. 玉米田主要除草剂混剂种类

除草剂混用可以有效防治玉米田杂草，合理混用可以扩大除草谱，提高除草效果，增加对作物的安全性。然而，玉米田除草混剂品种较多、名目混杂，为农民使用者选购带来许多不便。概括起来，玉米田除草剂混剂主要有5类，它们都以酰胺类除草剂和均三氮苯类除草剂作为混配的基础物质进行混配，经营者和各地农户应根据当地的实际生产情况，合理选用。

（1）乙草胺和莠去津（1:1）混剂。该类除草混剂最早是由河北宣化农药有限公司研制生产的乙阿合剂（乙莠悬浮剂），并获得国家专利。在生产中长期应用，除草效果稳定，增产效果显著，备受农民欢迎。这种除草混剂可以有效防治玉米田一年生禾本科杂草和阔叶杂草，对后茬作物安全。生产实践证明，不仅可以用于玉米播后芽前，也可以用于玉米苗后早期，对玉米安全。20世纪90年代中后期曾有很多厂家生产该种除草混剂，后来被国家依（专利）法取缔。近几年来，相似的产品不断涌现，如丁草胺+乙草胺+莠去津、丁草胺+莠去津、甲草胺+乙草胺+莠去津、异丙甲草胺+莠去津、异丙草胺+莠去津等。在同类产品中，异丙草胺+莠去津较为普遍。它们虽然有一定的除草效果，但在通常气候条件下，以同样有效成分含量、同等亩用量，从药效及成本方面进行比较时，乙草胺和莠去津（1:1）混剂名列首位，优于异丙草胺+莠去津（1:1）和丁草胺+莠去津（1:1）。

（2）乙草胺和莠去津（2:3）混剂。这种除草混剂可以有效防治玉米田一年生禾本科杂草和阔叶杂草。既可以用于玉米播后芽前，也可以用于玉米苗后早期，对玉米安全，在特别干旱年份可能降低对后茬小麦的安全性。与该类除草混剂性能相似的品种绿麦隆+乙草胺+莠去津混剂，大大提高了对后茬小麦的安全性，但不可用于玉米苗后。

（3）扑草津和莠去津混剂。可以有效防治玉米田一年生禾本科杂草和阔叶杂草。在玉米播后芽前施用除草效果稳定，受墒情影响程度较小，但雨水较大时，淋溶较多会降低除草效果。在玉米生长期施用，遇高温干旱等不良环境条件可诱发玉米药害。

（4）烟嘧磺隆和莠去津混剂。这是一种理想的除草混剂，不仅可以有效防治多种一年生杂草，而且可以防治多年生禾本科杂草和莎草科杂草，施用方便，对玉米和后茬作物安全。但该类除草混剂价位较高，在国产化后，方能为我国大多数农户接受。

（5）乙草胺、莠去津和百草枯混剂。兼有灭生性和封闭除草效果，在玉米生长期施用可以有效防治玉米田多种杂草。类似的产品较多，也有以草甘膦替换百草枯的除草混剂。

综合上述内容，玉米田除草各个阶段的理想选择是：玉米田播种期使用乙阿合剂（1:1 比例混合）150~200 mL/亩；苗后早期（玉米 1~4 叶期），可以用 50% 玉宝可湿粉 90 g/亩，或 38% 莠去津悬浮剂 75~100 mL/亩 +4% 烟嘧磺隆悬浮剂 75~100 mL/亩；玉米生长中期可以用 10% 草甘膦水剂 200~300 mL/亩、20% 百草枯水剂 100~150 mL/亩，或 40% 乙莠悬浮剂 150 mL/亩 +20% 百草枯水剂 100~150 mL/亩，在无风条件下定向喷施。以上化除方法都可获得理想的除草效果。

三、其他除草方法

1. 农艺综合防除

农业防除是指利用农艺耕作技术、栽培种植技术和田间管理等措施，防止草害，降低其危害程度所采取的措施。

（1）轮作灭草。不同作物常有自己的伴生杂草或寄生性杂草。这些杂草所需的生境与作物相近，如谷田的狗尾草、小麦田的野燕麦、玉米田的稗草。此外，某些作物还有一些特殊难防除的寄生性杂草。这些杂草的生长发育与其伴生的作物具有同步节律性，当采用科学方法轮作时，例如，禾谷类作物与豆科作物轮作，可明显减弱稗草、狗尾草的危害，并能抑制豆田菟丝子的发生；水旱田轮作，则可基本控制稻稗和旱生杂草的萌发出土。

根据田间试验，杂草种子有 20% 左右是由光诱导发芽的。可进行合理的套种、混作，在农田建立人工植被，使其构成复合群体，以便在不同季节覆盖地表，减少光照强度，恶化杂草的生态环境或抑制某些杂草种子的萌发。例如，选择土壤条件适宜的玉米田混种春白菜，可减少裸地面积，抑制某些早春型杂草的出土危害。在玉米生长的中后期，垄沟内复种绿肥或蘑菇，也能有效地控制杂草发生，达到肥地、治草、增收的目的。

（2）机械除草。主要采用各种手工工具和机动工具，在不同季节采用不同方法消灭田间不同时期的杂草。例如，合理耕作就可破坏杂草种子的世代循环系统，中断杂草的生长周期危害。具体农艺技术方法如下：

1）春耕。春耕是指从土壤解冻到春播前一段时间内耕地作业，可有效地消灭越冬杂草和早春出土的杂草，并将前一年散落于土表的杂草种子翻埋于土壤深层，使其当年不能萌发出苗。在保证适期播种的前提下可适当推迟春耕时间，诱使一些早春型杂草大量发芽，再浅耕灭草。

2）中耕。中耕是指 6—7 月份在高温多雨季节来临前耕翻。通过中耕培土既可消灭大量行间杂草，也消灭了部分株间杂草，一般进行 2~3 次。第一次应早、窄、深，在玉米 4~5 叶期进行。后两次约间隔 10 天。第二次应适当拥土来埋压株间杂草。第三次采取大犁翻垄，可将杂草翻埋于土中，并通过深耕将多年生杂草地下根茎切断或翻出地表，使其失去发芽能力而死亡。

3）秋耕。秋耕也称秋翻地，是在9—10月份玉米收获后的茬地进行的耕翻作业，可消灭春、夏季出苗的残草、越冬杂草和多年生杂草。根据田间调查，经过秋翻的田块，每平方米杂草密度为25.3株，比没有进行秋翻的田块减少12.8株，减少杂草种子出土发芽的比例。在同一块地，经过多次耕翻后，可有效地抑制苣荬菜、芦苇、小蓟等多年生杂草的根茎及块茎的萌发生长。

4）少耕和免耕。从农业产业长远发展来看，少耕和免耕既可减少土壤中杂草种子的感染程度，又可使土壤深层的杂草种子不能出土。同时，还减少土壤流失，起到了保持水土和灭草的双重效果。但是，采用这种简化耕作方法，必须与化学除草相结合，以免造成草害。

(3) 以密控草。不同作物的生育习性、种植方式与杂草的竞争能力差别较大。合理密植能加速作物的封行进程，利用作物自身的群体优势，抑制喜光性杂草种子的萌发与出土，并创造一个不利于杂草生长的环境条件，达到防草促苗的效果。

2. 生物防除

根据自然界生态系统平衡的原理，利用昆虫、病原物及植物来调节寄主—群落—密度，将杂草感染密度降低至生产经济允许水平之下，具有投资少、效益高、有效期长、对人居环境安全等优点。

(1) 以虫治草。自1928年澳大利亚利用吃仙人掌天敌防治仙人掌的肆虐获得成功以来，这方面的研究异常活跃，并取得令人鼓舞的进展。因此法成本低，选择性强，故在整个生物除草领域处于领先地位。近年来，利用昆虫防草打破单从原产地引进昆虫防治外来杂草的界限，应用范围进一步扩大。例如，应用当地昆虫防治当地杂草；应用多种昆虫防治同一种杂草；利用昆虫防治外来杂草，并从防治多年生杂草发展到防治一年生或二年生杂草。

(2) 以菌治草。20世纪70年代初，山东省利用鲁保1号防治菟丝子效果显著，到现今21世纪，采用病原微生物除草已发展许多项专利。由于病原微生物易于人工培养与繁殖，制剂化和商品化速度快，储存、运输、应用方便，当前，病原菌除草已从非耕地特殊杂草的防治扩大到农田杂草防治；从外地收集病原菌到利用当地病原菌防治侵入当地的杂草，应用的病原微生物种类显著增加。

(3) 以草灭草。就是利用生物竞争和植物间产生拮抗作用的原理，在具有压制作用的植物中分离出一种化学物质，制成与其分子结构相似的新型除草剂进行杂草防除。另一方面，在作物育种中，引入这种具有压制作用的遗传基因，获得抗杂草基因，使作物具有同杂草竞争的能力。

3. 物理防除

某些杂草具有光敏反应，当接受600~700 lx的光照时，光合作用就受到阻碍，利

病虫草害的防治

用这一原理,制成黑色或深蓝色地膜,不仅可提高地温,对杂草的防治效果也很理想。

单元测试题

1. 玉米主要病害有哪几种?玉米病害的综合防治技术有哪些?生产中如何有效实施农艺综合防治方法?
2. 玉米主要虫害有哪几类?玉米生产中如何有效防治?
3. 玉米田常见主要杂草类型有哪些?危害严重的有哪些?
4. 玉米田使用的主要除草剂混剂种类有哪些?哪种除草效果好?
5. 农艺综合防治杂草技术有哪些方面?除草效果好的以何种措施为主要方法手段?

第13单元

机械收获和防灾减灾

- 第一节　玉米机械收获 /193
- 第二节　危害玉米的自然灾害与预防 /197

机械收获和防灾减灾

第一节 玉米机械收获

→ 了解机械收获的技术指标
→ 掌握机械收获的方式

一、机械收获应具备的条件

1. 土地平整

实施机械收割的玉米地块，要求土地平整，玉米相对集中种植面积较大，一般应在100亩以上，且有可直通玉米田间的行车通道。

2. 玉米果穗成熟度

每一个玉米品种在同一地区都有一个相对固定的生育期，只有满足其生育期要求，使玉米正常成熟，才能实现高产、优质。判断玉米是否正常成熟不能仅看外表，而是要着重考察子粒灌浆是否停止，以生理成熟作为收获标准。

玉米子粒生理成熟的主要标志有两个：一是子粒基部黑色层形成；二是子粒乳线消失。玉米成熟时是否形成黑色层，不同品种之间差别很大。有的品种成熟以后，再过一定时间才能看到明显的黑色层。玉米子粒黑色层的形成受水分影响极大，不管是否正常成熟，子粒水分降低到32%时都能形成黑色层，所以，黑色层形成并不完全是玉米正常成熟的可靠标志。玉米子粒乳线的形成、下移、消失是一个连续的过程。生育期100天左右的品种授粉26天前后，子粒顶部淀粉沉积、失水，成为固体，形成了子粒顶部为固体，中、下部为乳液的固液界面，这个界面就是乳线，此时称为乳线形成期。有时从子粒外表看乳线不太明显，过1~2天以后才明显可见。乳线形成期子粒含水量为51%~55%，子粒干重为最大值的65%左右。随着淀粉沉积量的增加，乳线向下推移，至授粉后40天左右下移至子粒中部，此期称为乳线中期。当子粒含水量下降到40%左右时，粒重达最大值的90%左右，乳线上方坚硬，下方较硬，有弹性，此时为蜡熟期。授粉后50天左右乳线消失，子粒含水量为30%左右，此时子粒干重最大，有的品种出现明显黑色层，苞叶变白而松散。也就是说玉米果穗下部子粒乳线消失，子粒含水量为30%左右，果穗苞叶变白而松散时收获粒重最高，玉米的产量最高，可以作为玉米适期收获的主要标志。同时，玉米子粒基部黑色层形成也是适期收获的重要参考指标。

单元 13

二、机械收获的方式

1. 联合收获

利用玉米联合收获机,一次完成摘穗、剥皮、集穗(或摘穗、剥皮、脱粒,但此时子粒含水湿度应在23%以下),同时进行秸秆处理(切断青储或粉碎还田)等项作业,然后将果穗(有的带苞叶)运到场上,经晾晒后进行脱粒。玉米联合机械收获适用于等行距(70 ± 5 cm)、最低结穗高度为35 cm、倒伏程度小于5%、果穗下垂率小于15%的地块作业,带穗收割适用于畜牧业较发达地区或向养殖大户推广。

现行的玉米联合收获机均为对行收获,作业时割刀要对准玉米行,以减少掉穗损失;适当调整摘穗辊(或摘穗板)的间隙,以减少子粒破碎;注意果穗升运过程中的流畅性,以免卡住、堵塞;及时倾卸果穗,以免果穗满后溢出或卸粮时有卡堵现象;正确调整秸秆还田机的作业高度,以保证留茬高度小于10 cm;如安装除茬机,应确保除茬刀具的入土深度深浅一致,以保证作业质量。

2. 半机械化收获

根据玉米的种植方式,主要用机械来完成玉米摘穗、输送、集箱、秸秆处理等生产环节的作业,即利用机械手段完成果穗收获、秸秆田间处理的一种作业方式称为半机械化收获。玉米收获的子粒含水率一般为25%~35%,甚至更高,收获时不能直接脱粒,所以,一般采取分段收获的方法。

(1)玉米割晒+人工摘穗模式。用割晒机将玉米割倒、放铺,经几天晾晒后,子粒湿度降到20%~22%,用机械或人工摘穗、剥皮,然后运至场上经晾晒后脱粒。秸秆回收后作燃料(烧材)、喂牲畜或粉碎还田。这种模式属于分段收获,其技术路线是在小四轮拖拉机上安装玉米割晒机,将玉米带穗切割,铺放在田间,人工进行摘穗,秸秆进行回收或粉碎还田。其工艺流程为:玉米带穗机械切割→人工摘穗→机械或人工剥皮→秸秆处理,四个环节分步分段进行。

(2)人工果穗收获+秸秆机械化割晒收集或粉碎还田模式。这种模式属于分段收获,其技术路线是在玉米成熟期,采用人工将玉米穗摘下,然后利用秸秆割晒机或秸秆还田机直接将秸秆粉碎还田。这种技术路线的工艺流程为:人工摘穗→机械或人工剥皮→秸秆处理,三个环节分段进行。

三、收获机机型

1. 单行玉米收获机

单行玉米收获机的代表机型有4YZF—1型、4Y—118型等,该类型的收获机大多为披挂式,配套动力为11~14.7 kW(15~20 hp)的小四轮拖拉机,均采用摘穗辊式摘穗机构,置于拖拉机右侧,一次可以完成玉米的摘穗、集箱和秸秆粉碎等作业。该类型的收获机结构简单，可靠性比较高，而且价格低廉。但由于采用摘穗辊式摘穗机构，其破碎率较高，难以满足用户和市场要求；并且由于拖拉机的动力不足，效率低，重复碾压地表严重，只在短期显现效用，现已很少使用。

2. 背负式玉米收获机

背负式玉米收获机将作业部件安装在拖拉机的机身上。一般在拖拉机头部安装摘穗部件，在拖拉机尾部安装果穗箱和秸秆粉碎部件。

其优点是机组紧凑，移动灵活，并且不需要开出作业道。背负式玉米收获机主机与拖拉机连接成一体，结构紧凑，行走和转弯比较灵活。玉米割台正置于拖拉机前方，收割幅宽大于拖拉机宽度，驾驶员视线良好。由于借助拖拉机作为动力，提高了拖拉机的利用率，同时降低了收获机的成本。

其缺点是拆装困难，操作性较差，难度较大，并且受拖拉机种类和型号的限制。背负式玉米收获机的工作部件被分散安装在拖拉机的特定部位，用户每年至少要安装和拆卸一次。由于各部件都比较笨重，用户又缺少专用工具，拆装比较困难。秋收季节农活较多，拖拉机被收获机占用，会对其他农活造成影响。背负式玉米收获机工作部件的质量一般在 1 t 以上，全部加在拖拉机上，而且田间土壤松软，作业时拖拉机轮胎会沉陷，从而影响拖拉机的操作性。另外，我国拖拉机种类和型号众多，悬架形式和尺寸也不尽相同，联合安装的通用性较差。

3. 牵引式玉米收获机

牵引式玉米收获机动力系统与主机（作业部件）相对独立（轮式或履带拖拉机）。收获机绝大多数置于拖拉机右后侧，形成侧牵引。其优点是挂接方便，总体易于配置，且制造成本较低。牵引式玉米收获机的主机由牵引架与动力系统单点铰接，挂接方便。在总体设计上，不需考虑与拖拉机的配置问题，各部件之间易于布置，结构紧凑、合理，同时也降低了制造成本。

其缺点是机组长，转弯半径大，且作业前需要开道。牵引式玉米收获机由拖拉机牵引主机，有时还要挂接拖车，整个机组长达 10 m，而且田间道路狭窄不平，移动不方便。它要求收获的地块大而开阔，适合大面积种植户或大农场使用。由于是侧牵引作业，首次作业时要把拖拉机的前进通道打开，然后进行绕圈作业。另外，受偏心力矩的影响，作业行数不能太多，作业效率不够高。

4. 多行自走式玉米联合收获机

自走式玉米收获机包括动力系统、行走系统和操纵控制系统等，是一种自带动力系统的玉米联合收获机。目前，国内有 3 行和 4 行两种机型，国外一般为 6~8 行，最多可达 12 行。它可完成玉米摘穗、果穗剥皮、果穗集箱和秸秆处理等全部作业，甚至还可以直接烘干脱粒，是真正意义上的联合收获机械。

其优点是自动化程度高，作业效果好，操作灵活。自走式玉米收获机具备电子监控、液压驱动、行距可调等功能,集机电一体化技术于一身。其收获行数多,发动机功率充足,作业效率高,可达 $0.45 \sim 0.65 \text{ hm}^2/\text{h}$(牵引式和背负式机型一般为 $0.2 \sim 0.4 \text{ hm}^2/\text{h}$)。因其自成体系,部件布置合理,所以使用和保养都很方便。

其缺点是价格较高,利用率低,且故障率高。自走式玉米收获机功率大,系统完善,配置齐备,造价较高。目前,玉米收获尚未实现异地作业,每年的作业期最多也就 20 天左右,利用率很低,投资回收期长。自走式玉米收获机的传动系统和液压系统复杂,有些基础部件还不过关,如果操作不熟练,极易发生故障。

5. 穗茎兼收型玉米收获机

穗茎兼收型玉米收获机又称玉米摘穗台,它可以替换稻麦等联合收获机的割台,即可转换为玉米联合收获机。

其优点是扩展了现有稻麦等联合收获机的功能,价格低廉。目前,国内开发的玉米割台主要与新疆—2、佳木斯—3060 及东风—2 等型号的小麦联合收获机配套使用。

其缺点是玉米收获与小麦、水稻收获区别较大,安装玉米割台的联合收获机都需进行改装。这类机具一般没有果穗收集功能,果穗摘落后被铺放在地面,因此在玉米产区也很少应用。

四、脱粒方法

新疆生产建设兵团国有农场和集体生产单位的玉米脱粒作业已基本实现机械化,除大型国有农场多采用大型脱粒机外,各地农村仍多采用小型脱粒机。

1. 小型脱粒机

小型脱粒机有手摇、脚踏和机动等多种形式。它结构简单,成本低,制作容易。主要工作部分由脱粒盘、锥齿轮和压板弹簧等组成。工作时借助脱粒盘和锥齿轮的相对转动将子粒脱下。有的脱粒机上装有风扇,能清除粮食中的杂质。

2. 大型脱粒机

大型脱粒机一般所需动力为 $11 \sim 183 \text{ kW}$,脱粒部分采用钉齿滚轮或纹杆滚筒,利用撞击和摩擦原理将子粒脱下,每小时能脱粒 $2\,500 \sim 3\,500 \text{ kg}$,子粒脱下后经底部的风扇风选,纯净的子粒最后从出料口流出。

第二节 危害玉米的自然灾害与预防

培训目标
→ 了解危害玉米的自然灾害性质和类型
→ 掌握主要自然灾害的预防和救灾措施

全球性频繁的气象灾害严重破坏人类赖以生存的粮食生产、水资源、能源与生态环境，对世界各国社会经济产生了巨大的不利影响，尤其是对农业生产造成严重的威胁。我国地处季风气候区，是世界上主要的气候脆弱区之一，各类气象灾害特别是农业气象灾害连年不断，直接危及农业生产乃至国民经济各部门的发展和人民的生活以及生命、财产安全。在玉米生命周期中，一般会有低温、霜冻、冷害、冰雹、台风、洪涝、干旱等灾害。

一、冷（冻）害

1. 概念及类型

低温冷害是指作物生长期内因温度偏低，热量不足，或是作物的某一生育阶段遭遇一定强度的异常低温，影响作物的生长发育速度或影响开花、结实、灌浆，使作物受害而减产。低温冷害对作物产生的危害主要是降低光合作用和增强呼吸强度，减弱根系对水分的吸收，减慢发育速度，妨碍花粉的正常发育，阻碍花药的开裂、散粉，使受精过程发生障碍，强低温会伤害细胞膜，引起电解质外渗，造成细胞解体。

（1）延迟型冷害。是指在玉米的生育期间，较长时间内处于比较低的温度条件下，导致玉米光合作用受阻，生长发育缓慢，表现为拔节、抽雄、扬花期推迟，灌浆速度降低，成熟期延迟，以致初霜来临前不能正常成熟而显著减产，并且品质下降。其减产程度受低温强度及其持续时间制约，低温强度越强、持续时间越长，减产损失越大。

（2）障碍型冷害。是指在玉米生殖器官分化期到抽穗开花期遭受异常低温，使生殖器官的生理机制受到破坏，如引起开花器官的障碍，则妨碍授粉、受精，造成不育或部分不育，产生空壳和秕粒。障碍型冷害的特点是低温的时间较短，但受害后难以恢复正常，表现为秃顶、缺粒、缺行，甚至空秆无果穗，减产较大。

2. 对玉米生长发育的影响

在外界低温条件下，玉米侧根伸长受到极大影响，根系发育不良，株高明显降低，叶片数减少，灌浆速度下降，子粒干重下降，磷吸收有效性显著降低。10℃以下低温导致玉米组织中的有效含磷量减少，无效磷比率增加，其原因是无机磷合成有机磷的比率下降。在进入抽穗期后测定，低温下玉米株高明显矮化，节间缩短，节数减少，影响株高的关键期是拔节后期到孕穗前期。随着低温时期的后延，对玉米产量的影响逐渐加重，但以灌浆期影响最大。据试验研究分析，在低温加遮光的条件下，温度每降低1℃，苗期减产0.1%，拔节期减产0.23%，孕穗期减产0.5%，灌浆期减产0.74%。

3. 播种至苗期冷（冻）害

玉米种子播种之后，种子吸水，较长时期处于低温下会因霉菌的侵入而坏死。在遭遇4~6℃的条件下，种子致死率为21%~36%。

在较低的温度下，玉米幼苗容易黄化并产生红苗，严重时导致叶片组织死亡。在高寒地区，春季幼苗容易出现紫红苗的现象，紫红苗主要是由于低温造成的叶片内花青素积累。

4. 玉米成熟后期早霜冻害的影响

对于生育期较长的晚熟品种，成熟后期遇到早霜冻害，将会延长灌浆成熟期，导致玉米减产严重。2009年，早霜冻提早一个月来临，造成新疆西北部塔城地区玉米明显减产。

二、玉米旱害

1. 概念及类型

干旱是一种因长期无雨或少雨而造成空气干燥、土壤缺水的气候现象，它是干旱、半干旱地区气候的基本特征。在半湿润地区，如气候异常，某一段时间的降水量比多年平均值明显偏少，也会引起干旱，又称季节性干旱。作物一旦由于干旱引起严重缺水，就会因影响正常生长发育而造成损失。长期的大范围干旱将使农作物大幅度减产，甚至颗粒无收。干旱对作物的危害程度与其发生的季节、时间长短以及作物的种类、品种类型、生育期有关。

2. 发生条件及对玉米生长发育的影响

春旱常发生在3—5月份，正值春玉米出苗至拔节期。"卡脖子旱"是玉米生长季常见的灾害，是指在水分临界期出现的干旱。玉米进入拔节期后，植株开始进入旺盛生长阶段，对水分要求迫切，但有些年份雨季来得迟，形成夏伏连旱，使玉米遭受"卡脖子旱"的危害，幼穗发育不好，果穗小，子粒少。干旱严重时，造成玉米雄穗与雌穗抽出时间间隔太长，授粉不良，果穗子粒少，或雄穗和雌穗抽不出来，雌穗部分不育，秃尖增多，甚至空秆，导致严重减产。

秋旱发生在8月下旬到9月下旬。这时玉米正处于子粒灌浆成熟阶段，需要大量水分合成干物质。秋旱可造成玉米植株早衰，影响光合产物积累，导致子粒灌浆不饱满而减产。

3. 播种至苗期旱害症状

萌发出苗是玉米整个生育期的第一阶段，种子发芽和出苗后的生长情况直接关系到以后的生长发育和产量形成。土壤干旱对玉米萌发出苗造成不利环境，使种子活力降低，即种子萌发开始时间推迟，萌发率下降，种苗生长缓慢。土壤水分环境影响玉米种子吸收水分的速度，不同水分条件下玉米种子发芽速度有显著差异，发芽 3~7 天的幼苗长度与发芽过程中胚芽的含水量呈显著正相关，芽的生长比根的生长对水分反应更敏感。

4. 玉米开花授粉期高温干旱的危害

玉米抽雄前的干旱使单株花粉粒数减少，雄穗的分枝数和小穗数大幅下降，雄穗长度缩短，但开花后的干旱对花粉粒数无显著影响。吐丝前遭受干旱胁迫的植株，其散粉持续时间明显延长，而吐丝期的干旱不影响雄穗的花粉生产持续时间。干旱明显降低了花粉和花丝的活力，导致授粉不良，受精能力下降，穗粒数和粒重降低。

三、其他自然灾害

1. 风害

风能抑制玉米幼苗的生长，使株高不再增加，新芽不再发生，叶绿素含量减少，叶片相对水分含量降低，蒸腾速率加快，但光合作用增加。植物在遭受外界机械压迫后，会刺激乙烯的产生，从而使植株生长受到抑制。叶片表皮层变薄，叶片角质层受到磨损，表皮阻力减小。

在风力的作用下，玉米灌浆期间易发生倒伏，尤其是一些不抗倒的品种或者由于施肥、灌水不当及病虫害的侵染所造成的生长不良植株，更易在风力的作用下发生倒伏。

2. 雹害

冰雹灾害是局部性强、季节性明显、来势凶猛、持续时间短的一种气象灾害。这种灾害还因伴有大风暴雨，常给玉米生产带来重大损失，甚至颗粒无收。

若玉米苗期遭受雹害，只要生长点未受到破坏，一般不用轻易翻种，而应及时采取补救措施，加强田间管理：及时除去枯叶和被冰雹打碎的烂叶，使顶心似露未露，以促进心叶生长；及时进行划锄、松土，以提高地温，促进玉米苗早发；灾后及时追肥，使玉米迅速恢复生长。

若玉米拔节期后受到冰雹袭击，须尽快喷施 600 倍粮食专用型天达 2116＋2 000 倍天达裕丰＋600 倍氟哌酸＋200 倍红糖液，既可防止病菌感染，又能激活细胞功能，使其迅速恢复生长，一般不需要翻种。

3. 雨涝害的危害

涝灾是由于在某段时间内降水量过多和降水强度过大而造成的。涝灾按水分过多的程度主要分为洪涝灾害和渍涝灾害；按发生季节分为春涝、春夏涝、夏涝、夏秋涝、秋涝。

（1）春涝及春夏涝。主要发生在南岭及长江中下游，此期涝灾使玉米营养生长不良，致使产量锐减。

（2）夏涝。主要发生在黄海淮海、长江中下游、西南、东北等地，此期涝灾使夏玉米不能及时播种，使春玉米根系不能正常吸收养分，造成秃顶或空秆。

（3）夏秋涝及秋涝。主要发生在西南、长江中下游和江淮地区，此期涝灾造成夏玉米秃顶、子粒秕瘦，甚至提前死亡，还将引发大、小叶斑病的蔓延，造成严重减产。

单元测试题

1. 玉米机械收获应具备哪些条件？
2. 玉米收获机分哪些机型？各有何特点？如何结合各地生产实际扬长避短地使用？
3. 北方玉米主产区常见的气象灾害有哪些？对玉米生产的危害有多大？各地不同时期有何主要危害状况？
4. 其他几种自然灾害有哪些种类？各有何影响？
5. 玉米收获时脱粒方法可分为哪些？

第二部分 农艺工——玉米种植（高级）

第14单元

玉米的光合作用与产量的形成

- 第一节　玉米的光能利用与群体结构 /204
- 第二节　玉米产量的形成 /208
- 第三节　新疆玉米吨粮田的发展 /211

第一节 玉米的光能利用与群体结构

培训目标
→ 能够了解玉米的群体结构及其组成特性
→ 能够掌握玉米群体的光能利用

玉米产量归根于光能的利用，通过密度的调控，构建合理的群体结构，获得较大的光合器官，产生更多的光合作用产物，从而得到较高的产量。玉米以群体进行生产，合理的群体结构是提高玉米光能利用率，获得高产的重要条件。在生产中必须研究群体结构的动态变化和指标体系。产量是玉米品种与生长环境因子相互作用、协调发展的结果，良好的群体结构性状是玉米高产的重要特征，玉米冠层内的光照、温度、湿度、风和二氧化碳浓度等小气候因子的分布都与群体结构性状紧密相连，并影响光能利用率和产量。玉米群体由个体组成，个体的生长发育受群体的制约，而群体生产力又建立在个体生产力的基础上，充分了解个体与群体的关系，能使群体建立在个体正常生长发育的基础上。把握群体结构和产量及其构成的关系，能使人们进一步认识玉米群体进行物质生产的内在规律，为合理密植、培育高产型玉米群体提供理论和实践依据。

一、玉米的群体结构

在一定土地面积上，由一定数量的玉米植株个体所组成的"整体"称为玉米群体。通常所说的玉米产量是指玉米的群体产量，其高低主要取决于群体的最佳结构，所以，高产栽培中非常重视建立一个合理的玉米群体。

玉米的群体结构包括群体的几何性状和大田切片。群体的几何性状主要指茎叶夹角、叶向值、叶片方位角。群体的大田切片是指玉米光合器官（叶片等）与非光合器官（茎、穗等）的空间配置状况，或者指玉米群体的垂直结构。群体结构代表群体的基本特性，是产生各种不同影响的主要根源，与产量、品质的关系非常密切。

1. 群体的几何形状

茎叶夹角定义为叶片平面与茎秆垂直方向的夹角，是决定群体远光和受光姿态的重要指标。茎叶夹角越小，说明叶片坚挺上举，植株越紧凑。玉米是高秆作物，茎叶夹角直接影响到群体内的光分布状况和种植密度大小。

叶向值是表示叶片挺拔、上冲和在空间下垂程度的综合指标。叶向值越大，表明叶片挺拔，上冲性越强，株型越紧凑；叶向值越小，表明叶片平展，下垂程度越大，上冲性差，株型越平展、松散。从不同部位的茎叶夹角和叶向值看，穗位以上茎叶夹角均小于穗位以下茎叶夹角，穗位以上叶向值均大于穗位以下叶向值。

叶片方位角定义为叶片平面法线方向的水平投影与正北方向的夹角，从正北方向开始顺时针划分为 8 个方位，每个方位 45°。叶片方位角的变化主要受播种方式的影响，播种方式不同，叶片方位角不同。冠层内光分布的不均匀性和叶片的趋光运动是叶片方位角千差万别的主要原因。

2. 群体的大田切片

研究玉米的群体结构时，必须了解玉米光合器官（叶片等）与非光合器官（茎、穗等）的空间配置状况，或玉米群体的垂直结构，并对群体内的光照状况加以分析，称为大田切片法（或称分层割取法）。用大田切片法研究玉米群体结构，一般是对一定土地面积内的玉米群体，在不同的生育时期自上而下，分层切割成 30 cm 厚度，然后将每 30 cm 厚度中的光合器官（主要是叶片）和非光合器官（主要是茎秆）分开，测定干物重和叶面积。分层割取之前，预先测定群体内每层的光照强度，最后获得数据，归纳整理，绘出光合器官和非光合器官的垂直分布和群体内部光分布状况——群体结构图。

二、群体结构与光能利用

1. 玉米群体的光能利用

（1）光能利用率。光能利用率是指太阳光的总辐射能量被作物的光合作用转化成化学能而储存于光合产物中的百分率，一般用单位土地面积上生产的干物质中所含能量与照射到相同土地面积上阳光能量的比率来表示。从玉米整个生育期看，群体光能利用率呈单峰曲线变化，苗期和乳熟以后的群体光能利用率较低，一般在 1.00% 以下；大喇叭口期至吐丝后 30 天群体光能利用率较高，可达到 3.00% 以上。据调查，玉米高产田中，大喇叭口期到吐丝期光能利用率的阶段值可达 4.00% 左右。玉米的光能利用率与产量水平密切相关。低产地块光能利用率是比较低的，在 1.30% 以下，随着产量水平的提高，群体光能利用率也随着提高。

（2）光能转化率。植物在进行光合作用时，每还原 1 个二氧化碳分子，需要 8~12 个光量子。光合作用中还原 1 个二氧化碳分子需要的量子数目称为量子需要量。

（3）玉米群体地上部位的能量积累。玉米不同群体条件下的能量积累同干物质积累的趋势相同。玉米不同节位叶片以 12~14 叶（棒三叶）的能量积累值为最高，叶鞘也是这样的趋势。不同节位节间则以 9~12 节的能量积累为最高，穗位以下节间所储积的能量明显高于上部节间。不同群体的能量积累总和，以 4 000~5 000 株/亩的较高，密度较小和过大时的光能利用率均降低。在营养器官中，茎秆、叶片中储存的能量受群体密度制约。4 000~5 000 株/亩时，群体的茎秆中储积的能量高于叶片；6 000~7 000 株/亩时，群体的叶片中储积的能量较高。叶鞘中储积的能量与群体密度关系不大，其数量也不高。

第一果穗中,能量储积的多少依次为子粒、穗轴、苞叶、穗柄和花丝。雄穗和第二果穗中能量储积值随群体密度的增加而逐渐减少。密度超过6 000株/亩时,难以形成第二果穗。

(4) 玉米不同生育阶段的群体光能利用率有较大差异。玉米苗期群体生长率低,漏光多,而太阳总辐射又强,使得苗期光能利用率最低,为0.07%~0.09%;拔节→大喇叭口期,玉米植株生长加快,群体生长率提高到18.78%~20.556%/(m^2·天),而该阶段的日平均辐射量与苗期相比相对较低,所以光能利用率迅速提高,为苗期的23~27倍;大喇叭口期→吐丝期,植株生长发育最快,群体生长率比前阶段提高约1倍,群体光能利用率也最高,达3.34%~4.04%;吐丝→授粉后21天,玉米植株营养生长已经停止,是子粒建成阶段,群体生长率开始降低,光能利用率相应减少;授粉21天以后群体光能利用率又有所提高,接近大喇叭口期→吐丝期的水平。玉米种植密度过高或过低时,均难以充分、合理地利用光热资源,群体光能利用率也不高。

2. 株型与光能利用

株型不同会间接影响群体冠层内的光分布状况和群体的光能利用率。研究和实践证明,紧凑型玉米群体的光合效率高于平展或下垂叶片群体的光合效率,其原因在于:紧凑型玉米群体内上、下层叶片能较均匀受光,平展型群体上部叶片则集中受光,而下部叶片光照不足,所以紧凑型群体可较好而经济地利用光能,提高群体光合效率。紧凑型玉米群体对光的反射率较小,可减少光能损失,在白天的强光下,直立叶片面的反射光可折向群体内被其他叶片吸收和利用,以提高光能利用率。在早晚弱光下,紧凑型玉米群体的叶片与阳光近于垂直,可充分受光进行光合作用。在中午强光下,阳光从上面斜射叶面,可减少高温和强光对光合作用的不良影响。综上所述,这些特点改善了群体内光照条件,增大了透光系数,充分利用了阳光,提高了光能利用率,使产量提高。

三、玉米群体内的小气候

玉米群体小气候是指群体小范围内的气候条件。尽管小气候受地理位置、当地生产条件等多种因素的影响,但在玉米单一群体内其基本规律是相似的。光、热、水、二氧化碳等因子不仅是玉米光合作用不可缺少的能量和物质,同时,它们构成的小气候环境对玉米生长发育有显著的影响;反之,玉米的群体构成也影响小气候的分布和利用。因此,了解玉米群体内光合有效辐射、温度、湿度、风速、二氧化碳等因子的分布规律及其形成特点,采取适当的措施建立良好的群体结构,对充分利用小气候资源,避免和克服不利因素,提高群体生产能力有重大指导意义。

1. 群体内光合有效辐射的分布

入射到玉米群体的太阳光在透过叶层的过程中不断地被叶片等器官所截获,所以群体内光合光子通量强度自上而下逐渐减弱。如在4 000株/亩的群体中,光合有效辐射与各层光合有效辐射占自然光合有效辐射的百分比的垂直变化趋势相同，均表现为自群体顶部向下递减。植株顶部至株高240 cm的层次内光合有效辐射递减20%左右，在株高150～240 cm的冠层内光合有效辐射递减快，约占自然光合有效辐射的50%，地面光合有效辐射只有自然光合有效辐射的7.22%。由此可见，群体冠层的光合有效辐射截获最大，光合有效辐射削弱快。

2. 群体内二氧化碳浓度的变化

二氧化碳浓度对于玉米群体光合作用有很大影响，群体中的二氧化碳处于不断消耗和补充之中，它的浓度及其变化受群体结构状况、各层次的光合速率、呼吸速率、土壤呼吸强弱以及大气二氧化碳浓度、群体通风情况等因素的影响。因此，了解玉米群体二氧化碳浓度变化特点，可以采取合理的措施（如增施有机肥、构建理想群体等）提高群体的生产力。

研究表明，吐丝期地面层二氧化碳浓度较高，地面至株高150 cm处二氧化碳浓度逐渐降低，株高150～240 cm处二氧化碳浓度较低，可能与此处正是玉米群体的旺盛光合层有关，株高240 cm以上群体内二氧化碳浓度随株高逐渐增加，接近于大气二氧化碳浓度。

3. 群体内湿度的变化

玉米群体内空气湿度是地面蒸发、植株蒸腾、植株呼吸以及热量和水分交换程度总和的体现。一般来说，玉米群体边缘的空气相对湿度小于群体内部。群体中空气相对湿度的垂直分布状态为：由地面至株高90 cm处逐渐降低，而后又逐渐升高，210～240 cm处最大，240 cm以上又迅速降低。玉米密度不同，群体内空气湿度及其分布各异。冠层顶部空气湿度变化幅度不大。

四、合理密植的原则和技术

1. 合理密植的原则

（1）适宜密度与当地自然条件。玉米的适宜密度与纬度、温度、光照、地势等自然条件因素有关。一般纬度高，日照时数增加，玉米生长期延长，密度宜小；纬度降低，积温和日照时效减少，玉米生长期变短，种植密度宜大；同一纬度越往东，积温和日照时效越少。玉米是短日照作物，南方低纬度地区日照短、温度高，促进玉米的生长发育，使其生育期变短，植株生长矮小，因此种植密度宜大；相反，北方高纬度地区的长日照和低温会使生育期延长，植株高大，种植密度宜小。

（2）适宜密度与品种特性。品种的株型对其适宜密度影响最大，紧凑型品种耐密性强，种植密度宜大；平展型品种耐密性差，种植密度宜小。由于紧凑型品种叶片直立上冲，穗位以上茎叶夹角小，基部叶片相对平展，使植株叶片分布呈塔形，这样的群体透光性和叶片受光姿态好，单位土地面积上容纳的叶片多，可以密植，一般为5 000～

6 000株/亩；平展型品种穗位以上茎叶夹角平均大于40°，叶向值平均小于30°，种植密度宜小，一般为3 500～4 000株/亩。

晚熟品种生长期长，植株高大，茎叶量大，单株生产力高，需要较大的营养面积，可以适当稀植；反之，早熟品种植株矮小，茎叶量小，需要较小的营养面积，应适当密植。

（3）适宜密度与灌溉条件。玉米是需水较多的作物，水分对密度和产量影响较大。对于同一品种而言，在一定密度范围内，随着密度的增加，总耗水量有加大的趋势。其原因是增加密度后，尽管地面覆盖度增加，地面蒸发减少，但玉米群体叶面积增加，蒸腾的增加量远远大于地面蒸发的减少量，耗水总量增大。所以，灌溉条件好的地区，玉米可以适当密植；而干旱或水浇条件差的地区则应当稀植。

2. 合理密度的确定

确定玉米适宜密度的方法有多种，常用的方法有两种：一是根据品种的光分布特性进行推算；二是根据密度试验中密度与产量的回归方程求得。

3. 合理密植技术

实现玉米的合理密植是增加玉米产量的有效途径。根据合理密植的原则，确定了适宜种植密度，那么，合理密植技术则是玉米高产栽培的重要保证。

（1）根据玉米的品种类型确定种植密度。玉米的品种类型不同，对种植密度的要求也不一样，紧凑型玉米要求的种植密度范围大。平展型玉米的种植密度比紧凑型玉米小。因此，对于不同类型的玉米品种，其种植密度应分别对待。

（2）提高播种质量，保证出苗密度。

（3）采用合理的种植方式。玉米的种植方式决定其适宜密度，随着生产水平的不断提高，许多高产地区把改革种植方式作为改善群体结构、提高光能利用率的重要途径。生产实践证明，在密度增大时，配合适当的种植方式，更能发挥密植的增产效果。目前，玉米种植方式主要有两种：一是等行条播，二是大小行种植。

第二节 玉米产量的形成

→ 能够认识玉米产量形成的因素
→ 能够掌握玉米"源"和"库"的关系

玉米植株的总干物质产量称为生物产量。在这些干物质中，除5%左右为矿质元素外，其余的95%左右来源于光合作用产物。在进行光合作用形成光合产物的同时，太阳光能可转化为化学能，储存于光合产物中，这些能量是植物生命活动的基本动力。玉米光合作用的主要器官是叶片，在玉米生长发育过程中，可以不断进行光合作用，积累干物质，直至最后籽粒成熟。玉米的光合特性主要表现为光呼吸低，光饱和点高，光补偿点低，光能利用率高，因此有利于产量的进一步提高。

一、玉米干物质积累与栽培技术的关系

玉米从出苗到成熟，植株干物质积累速度有规律地变化着。玉米从出苗到拔节所需时间约占全生育期的1/4或1/3。这一阶段群体叶面积很小，干物质增长较少，每亩干物质仅为13.2 kg，占总干物重的1%略多，平均日增长量为0.4 kg。从拔节到蜡熟期，时间约为2个月，占全生育期的1/2，每亩干物质由13.2 kg增加到862.9 kg，占总干物重的80%以上，平均日增长量为13 kg。本阶段干物质积累速度近于直线增长，此后为缓慢增长阶段，所经历的时间为20天左右，约占全生育期的1/6，干物质纯增134.9 kg，占总干物重的13.5%。这一阶段积累的干物质主要供子粒生长。

二、产量容积与产量内容的"库""源"关系

玉米子粒的形成必须具备两个条件：一方面要有经过授粉并能进一步发育的种子，也就是"库"，或者叫产量容积；另一方面要使这些授粉以后的种子在整个发育过程中能不断地得到光合产物的供应，这就是"源"，或者叫产量内容。关于"库"与"源"的研究，实质上是产量形成研究的具体化。子粒产量一方面取决于授粉时所形成的子粒生长潜力，同时还取决于从授粉到成熟这一阶段所提供的光合产物数量。"库"的大小可以用每株的子粒数和每个子粒的潜在重量的乘积来计算。而供充实子粒所需要的光合产物数量"源"，可由灌浆期间净光合积累加上植株在开花授粉前积存于茎秆、叶鞘、叶片中的光合产物的数量来估算。

1. 产量容积的建成

玉米产量容积由每平方米的雌穗数、每个雌穗上分化发育成的粒数、受精率、根据子粒大小上限计算的潜在重量四方面的因素构成。

2. 产量内容的形成

玉米产量内容由收获时的实际每平方米穗数、每穗实际粒数、实际粒重三个因素构成。

三、影响玉米产量潜力发挥的限制因素

限制玉米子粒产量的因素究竟是"源"还是"库"，并不是绝对的，往往因品种而异。

目前，从一般生产情况看，"库"与"源"之间有着相辅相成的辩证关系。如果在

拔节至抽雄期所采取的技术措施得当，则可促进"库"的增长，即促进玉米的幼穗分化，增加粒行数，同时建立相应的叶片、茎秆等营养体，为后期的"源"打下基础。"库"多了，又能促进后期的光合强度，而光合强度的增加又不断地建成了实际的"源"。这些都说明，"库"与"源"两者是对立的统一。当然，关于"库"与"源"，目前还有许多问题需要进一步研究。

除了"库"和"源"以外，由"源"到"库"还存在着一个"流"（运转和运转速度）的因素。在某种情况下，"流"还可能对产量产生重要影响。例如，在低纬度地区栽培的玉米，相当于茎秆重量40%的物质可能是蔗糖，但却没有全被用于子粒的形成；而在高纬度地区，这些储存物质可能全被利用。

四、玉米子粒产量与植株干物质产量的关系

玉米子粒产量（即经济产量）在一定范围内随着整株干物质重量（即生物产量）的增加而提高，但是经济产量和生物产量之间相依赖的程度因栽培技术和气候条件而不同。

五、构成玉米产量的因素

1. 群体叶面积对产量形成的作用

叶面积指数是衡量作物群体叶面积大小的指标。在玉米群体发展过程中，叶面积指数由小到大，然后又下降，一般以玉米开花散粉时的叶面积指数最大。不同品种、不同产量水平的玉米群体，其各发展阶段的叶面积指数都有明显差异。新疆亩产 800 kg 左右的玉米田，最大叶面积指数为 3.0 左右；亩产 1 000 kg 以上时，最大叶面积指数为 4.0 左右。当然，这些也与玉米品种有着密切的关系。

2. 光合势对产量形成的作用

叶面积指数虽然是作物产量形成的一个重要指标，但并不能说明作物某一阶段的生产能力。在叶子形成产量的过程中，主要取决于两个因素：一是叶子进行光合作用的时间；二是叶子的光合生产率。相同叶面积的群体，由于进行光合作用的时间不同，对产量形成的作用也不一样。叶面积与其进行光合作用时间的乘积称为光合势，即光合势的大小取决于叶面积和光合作用时间。

在玉米群体发展过程中，光合势与叶面积的发展趋势相同，玉米种植密度及其管理措施对各生育阶段的光合势都有影响。在一定范围内，产量随光合势的增加而增加，但是相似的光合势并不一定有相似的产量，它与玉米品种增产潜力、栽培管理措施、地域条件等都有密切的关系。新疆的玉米亩产达到 1 000 kg 时，光合势为 $(15 \sim 16) \times 10^4 \mathrm{m}^2 \cdot \mathrm{d}$。

3. 净同化率与玉米产量形成的关系

净同化率是指单位时间内单位叶面积所形成的干物质。计算单叶片的净同化率时，

在大田群体条件下计算净同化率的单位是 $g/m^2 \cdot d$，即每天每平方米叶子所积累的干物质。净同化率的高低直接影响到植株干物质积累量。玉米的净同化率不但在生长发育时期彼此不同，而且受外界环境条件和栽培措施的影响也很明显。

玉米单株叶片净同化率呈谷峰相间的波浪式变化。大致在三叶期、雄穗生长至裂片期、雄穗小花分化期、抽雄期、子粒建成初期、子粒灌浆高峰开始期出现 6 个高峰。玉米群体净同化率往往受群体结构以及外界条件的影响。

第三节 新疆玉米吨粮田的发展

→ 能够结合当地生产条件分析不同地区玉米高产栽培机理
→ 能够把握玉米不同生长阶段高产栽培管理要求的技术标准并予以实施

一、高产玉米内部和外部原因分析

1. 高产玉米的生理机制

玉米属高光效的 C_4 作物，其光合器官的同化能力比 C_3 作物高 1~2 倍。各地普遍推广种植紧凑型玉米高产杂交种，更显示其高产、高效的优良性能。

（1）生长季节光热资源丰富，具有高水平的群体光合同化能力。

（2）全田群体结构合理，叶面积指数大，光合功能期长，干物质积累量多。

（3）种植基本苗的留苗密度大，群体生物产量高，经济系数也大。

（4）土地肥力高，土壤结构好，根系发达，多种酶活性强，吸收及代谢旺盛。

2. 高产玉米栽培技术调控运筹理论

依据生产实践和科学研究可综合归纳为以下 5 点：

（1）正播玉米生育进程与生长期最佳季节同步。

（2）构建合理的群体结构，培育高光效、高同化、多积累的良好群体。

（3）全力达到增叶源、扩穗粒库、畅同化流的物质代谢途径并协调发展。

（4）应用地膜覆盖栽培、营养钵育苗移栽（南方）、种子包衣丸粒化、麦后机械套种、间混套等复种和化学调控手段等综合技术，实施全程化有效管理。

（5）在利用玉米杂种优势和品种株型增产的双重作用下，同时加强综合栽培技术的有效应用，肥水合理运筹，田间管理精准到位。

科学研究与生产实践证明，各地玉米不少面积高产水平已经涌现出吨粮（1 000 kg/亩）的超高产世界纪录。已有很多事例证明，实行一年两熟或三熟（三种三收）的栽培制度，实现超高产是完全可能的。

3. 新疆玉米吨粮田的综合因素分析

（1）选用高产、抗倒、耐密的紧凑型杂交种。良种是作物重要的增产手段。新疆先后推广掖单系列、登海系列和新玉系列等高产杂交种，已成为全疆夺取吨粮的当家品种。这些群体结构合理，均具有株型紧凑、耐密性强、个体生长势旺盛等综合优势，表现为株高叶大，叶面积指数大，穗大粒多，千粒重高，增产潜力大。

目前，新疆普遍推广山东引进的掖单系列、登海系列和自育新玉系列品种等高产杂交种，继 Sc704 大面积种植以来，郑单 958、先玉 335、KWS2564 等以及新引 KXA4574、新玉 31 号等正不断扩大推广，成为实现吨粮的主栽品种。

（2）适时早播，适当增加密度，提高群体生物产量

1）适期早播，可延长苗期生长时间，增加个体营养生长量，为提高生物产量打好基础。在理想的外界生态条件下，作物光能利用率的理论上限为 10% ~ 14%。现今国外高产地块光能利用率可达 6%。我国的平均值为 1%，新疆平均仅为 0.6%，个别高产试验田可达 2% ~ 4%。可见，新疆自然资源下玉米光能利用率的潜力很大。

2）适当增加单位面积株数。20 世纪 80 年代后，高产单位全面推广紧凑型玉米，为高产提供优良的品种。紧凑型玉米实现吨粮，可加密到 6.5 万 ~ 7.5 万株/hm^2，比平展型的密度增加 1 万 ~ 2 万株/hm^2，达到增株、增穗、增粒重的增产效果。生产上广泛推广应用紧凑型玉米，为高产栽培提供重要的良种条件。玉米播种前，进行种子包衣或拌种后晾干，确保高质量的精量播种或半精量播种。

（3）重施孕穗肥，增加粒数、粒重。在 11 ~ 12 叶展前重施追肥，施肥量要大。中期加速拔节抽雄，改善植株穗分化形成时期的营养，后期提高穗粒的灌浆强度。

（4）合理灌溉，水肥配合，提高水肥利用率

1）积极实施测土配方施肥。根据目标产量进行测土配方施肥，既降低生产成本，提高肥料利用率，又增加玉米产量，改进品质，提高效益。必须做到肥水配合，北方干旱地区应先追肥，后灌水。适时适量供应肥水，吸收利用效率高，提高光合同化效率。

2）从新疆绿洲灌溉农业的实践出发，应重视水的经济利用。玉米全生育期一般应灌溉 3 ~ 5 次，灌溉定额为 6 000 ~ 6 500 m^3/hm^2。生产上通常在苗期蹲苗后到拔节期开始灌头水，每隔 12 ~ 15 天灌水一次，每次灌水量在 1 200 m^3/hm^2 左右，抽雄后的最晚一次灌浆水可浇跑马水，保证灌匀、灌好。为保持玉米后期根系的活力，延长上部叶片功能期和子粒灌浆时间，提高灌浆强度，增加粒重，停水不宜过早。

（5）实施地膜覆盖栽培，合理运用化学调控技术

1）推广地膜覆盖栽培。在有效积温较少的地区，为促进玉米早熟、早收、高产，可采用地膜覆盖栽培。地膜玉米比常规玉米提前播种 5 ~ 7 天，播种方式可膜内点播或膜上点播。

2）合理运用化学调控技术。在玉米生长期，运用两次化学调控措施，控制玉米茎秆过快生长，以达到矮秆、大穗、高产、抗倒的理想株型。

①在玉米6片展叶时，喷洒矮壮素，可有效控制玉米茎秆的生长。

②在玉米生长到11~12片展叶，即大喇叭口期再化学调控一次，喷洒乙烯利或玉米健壮素，促进玉米生长，控制营养生长，使生长重心转移，达到穗大、粒多的效果。

在高密度栽培条件下，配合化学调控技术，在玉米大喇叭口期喷施乙烯利或玉米健壮素，可使玉米产量增加$1.2~1.5$ t/hm²，增产15%~20%。例如，某地曾大面积成功应用玉米健壮素，使玉米增产13.8%~16.0%。

（6）全面加强田间管理，做到综合防治病害、虫害、草害。播种前进行农药拌种或种子包衣处理，可防止病虫害的发生。玉米生长期可采用常规综合植保防治技术。新疆玉米的田间管理工作尤以虫害、草害值得重视。对玉米螟等应注意及早用药防治，对草害应根据不同杂草种类采取相应的化除或机耕、人工除草等办法综合防除。

（7）实行秸秆还田，不断增加土壤有机质，强化重视培肥地力，打好丰产基础。玉米是高产、喜肥的作物，土壤有机质含量要求为1%~2%，如美国高产玉米地的有机质在3.5%以上。玉米是不耐盐碱的作物，要丰产必须选择盐碱轻微的地块，土壤含盐量要少，必须降到0.1%~0.2%。土壤碱解氮要求达到$70~80$ mg/kg，有效磷为$15~20$ mg/kg，速效钾为$150~200$ mg/kg。因此，高产的生产单位十分强调提高地力，多施有机质肥料，重视施用绿肥或秸秆还田，并配施40%~50%的氮素和60%~70%的磷素化肥，有利于促进基肥的分解、转化，利于加速根系对养分的吸收和利用。

（8）采用精耕细作，扩大机械化管理面及收获面积。高产单位都注意精耕细作，不断提高土壤有机质含量，结合扩大机械化作业管理。新疆兵团不少高产团场十分重视精耕细作，加强田间管理作业全程化管理，提高机械化程度，从种到收基本上全面实现机械化操作。

二、玉米吨粮田高产栽培的基本要求

1. 高产栽培的产量构成因子指标要素

高产吨粮的产量因子应达到以下指标：单位面积果穗数$5 500~6 500$穗/亩，单穗子粒重$210~230$ g，单果穗粒数$660~740$粒，单产可超过1 000 kg/亩（15 t/hm²）。

2. 高产栽培的基本生产条件

基本生产条件：土壤肥沃，结构性好，盐碱要轻，肥水管理水平高。

栽培技术参数指标：单位面积留苗$7.5×10^4$株/hm²（$5 000~5 200$株/亩），确保收获果穗$7.2×10^4$穗/hm²（4 800穗/亩以上），要求成穗率在90%以上、空秆率低于10%。株数是人为易于控制的因素，也是构成穗数的前提，穗数又是构成产量的基础。合理密植就是要求达到增株、增穗、增粒、增重、增产的目的。

3. 高产栽培的肥水技术

吨粮田肥水施用方案：优质有机肥 $35\sim45$ t/hm² （$2.5\sim3$ t/亩），氮:磷为1: ($0.5\sim0.6$)。每公顷施纯氮 150 kg、磷 90 kg，并适当施用钾肥 120 kg。总体施肥量 $180\sim220$ 个标肥，尤其要重视拔节期追肥。

玉米一生灌水 $3\sim5$ 次，特别要抓住三个关键时期的灌水，即拔节水、抽雄扬花水、灌浆水（$1\sim2$ 次）。适当增加灌水，可增产 10%。

相应的田间管理也很重要，实施苗期蹲苗促壮，重视拔节孕穗肥水管理，防治病害、虫害、草害等。

4. 玉米一生生育阶段特点和栽培管理要点

（1）苗期。壮苗早发，根系发育快。适期早播，一播全苗。达到"五苗"（早、全、齐、匀、壮），重视苗期蹲苗。加强中耕，多次中耕，推迟灌头水（拔节水），达到控上促下的目的。

（2）穗期。拔节至抽雄，茎叶生长快、数量多，是玉米一生生长发育最旺盛的时期，需肥水多。应重视拔节肥的施用。一般地块施肥量应适当加大。

（3）花粒期。抽雄至成熟，以子粒灌浆为中心。应重视后期的肥水供应，防止早衰。可配合化学调控技术，应用玉米健壮素或乙烯利等。

5. 玉米高产栽培的几项关键技术

玉米要高产，应选择肥沃、有机质含量高、盐碱轻的结构性土壤。

（1）适期早播，促壮苗早发

1）适播温度指标。$5\sim10$ cm 地温稳定在 $10\sim12$℃下种，地膜覆盖栽培可提早些，在 $8\sim10$℃时开始下种。应带种肥下种，有利于形成壮苗。带种肥数量：尿素 75 kg/hm²，三料过磷酸钙 $200\sim250$ kg/hm²，用腐熟的油渣、羊粪时，施肥量为 750 kg/hm²。

2）播种量。常规条播用种量 $50\sim60$ kg/hm²，精量播种可用 $20\sim30$ kg/hm²。要求留苗密度 7.5×10^4 株/hm²。行距 $60\sim70$ cm，或 60 cm+40 cm 宽窄行，播深 $5\sim7$ cm。确保一播全苗。机播质量要求可归纳为六句话：播行端直，下子均匀，播深一致，覆土良好，接行准确，播后镇压。

3）种植方式。春播或复播套种，缩行增株，合理密植，增株、增穗、增产。

（2）合理密植，增株增产。在玉米苗 $3\sim5$ 叶时定苗，留苗密度要求为 7.5×10^4 株/hm²。肥水条件好的可留到 $7.8\times10^4\sim8.3\times10^4$ 株/hm²。

（3）中耕蹲苗，扎根促壮。玉米出苗现行后，即可及早中耕。一般中耕 $2\sim3$ 次，先浅后深。分别在玉米 $2\sim3$ 叶期、$4\sim5$ 叶期、$6\sim7$ 叶期进行。结合松土除草，起到增温保墒，增强通透性，加强微生物活动，提高肥料有效性，促根壮苗等多种作用。注意不伤苗、不压苗、不埋苗、不铲苗，留出护苗带。

在未带种肥或地力差、苗较黄弱的地块，可在二遍中耕时结合追施提苗肥，施尿素

150 kg/hm²。若杂草多，应结合化除。

（4）肥水配合，确保秆壮、穗大、粒多。生产上重视拔节期追肥，在7～10叶展前追肥，施肥量可大些。尿素400～450 kg/hm²，磷酸二铵100～150 kg/hm²。追肥深度在10 cm以上，结合开沟、培土、追肥，开沟深度在15 cm以上，以提高灌水质量。

拔节肥追施后及时进头水，生产上通常在蹲苗结束时灌水。新疆地区一般在6月中下旬灌拔节水。二水应紧跟，每隔15～20天进一次水。视苗情，可酌情配施尿素150 kg/hm²，达到秆壮、穗大、粒多、粒重、产量高的目的。

玉米一生灌水4～5次，特别要抓住三个关键时期：拔节孕穗期、抽雄扬花期、灌浆结实期（2～3次）的灌溉。全生育期灌溉定额为6 000～6 500 m³/hm²。适当增加灌水，可增产10%左右。

（5）病虫害防治

1）苗期防地老虎，用糖浆盘诱杀成蛾，应在5月1日前及早摆放。也可在播前用辛硫磷拌种。

2）穗期防玉米螟（钻心虫）。

3）花粒期防叶蝉、蚜虫、红蜘蛛（叶螨）等。

6. 收获以及储藏和加工

（1）适时收获。玉米果穗成熟的标志：果穗上的子粒基部尖冠出现黑层细胞，子粒乳线下移至消失，植株茎秆、叶片以及果穗外苞叶枯黄、松散，子粒变硬，含水量在20%以下时可以收获。机收时可结合秸秆还田或过腹还田，以提高土壤肥力。

（2）储藏和加工。玉米以果穗储藏为好，有利于通风，不易霉变。要求含水量在17%以下。

玉米茎秆可进行氨化处理，作青储或青饲，也可沤作厩肥。

玉米子粒加工利用：制淀粉、酒精、制糖、黏合剂、提炼玉米油、提取醇溶谷蛋白、谷氨酸、味精等产品。

玉米穗轴可制糠醛、塑料等。

玉米花粉可作医学保健用品。

糖渣可作饲料。

单元测试题

1. 如何结合中级工的专业知识学习好本单元内容？
2. 玉米的光能利用率与其他作物相比有什么不同之处？产品用途有什么特色？
3. 如何理解玉米"源"与"库"的关系？怎样创建合理的群体结构？
4. 玉米吨粮田高产栽培有效调控机理有哪些？如何结合实际应用？可以新疆为例。

第15单元

玉米空秆、秃顶、缺粒的原因及预防措施

- 第一节 玉米空秆、秃顶、缺粒的原因 /217
- 第二节 玉米空秆、秃顶、缺粒的预防措施 /221

玉米空秆、秃顶、缺粒的原因及预防措施

第一节 玉米空秆、秃顶、缺粒的原因

培训目标

→ 能够结合当地玉米生产条件分析不同类型的玉米空秆、秃顶、缺粒状况
→ 能够分别说明玉米空秆、秃顶、缺粒不同形态特征形成的具体原因

一、玉米空秆、秃顶、缺粒的类型

在玉米生产上最常见的减产就是空秆、秃顶、缺粒，也可称为三大主因。由于种植密度过大，出现大小苗现象，土壤肥力差，又加上外界水肥条件未能满足玉米正常生长发育，后期高温干旱造成"卡脖子旱"，致使授粉受精不良，就易造成空秆、秃顶、缺粒。

1. 空秆的类型

玉米空秆可分为两种类型：一是茎秆上只有雄穗而无雌穗；二是茎秆上虽然雌穗、雄穗都有，但由于外界环境或其他条件不适宜，果穗不能正常发育、吐丝、授粉、结实。玉米空秆是指植株不结苞或有果穗不结子粒，一穗不到10粒，玉米空秆俗称"公玉米"，即玉米不结果穗或虽有果穗但不结实。

2. 玉米秃顶的类型

（1）品种的遗传特性。

（2）不当的栽培措施。有的品种对种植密度非常敏感，种植密度过大时，由于个体营养发育不良，灌浆期田间郁闭，通透性差，使得果穗顶部子粒得不到足够的营养，形成秃尖；营养元素缺乏，例如缺磷、钾，也会加重玉米秃尖，或玉米生长后期缺肥，子粒发育到中途停止生长，使果穗顶部籽秕粒增多而变成秃尖。

（3）不良的环境条件。例如，高温也会造成秃尖。玉米在开花授粉期受高温伏旱，抽丝时间推迟，花粉盛散期已过，使雌穗顶部花丝未受到粉而秃尖。授粉期间阴雨过多，使花粉散不开，遇水花粉粒破裂而死，使雌穗花丝未受到粉而成秃尖。

3. 玉米果穗缺粒的类型

（1）满天星缺粒（俗称瞎包米）。主要原因是雌穗抽丝过晚，盛花期已过，花粉量少，或开花期间遇到高温干燥天气，土壤水分供应不足，花粉丧失活力，只有少数花丝授粉。

（2）果穗一侧有子、一侧无子，出现下侧面缺粒为多，成弯曲的牛角穗（俗称半拉瓜），原因是授粉晚，花丝伸得很长或雌穗吐丝时遇到连续阴雨天，花丝授粉不匀。

（3）顶部缺粒，是由于土壤缺钾，使玉米植株在淀粉积累过程中果穗营养生理上受到阻碍所致。

二、玉米空秆、秃顶、缺粒的原因

1. 空秆的原因

（1）生理因素

1）顶端优势。玉米植株的顶端优势对果穗发育有抑制作用。玉米是雌雄同株异花植物，雄穗是顶芽发育而成的，且比雌穗的发育早 7~10 天。从植物生理上分析，顶芽对腋芽的生长发育有一定的抑制作用，尤其当外界条件对果穗生长发育不利时，这种抑制作用就更为明显。例如，在养分供应不足时，果穗的发育就会受到严重影响。如果这时人为地摘除雄穗，果穗的发育就会好一些。生产上经常采取人工去雄以及调节体内养分分配的方法获得增产。

2）营养失调。玉米的雌穗分化一般在出苗后 40 天左右，此时是防止玉米出现空秆的关键时期。如果此时或前期营养不足，植株生长势弱，光合同化面积小，果穗分化发育不好，空秆就会增加。但是，在玉米植株进入旺盛生长阶段，如果氮素营养供应过多，造成植株营养器官生长过旺，导致玉米由营养生长向生殖生长的转变减慢，果穗得到的营养物质减少，果穗发育迟缓，最后停止发育，也会形成空秆。

3）淀粉含量低。玉米果穗的发育与体内淀粉含量有关。腋芽分化时，首先是玉米茎秆下部的腋芽发育，此时其中的淀粉含量也高，但随后下部果穗的发育越来越慢，直至停止，而上部的果穗发育则越来越快，此时淀粉含量也高于下部腋芽。淀粉含量在各部位腋芽中的变化是有机物分配的结果，这说明空秆的产生与养分失调有关。

（2）外界条件。不良的环境条件，长期高温干旱会造成空秆。玉米在开花授粉期受高温伏旱影响，抽丝时间推迟，花粉盛散期已过，使雌穗尖部花丝未被授粉造成空秆。授粉期间阴雨过多，使花粉散不开，遇雨水花粉粒破裂而死，使雌穗花丝未被授粉而空秆。

1）土壤营养。土壤营养不足是玉米产生空秆的重要原因。在同一种植密度下，施肥少的比施肥多的空秆率高；氮、磷、钾合理配合施用的空秆率低，缺钾时空秆率有所增加；土壤中缺氮、磷时空秆率增大；缺硼时，植株的光合作用受到影响，营养物质的输送受阻，雌穗受精能力丧失，使空秆增多。

2）干旱缺水。玉米拔节后，正值雌穗分化期，如果遇上土壤干旱或水分供应不足，根系弱小，植株瘦矮，光合能力减弱，有机营养积累不足，雌穗发育受影响，势必产生空秆。

3) 土壤渍水。下雨过频，水分过多，土壤缺氧，根系呼吸困难，新陈代谢能力减弱，植株营养条件恶化，也会造成空秆。

4) 密度过大。玉米单位面积产量取决于单位面积内的果穗数、每个果穗的实粒数和千粒重。不论肥水条件好坏，种植密度超过一定限度时，果穗数、实粒数和千粒重都会随密度的增加而减少。种植密度过大，群体叶面积增大，内部遮阴严重，通透性差，光照条件不足，使光合能力降低，光合同化物质减少，尤其是小苗，导致腋芽发育所需的营养不足而形成空秆。

5) 大小苗争光。玉米缺株补苗不当，造成田间苗棵生长不均匀，大小苗并存。小苗受大苗地上和地下部分双重影响，根系吸收养分少，地上部分生长缓慢，营养不足，果穗发育受到抑制，极易形成空秆。

6) 播种过迟。玉米播种晚，营养生长期缩短，造成细弱瘦苗，物质基础差而形成空秆。

7) 氮肥过量。氮肥施用过量，氮、磷、钾营养不协调，造成营养生长过旺，生殖生长不足，幼穗发育分化受到抑制而造成空秆。

8) 土壤板结。土壤板结使植株生长势减弱，根系发育差，茎秆细弱，难以抽穗吐丝，形成空秆。

(3) 选用品种不当。选用品种要适合当地自然条件、种植制度和栽培技术的要求。土壤瘠薄、栽培管理粗放的地方，宜选用适应性强的半马齿型品种；土壤肥沃、栽培技术水平较高的地区，宜选用丰产性能好的马齿型杂交品种；在大风地区，应选用矮秆、茎粗壮、穗位较低、抗折能力强、根系发达的品种。另外，选用多穗或双穗品种，由于它对不良环境有较强的适应性，可使空秆减少。在栽培技术上，选留壮苗，加强田间管理，及时防治病虫害，均可降低空秆率。

2. 秃顶的原因

(1) 土地瘠薄，土壤结构质地差。土地基础差，苗情严重不好，秆细叶黄，营养不足，无力结穗形成秃顶。

(2) 土壤肥水供应条件不足。缺氮少磷，肥力不足，苗情一直不良，造成红苗现象；土壤缺磷时，叶鞘由绿变红，最后呈紫色，一般在3叶期后出现，4~5叶期表现最为明显，严重时叶片变褐枯死，茎细叶小，生长缓慢，造成玉米空秆、秃顶。玉米生长后期缺肥，子粒发育到中途便停止生长，使玉米果穗尖部秕粒增多而变成秃顶。

土壤缺锌一般出现在幼苗4~5叶时，新生叶脉间失绿，叶片呈淡黄或白色，尤以叶基部2/3处最明显，成为"白色苗"，造成植株矮小，节间缩短，生长发育畸形，导致空秆、秃顶。

玉米抽穗开花期需水多，此期若严重缺水，会影响花粉生活力及正常授粉受精，或造成雌穗、雄穗花期不遇，致使空秆、秃顶、缺粒。

（3）种植密度大。因群体过大，小苗也多，内部通透性不良，光合同化作用差，有机物质积累少。有的品种对种植密度非常敏感，种植密度过大时，由于个体营养发育不良，灌浆期田间郁闭、通透性差，使得果穗顶部子粒得不到足够的营养，形成秃顶。种植密度过大时，由于玉米生长势强弱的不同，出现大小苗现象，导致弱株为了争光只能向上伸长而发育不好，势必形成秃顶。

（4）种子质量差，品种不优良。播种质量差的瘦秕种子，出苗后胚内养分不足，生长势弱，导致黄叶瘦苗的出现，极可能造成植株空秆、秃顶。而品种不优良、抗逆性差的种子，会导致僵苗出现，严重时导致空秆、秃顶，甚至植株死亡。

3. 缺粒的原因

（1）土壤。瘠薄的土壤发生缺粒的现象严重。

（2）肥水。玉米田中的有机肥和微肥施量不足，或氮、磷、钾肥配合不当，都会导致玉米缺粒。在玉米的生长中后期，若水分供应不足，会使吐丝延迟，花粉量减少，造成玉米缺粒。

（3）气候。高温干旱共同影响玉米植株，造成开花的玉米雌穗、雄穗发育不良。玉米制种田中，高温干旱使原来花期相遇的亲本组合花期不遇或相遇不好，造成玉米缺粒。玉米散粉时若碰上阴雨连绵、空气潮湿的天气，雄穗不能正常开花散粉或花粉失去生命力，雌穗花丝伸长下垂，里面的花丝授粉困难而导致玉米缺粒。玉米开花期遇上大风天气，将花粉吹散，不能落在雌穗的花丝上，有的花粉即使落在花丝上，但花粉、花丝的生命力都受到影响，授粉不良，也造成玉米缺粒。

（4）栽培。若田间种植密度过大，使光合作用减弱，光合产物减少，雌穗、雄穗发育不良，造成玉米缺粒。

（5）病虫害。病害主要有玉米叶斑病、苗枯病、纹枯病，这些病都可使玉米不能正常发育，造成缺粒。虫害主要是蚜虫。蚜虫在玉米抽雄时开始大量发生，使雄穗的小花干瘪，影响开花授粉。

（6）品种。苞叶长、苞叶紧的品种抽丝慢或不易抽丝，容易授粉不良。不同品种对同一不良外界条件的抵抗力不同，抵抗力差的品种易发生缺粒。

第二节 玉米空秆、秃顶、缺粒的预防措施

→ 能够结合当地不同生产条件分析各个时期玉米实施田间管理的合理要求
→ 能够把握玉米不同植株空秆、秃顶、缺粒的形态标准,以实施相应的防治技术

一、空秆的预防措施

造成玉米空秆的原因多种多样,内因和外因彼此间有关联。在不同年份和地区,造成空秆的原因可能不同,应有针对性地采取预防措施。

1. 预防玉米空秆的具体措施
(1) 改良土壤,提高地力。
(2) 精细整地,力争一播全苗。
(3) 合理密植,提高通风、透光性。
(4) 增施有机肥和注意微肥施用。
(5) 及时适量灌溉,防止"卡脖子旱"。
(6) 重视病害、虫害、草害的综合防治。

2. 栽培技术具体要求
(1) 因地制宜。选用玉米杂交良种。如果玉米种子内在物质基础有问题,在播种以后就无法防止空秆的产生,势必造成减产损失。一定要把好选种关,选用良种。选用适合当地自然条件、种植制度和栽培技术的杂交种,可减少空秆,确保优质、高产。目前,适合各地种植的玉米杂交良种很多,应良中选优,到信誉好的种子销售部门购买,不能贪图便宜,购买劣质种甚至假种。

(2) 合理密植。玉米种植密度应因地、因肥、因种而定,不可过稀,也不可过密,避免出现大小苗。要保证玉米植株有良好的通风、透光条件,满足玉米棒三叶对光照的要求,提高光合能力。种植方式最好采用宽窄行。要因土、因肥、因品种确定适宜的种植密度。过稀,群体难以实现高产;过密,空秆多,整体产量上不去;只有合理密植,才能确保优质、高产。一般紧凑型杂交玉米,每亩种植 4 500~5 500 株;平展型杂交种,每亩种植 3 000~4 000 株;本地常规品种,每亩种植 2 000~3 000 株。

(3) 加强生育期间的管理。首先,要确保全苗。在育苗移栽的地块,起苗时应根

据幼苗大小分级，分别划片移栽，这样便于田间管理，确保全田生长整齐一致，避免出现大小苗现象。及时间苗、定苗，选留壮苗；搞好中耕除草；科学施肥；认真防治病虫害。

其次，强调及时供应肥水，确保玉米植株生长健壮。要多施有机肥，施足基肥，早施追肥，猛施攻穗肥。根据苗情地力，施好苗肥、穗肥和花粒肥。增施肥料，尤其是土壤肥力低的田块，应重施基肥，追肥应前重、后轻，氮、磷、钾配合，还应适当施微肥，每亩施硫酸锌 0.5~1 kg。追施幼穗分化肥和攻穗肥的时间在植株生长发育进入雌穗坐胎和抽穗前 5~7 天，以养好穗胎。合理灌水，苗期控制浇水，拔节后适时、适量灌水，抽雄期绝不能缺水，还要保证后期灌浆水的正常供应。

3. 相应的田间管理关键措施

（1）合理选种，选用优良杂交种。要选择出适合本地种植的高产、子粒饱满、生命力强的包衣种子，而且要在播前进行晾晒以及拌种等处理。选用不秃顶的品种，如郑单 958、先玉 335、浚单 20、Sc704 等品种。这些品种果穗结实性良好，对种植密度具有较广泛的适应性，一般不易秃顶。

（2）施足底肥，增施磷肥、锌肥。要尽可能在前期一次施足农家肥、氮肥、磷肥及锌肥。对于肥力中等地块，每亩应施入优质农家肥 500 kg 以上、尿素 5~8 kg、过磷酸钙 50~75 kg、硫酸锌 1~1.5 kg；对于肥力较差或肥力较好的地块，应在此基础上适当多施或少施。

（3）把握种植深度，合理密植。要尽量使播种深度保持在 5~7 cm 之间。对于地力中等的地块，每亩应留苗 5 000 株左右；肥力较差地块应适当减少株数，肥力较高的可适当增加密度。覆膜栽培种植，可适当早播，同时，行距、株距要适宜，以避免因肥、水、光不均匀而出现大小苗现象，防止弱苗多而减产。

（4）适时、适量灌水。玉米在抽雄前 10 天左右（大喇叭口期）至抽雄后 20 天内，是玉米一生的需水临界期，因此，要特别注意加强此期的水分供应，使土壤田间持水量保持在 70%~80%（土壤含水量保持在 16% 左右）。

（5）适时喷磷、补锌。玉米在中后期生长旺盛期间易出现缺磷、缺锌症状，因此，要及时喷施 0.2% 的磷酸二氢钾溶液和 0.15% 的硫酸锌溶液各 1~2 次，以弥补营养不足，促使获得稳产、高产。

二、秃顶、缺粒的预防措施

选用杂种优势强的丰产品种，加强田间管理，合理密植，保证早苗、全苗、齐苗、匀苗、壮苗，确保"五苗"；全生育期充足供应肥水，尤其在抽雄扬花期更不能遭遇高温、干旱；适时去雄，实施人工辅助授粉，结合化学调控，确保授粉受精过程顺利进行。

预防措施有以下几点：

1. 因地制宜，选用良种。根据本地气候情况，结合不同品种的生育特点，选择粒大饱满、纯度高、紧凑型、丰产潜力大、双穗率高、抗性好的优良品种。

2. 合理密植，增强抗性。根据品种、土壤、栽培方法、气候因素，以建立高光效群体结构为目的，合理密植，既要保证有足够的成穗密度，又要保证良好的通风、透光条件。选用品种要适合当地自然气候条件、栽培种植制度和栽培管理技术的要求。宜选用丰产性较好的马齿型杂交种；在有风害地区，应选矮秆、抗倒、茎秆粗壮、结穗位较低、抗折能力强、根系发达的杂交种。另外，可选用多穗或双穗品种，以保证结穗率。

3. 科学运筹，配方施肥。根据玉米需肥规律，结合地力状况，多用有机肥，重视磷肥、钾肥，实行配方施肥。肥料施用上注意增施穗肥、粒肥，满足玉米灌浆结实所需的营养物质，防止后期早衰。重施攻穗肥。玉米追肥应本着前轻、中重、后补足的原则。玉米长到15片叶左右时，可随浇水亩施尿素 10 kg 或硝铵 10~15 kg。在玉米抽穗至灌浆期，每亩用 0.25 kg 磷酸二氢钾和 0.5 kg 尿素兑水 40~50 kg，下午喷洒于叶面，进行根外施肥，可显著减少秃顶。

4. 抗旱排涝，增强抗性。及时抗旱排涝追肥，消除不利因素对玉米生长的影响，改善田间小气候温度、湿度条件，增强植株抗逆性，加快光合产物的合成和积累速度，减少秃顶、缺粒。如遇高温天旱，在早晚应抗旱浇水，避免"卡脖子旱"，保证玉米开花散粉时有充足的水分；应抓住关键时期，天气好转时，及时人工辅助授粉，以补自然授粉不足。如遇大雨、暴雨，要及时排除积水。对缺磷、钾的地块可喷 0.5% 的磷酸二氢钾水溶液，缺氮肥的可用 1% 的尿素溶液进行叶面喷肥。

单元测试题

1. 玉米空秆、秃顶、缺粒三者各有哪些类型？
2. 玉米空秆、秃顶、缺粒三者发生的各自原因有哪些？
3. 玉米空秆、秃顶、缺粒三者各自的预防措施有哪些？

第16单元

肥水管理与调控技术

- 第一节　玉米栽培中肥水管理的原则 /225
- 第二节　玉米综合调控技术 /233

第一节 玉米栽培中肥水管理的原则

- → 能够结合当地玉米生产条件分析不同土壤类型的养分状况
- → 能够了解肥料三要素的作用,掌握玉米的施肥原则和肥水管理技术
- → 能够理解玉米一生的需水规律和灌溉技术要求
- → 能够掌握复播、套种玉米的肥水管理技术特点

一、玉米对土壤养分的需求

1. 玉米生长需疏松肥沃的土壤

玉米对土壤条件要求并不严格,可以在多种土壤上种植,以 pH 值为 6.5~7.0 的中性土壤最为适宜。但玉米一般耐盐碱能力差,特别是对氯离子较为敏感,玉米生产中应尽量避免含盐量大于等于 0.2% 的土壤。

玉米植株高大,根系发达,要求的水肥条件相对较高,要使玉米高产、稳产,必须创造一个良好的土壤环境,以土层深厚,结构良好,肥力水平高,营养丰富,疏松通气,能蓄易排,近于中性,水、肥、气、热协调的土壤种植最为适宜,避免土壤质地黏重,排灌不畅的下潮地。玉米高产田要求有机质含量在 1.0% 以上,碱解氮在 50 mg/kg 以上,速效磷在 12 mg/kg 以上。

2. 玉米所必需的矿物质元素

已知玉米进行正常生长发育所必需的矿物质元素有:氮、磷、钾、钙、镁、钠、硫、硼、铁、铜、锰、锌、钼等。根据玉米植株需要量把它们分为大量元素、常量元素和微量元素三类。其中氮、磷、钾为大量元素,钙、镁、硫等为常量元素,铁、铜、锰、锌、钼等为微量元素。

二、各种矿物质元素的生理作用

1. 氮、磷、钾三要素的重要生理作用

(1) 氮。蛋白质和核酸中都含有氮素,而蛋白质又是构成原生质的基本物质。氮是叶绿素的组成成分,叶绿素是作物进行光合作用不可缺少的物质。氮也是植物体内多种酶的成分。酶是一种催化剂,能控制多种生物化学反应的过程。一些维生素和生物碱中也含有氮素,它们都是作物生长的必需物质。氮对玉米上部生长的影响大于对根的影响,因此氮肥有使冠、根比值增加的趋势。

氮素对植株内物质的分配有影响。氮能提高玉米的经济系数，增施氮肥，玉米子粒产量比秸秆产量提高幅度大，同时可显著提高子粒的蛋白质含量。

(2) 磷。磷是细胞核和核酸的组成成分，核酸对作物生长发育和遗传特性有重要作用。磷脂中含有磷，磷脂是生物膜的重要组成成分。三磷酸腺苷成分中有磷酸，或称腺三磷，是高能磷酸化合物，积极参与作物体内的能量代谢过程，是能量的中转站，细胞分裂和新器官的形成都少不了它们。供给正常的磷营养，有利于保持优良品种的遗传特性。特别是作物的生育早期，充足的磷营养对促进作物的生长发育和早熟、优质高产有重要作用；否则，根系发育不良，即使以后大量补给，也难以完全弥补。磷是作物体内各项代谢过程的参与者，对碳水化合物的运输，淀粉、蛋白质、脂肪、纤维素的合成均有重要影响。磷具有提高作物抗旱、抗寒、抗盐碱的能力的作用。

在氮素代谢中，磷也很重要。如果磷不足，就会影响蛋白质的合成，严重时蛋白质还会分解，从而影响氮素的正常代谢。在缺磷时单施氮肥效果不好，所以，生产上提倡氮肥、磷肥配合使用。如果供磷不足，能使细胞分裂受阻，生长停滞；根系发育不良，叶片狭窄，叶色暗绿，严重时变为紫红色。大量的生产实例表明，充足的磷营养能提高植物的抗旱、抗寒、抗病、抗倒伏和耐酸碱的能力，能促进植物的生长发育，促进花芽分化和缩短花芽分化的时间，因而能促使作物提早开花、成熟。

(3) 钾。钾能促进作物体内的多种新陈代谢过程，能促进作物的光合作用，促进呼吸作用，提高作物对氮素的吸收和运转，对作物体内养分运转、有机物合成都起到很重要的作用。钾可以提高作物品质，是重要的品质元素。钾能提高作物的抗逆性，提高植物对干旱、低温、盐害等不良环境的忍受能力和对病虫、倒伏的抵抗能力。还能促进作物表皮组织和维管组织的发育，增加细胞持水力，减少作物叶面蒸腾，增强作物抗旱能力。钾能增加作物体内糖分积累，提高细胞渗透压，增强作物抗寒性能。

土壤缺乏钾的症状是：首先从老叶的尖端和边缘开始发黄，并渐次枯萎，叶面出现小斑点，进而干枯或呈焦枯状，最后叶脉之间的叶肉也干枯，并在叶面出现褐色斑点和斑块。

2. 钙、镁、硫的生理作用

(1) 钙。玉米生长早期吸收钙比较活跃，但在子粒形成时即停止吸收。这是由于钙是细胞壁的组成成分，细胞壁的中层是由果胶酸钙组成的，生长早期细胞分裂旺盛，因此吸收钙也就比较活跃。钙能提高原生质黏性，抑制阳离子进入根系。缺钙时镁的吸收量增加，同时，钙在许多场合与镁起对抗作用，能够抑制被镁活化的某些酶的活性。

(2) 镁。镁是很多酶的活化剂，它是呼吸过程、脂肪合成和相关代谢过程、DNA 和 RNA 的生物合成过程、蛋白质生物合成过程等酶的活化剂。

(3) 硫。玉米主要以 SO_4^{2-} 的形式吸收硫。进入植株内的 SO_4^{2-} 大部分还原为硫基和二硫键而形成胱氨酸和半胱氨酸等含硫氨基酸。无论是结构蛋白还是储藏蛋白都含有这类氨基酸。硫基也是辅酶A的成分，辅酶A具有储藏能量的作用。这个高能化合物所储藏的能量用于多方面合成反应。

三、玉米生育期间对肥料三要素的需求规律

1. 玉米一生需肥变化趋势

玉米苗期生长缓慢，只要施足基肥，施好种肥，就可满足其需要；拔节以后至抽雄前夕，地上部分茎叶生长旺盛，内部的穗器官迅速分化发育，是玉米一生中养分需求最多的时期，必须供应较多的养分和水分，才能保证茎秆粗壮，果穗发育快，达到穗大、粒多、产量高的目的；生育后期，玉米抽雄吐丝和受精结实后，子粒灌浆时间较长，须供应适量的肥水，使之不早衰，确保充分成熟。

2. 春玉米和夏玉米需肥有所不同

春玉米全生育期较长，前期外界温度较低，生长较缓慢，以发根为主，栽培管理上要求适当蹲苗，需求肥水的高峰比夏玉米来得晚，到拔节、孕穗时对养分吸收开始加快，直到抽雄开花时达到高峰，在生育后期灌浆过程中吸收数量有所减少。春玉米需肥分两个关键时期：一是拔节至孕穗期；二是抽雄至开花期。

夏玉米生育期短，出苗后正处于高温季节，生长速度快，养分积累强度大，需肥的高峰比春玉米提前。从拔节到孕穗吸收速度达到高峰，进入需肥关键时期，而后吸收减慢，到抽雄期养分吸收量已达到90%，施肥应遵循前重后轻的原则。

3. 玉米高产栽培施肥量

玉米是需肥水较多的高产作物，一般随着产量提高，所需营养元素数量也增加。在玉米全生育期吸收的主要养分中，以氮为多，钾次之，磷较少。玉米吸收的氮、磷、钾比例和小麦以及其他禾谷类作物相近。但玉米单产高，单位面积实际吸收养分数量多。据新疆农垦科学院分析，玉米单产 7 500 kg/hm^2，折合 100 kg 子粒需氮 3.6 kg，磷 1.5 kg，钾 3.5 kg。以不同肥力水平的条田创造吨粮田计算，其氮∶磷∶钾高肥力地区为 1∶0.5∶0.6，低肥力地区为 1∶0.6∶0.8。生产实践表明，高产玉米田必须增施磷肥、钾肥。

四、玉米施肥原则和施肥技术

1. 施肥原则

玉米施肥须掌握"基肥为主，种肥、追肥为辅；有机肥为主，化肥为辅；基肥、磷肥、钾肥早施，追肥分期施；一般大田前轻、中重、后补足"等原则；为了实现全面平衡增产，还须依据不同地力、不同品种、不同产量水平等，做到测土配方施肥。

2. 施肥技术

(1) 重视施足基肥。玉米生育期较长，需肥量较多，基肥应以有机肥为主，有机

肥、无机肥相结合。基肥的用量应占总施肥量的60%~70%，中等肥力的地块需施有机肥45~60 t/hm²。基肥中应氮、磷配合，以70%的磷肥量混入有机肥中施用。重视利用豆科绿肥和复播绿肥，翻压绿肥时应适当配施磷肥，达到以磷增氮、提高肥效的目的。

(2) 播种时带好种肥。适量施用种肥，对玉米有良好的增产效果。因种肥离种子较近，对根系发育和幼苗生长有利，对玉米中、后期生长发育也有良好作用。种肥一般以速效氮、磷复合化肥为主，也可用经腐熟、过筛的优质有机肥。化肥用量不宜过多，以避免土壤溶液浓度过高，影响种子发芽出苗。种肥用量：磷酸二铵为70~100 kg/hm²。用化肥作为种肥时，种肥不能与种子混播，应将种肥和种子分开入土，相隔5~7 cm，比种子深3~5 cm。

(3) 重施拔节肥。在重施基肥和带好种肥的前提下，及早促进生长，应重施拔节肥。此期追肥，植株尚不高大，可采用机械追肥。

在北方地区，追肥都与灌水相结合。除少数地区追施提苗肥外，大多数生产单位都在浇头水（拔节水）前追施拔节肥，接着灌拔节水。此时，植株进入茎叶旺盛生长和果穗分化形成的两旺时期，需肥水多，这次肥水可起到促进茎节伸长和幼穗分化进程的双重作用。

追肥宜用腐熟有机肥和化肥配施。当施用混合有机肥时，施肥用量为700~1 000 kg/hm²；若仅用化肥，需氮、磷复合肥配施，磷酸二铵可用300~400 kg/hm²。拔节肥施用时期：大多数春玉米品种在7~10片叶展开时施入，早熟品种可早些，晚熟品种可晚些。

(4) 看苗情酌施穗肥。随着种植密度加大和紧凑型玉米的推广，在重施拔节肥的基础上，可在抽雄前酌情追施穗肥。此时，玉米植株高大，有条件的地方和单位可进行人工窝施磷酸二铵，用量为100~200 kg/hm²，施肥时期：宜在12~13叶展开前结束，以保证穗分化发育对养分的需要。

(5) 适量根外追肥。为创玉米大面积高产，在抽雄灌浆期将氮肥、生长调节剂和微量元素适当配合进行叶面喷施。若为防治后期某些病虫害，也可配合药剂，采用航空系列化作业。

叶面喷肥的用量：磷酸二铵或磷酸二氢钾3~5 kg/hm²，加水400~600 kg/hm²；加入乙烯利或玉米健壮素600~700 mL/hm²，兑水300~400 kg/hm²。

(6) 微肥的施用。硼肥可在基肥中施入，用量为2~4 kg/hm²，或以0.01%~0.05%的硼酸溶液浸种12~24 h，还可用0.1%~0.2%的硼酸溶液叶面喷施。锌肥可作为基肥、种肥施用，用量为5~10 kg/hm²；也可用0.2%~0.5%的硫酸锌溶液浸种12~24 h，或用0.05%~0.1%浓度在苗期喷叶。锰肥可作为基肥、种肥施用，用量为20~30 kg/hm²；浸种可用0.05%~0.1%的硫酸锰溶液；也可用同样浓度进行叶面喷施,用药液量为 200~500 kg/hm², 可选择在傍晚日落前喷叶。

五、玉米的灌溉

1. 玉米对水分的要求

(1) 播种至出苗消耗水分少,土壤田间持水量保持在 60%~70%。

(2) 苗期需水少,耐旱性较强,土壤田间持水量可保持在 60%。

(3) 拔节后,茎、叶生长快而数量多,需水量增加,土壤田间持水量应保持在 70%~80%。

(4) 抽雄开花期间,属玉米一生营养生长与生殖生长两旺时期,需水最多,在抽雄前 10 天至抽雄后 20 天约一个月时间内,是玉米需水"临界期",土壤田间持水量应达到 80%。

(5) 进入乳熟期后,需水逐渐减少,土壤田间持水量维持在 60% 以下,以利于子粒脱水和加速成熟。

2. 玉米的需水规律

玉米全生育期的需水规律:苗期植株幼小,以生长地下根系为主,表现耐旱,生产上以蹲苗来促壮;拔节后,植株生长迅速,株高、叶多,需水量逐渐增大;在抽雄前 10 天至抽雄后 20 天这一个月内,消耗水量多,对水分需求很敏感;开花期是玉米的需水临界期,若缺水受旱会造成"卡脖子旱",减产损失严重;灌浆乳熟期后,消耗水量逐渐减少。春玉米和夏玉米的需水规律大体相似,但夏玉米播种时外界气温高,苗期生长快,前期耗水远比春玉米多,应提早灌水。玉米需水规律和玉米生育期间的物质积累增长相吻合。从拔节至灌浆末这一期间,光合同化产物形成多,不可缺水受旱。

(1) 播种至出苗期。虽然需水量很少,但非常关键和重要。充足适宜的墒情是保证玉米出全苗的主要因素,播前要求充足的底墒,如墒情不足,播后要及时浇水补墒。

(2) 出苗至拔节。这个时期玉米需水量较少,对干旱的忍耐力较强。在春玉米区苗期不浇水,适当干旱,还有利于蹲苗促壮。

(3) 拔节至大喇叭口期。生长加快,需水量增加。应适当保证玉米的水分需求。

(4) 大喇叭口期至灌浆高峰期。约一个月时间,是需水量最多的时期,特别是吐丝前后是水分敏感期。严重干旱将造成"卡脖子旱",难以正常抽雄,授粉结实不良,导致空秆、缺粒,造成严重减产,甚至绝产。这个时期若遇干旱一定要及时灌溉。

(5) 灌浆后期至成熟。需水量减少,但过于干旱会影响粒重的提高。

根据玉米各阶段的需水规律,高产玉米一般灌溉 4 次,即播种水、拔节水、孕穗水和灌浆水。但在不同地区和不同年份,还要根据降水情况,因地制宜,灵活运用。

3. 玉米灌溉制度和灌溉技术

（1）玉米灌溉制度和灌水量的计算。玉米的灌溉制度是指各地在当地的种植制度条件下，依据玉米的需水规律和获得预期产量而确定的灌水时间、灌水次数、灌水定额和灌溉定额的总称。制定合理的灌溉制度，能够高效利用灌溉水源，对玉米进行适时、适量的灌溉，达到预期的产量目标。

玉米各个生育时期单位面积上一次的灌水量叫做灌水定额，全生育期各次灌水量的总和称为灌溉定额。一般生产单位在灌溉前应计算出阶段灌水量，通常以当时该地块灌前土壤水分状况和计划灌水的渗透深度来确定。阶段灌水量的计算公式如下：

阶段灌水量（m^3/hm^2）=［土壤持水量（%）-灌前土壤含水率（%）］×土壤容重（g/cm^3）×灌后土壤计划水层深度（m）×10 000 m^2

在北方干旱地区，对盐碱严重的地块，种植玉米前必须洗盐压碱，需适当增加灌水量，一般需水量增加15%~20%。

（2）玉米灌溉方法。玉米灌溉的方法较多，分别是畦灌、沟灌、喷灌、滴灌、管道渗灌和雾灌。新疆以沟灌为主，少数地方用畦灌，个别灌溉系统条件具备的单位采用喷灌等。

1）沟灌和隔沟灌。玉米是宽行中耕作物，根系分布较为深广，通常在灌水前结合开沟、培土、追肥，沟灌较为省时、省工，能保证一定的灌水质量。土壤肥沃疏松，保水、保肥性能好的地块，可实行隔沟灌。采用灌沟的毛渠间距依据条田坡降、地势、土质等确定，一般为40~50 m，流入沟内水的流量以2~3 L/s为宜。水量过大或过小均会使灌水量加大，造成水的浪费或冲刷土壤，甚至造成跑水等浪费灌水的不良后果。

2）滴灌和喷灌。滴灌和喷灌都需要设立输水的管道系统，通过具有一定压力的设备，把水流送到田间。滴灌是以水滴方式缓慢滴到根系土表，按玉米需水量准确供水，除节约用水外，还可随滴灌施用可溶性肥料，提高肥料利用率，增产作用好。喷灌又称人工降雨，既可保持土壤湿润，又不冲刷土层，改善田间小气候，有利于玉米生长发育，增产效果好。喷灌用水可随意人为控制，较地面灌省水15%~20%。喷灌不仅可模拟人工降雨，又能结合喷施化肥、农药等，改善生产管理条件，减轻劳动强度，提高生产水平和经济效益。

（3）玉米灌溉技术

1）储备灌。玉米播种前必须保证土壤有足够墒情，既要能满足种子发芽出苗需水，又要保持拔节前对水分的需要，促使根系下扎，壮苗发根。播前储备灌须灌深、灌透，尤其是盐碱地，应做到洗盐压碱。玉米储备灌一般在冬前进行，灌溉水量为1 200~1 500 m^3/hm^2。有良好水源条件的地区，可实行早春灌，要做好灌后耙耱保墒工作。

2）生育期灌溉。玉米全生长期一般需灌水4~5次，要抓好三个关键时期的灌溉。

春玉米灌头水是在拔节孕穗期，新疆地区大体在 6 月中、下旬，必须灌深、灌透、灌足，灌水量为 1 300~1 400 m^3/hm^2，盐碱地水量应适当增加。灌头水后，经 15~20 天，即抽雄扬花期，为玉米需水临界期，是第二个需水关键时期，应根据苗情和土壤肥水状况灌水 1~2 次。玉米灌浆至成熟时间较长，为第三个需水关键时期，应灌水 1~2 次。后期灌水时，每次灌水量为 1 000~1 200 m^3/hm^2，一次水量不宜过大，避免根系过早衰老。

六、复播玉米肥水运筹

在复播玉米的田间管理中，肥水运筹是核心。必须根据复播玉米的生长发育规律，适时、适量供给肥水，才能保证复播玉米正常生长，确保早熟、优质、高产、稳产。

1. 施肥技术

（1）复播玉米需肥特点。复播玉米苗期在高温条件下生长，生长速度快，干物质积累又快又多。复播玉米出苗后 60 天内，对氮、磷、钾的吸收量都大于春玉米和套种玉米，这一吸肥特点决定了复播玉米应重施底肥和施好种肥。

复播玉米对养分的吸收以生育中期最为强烈。抽雄前 10 天到抽雄后 25~30 天，是复播玉米一生中吸收养分最多的时期。因此，在这一时期前是施肥的关键时期，在大喇叭口期应集中大量施肥。复播玉米的乳熟期是子粒灌浆的旺盛阶段，也是第二次吸肥高峰。自开花至灌浆，子粒发育成为全株的主要生长中心，不但吸收和利用土壤中的养分，而且原来储存在根、茎、叶和穗轴内的一部分有机养料也都向子粒中转运，其中有 60% 是由叶片提供的。复播玉米散粉期间对矿物质营养的吸收相对较少，但不能缺少。如果开花后土壤缺氮，叶内的含氮有机物就会分解并向子粒中供应氮素，结果使植株下部出现老黄叶，这就是常见的"脱肥早衰"现象，是造成千粒重降低的一个重要原因。维持复播玉米生育后期土壤正常的氮素水平，对保持上部绿叶光合功能、促进子粒灌浆和提高产量有显著作用。

（2）复播玉米施肥技术。复播玉米高产一般提倡三次追肥。第一次俗称攻秆肥，在出苗后 30 天左右、叶龄指数为 30% 时，即拔节期施肥。这次追肥的目的在于促进营养生长，以构建一个丰产架子，为高产奠定物质基础。第二次追肥俗称攻穗肥，在播种后 45 天左右、叶龄指数为 65% 的大喇叭口期追施。这一时期施肥是决定果穗结实粒数多少的关键时期，对增加穗数、穗粒数和提高千粒重有重要作用。第三次俗称攻粒肥，在抽雄初期追施。这次追肥从作用上来讲，可防止后期叶片早衰，提高灌浆强度和效率。

在实际生产中，"三攻"追肥法的肥料分配方法有两种：一是"前轻后重"，二是"前重后轻"。这两种方法均不包括种肥和最后的攻粒肥。因为种肥主要是磷肥、钾肥；攻粒肥用量不大，只占总追肥量的 10%~20%。对地力基础差、苗情弱的地块，可采用"前重后轻"的方法,即拔节初期追施总肥量的50%,第二次追施总肥量的30%,抽雄初期再追施总肥量的20%。如果地力基础好,苗情发育较旺,可采用"前轻后重"的方法,第一次追施30%,第二次追施50%,第三次追施20%。

因为开花期施肥难度较大,人少、地多的地区更是如此,新疆各玉米产区多采用拔节和抽雄前两次追肥的做法。

2. 灌溉技术

复播玉米生育期间处在高温季节,光照及热辐射强烈,植株生长量又大,一生耗水量比春玉米多。特别是拔节到成熟阶段耗水量都比较大,从抽雄到灌浆期间,耗水量达到一生中的高峰,此时缺水受旱,就会造成严重减产。

(1) 播前灌溉。麦收前浇足底墒水,对复播玉米保苗增产起决定性作用。玉米种子发芽出苗需要土壤水分保持在田间最大持水量的60%~70%。复播玉米播种时,由于土壤水分被前期作物吸收和利用,前期作物收获后土壤比较干旱,如不进行播前灌溉,则难以做到适墒、适期播种,达到一播全苗。复播玉米浇好底墒水的原则是:既不影响联合收获机收小麦,又能保证复播玉米播种所需的底墒。保水性好的黏土地可早浇,壤土地可晚浇,而保水性差的沙土地甚至可在麦收前夕浇。生产上还有在麦收后,先播种、后浇蒙头水的水打滚做法,这两种方式都可采用,但要因当时的生产条件来确定。

(2) 苗期灌溉。玉米出苗至拔节约30天,在浇好底墒水的前提下,一般不需灌溉;但底墒不足、玉米苗表现出缺水萎蔫症状时,还需及时适量灌提苗水。

(3) 拔节期灌溉。拔节期要求保持土壤田间持水量为65%~70%。拔节期茎叶生长旺盛,雌穗、雄穗开始快速分化。此时气温高,叶面蒸腾量大,需要供给较多的水分和养分。这时应结合施肥进行灌溉,足量浇好拔节水。

(4) 抽雄期灌溉。复播玉米抽雄开花阶段对水分反应极为敏感,是一生中需水的高峰期和临界期,田间持水量应保持在70%~80%之间,此期缺水对产量影响最大。

(5) 灌浆期灌溉。灌浆期是玉米子粒产量形成的关键时期,玉米子粒80%~90%的产量是在这一时期形成的。此期虽然气温下降,但由于历时较长,仍需足够的水分作为媒介,将茎叶内积累的同化物质向子粒中转运输送。灌浆期水分不足对产量的影响仅次于抽雄期。

第二节 玉米综合调控技术

→ 能够结合当地生产条件了解植物生长调节剂的使用和玉米化学调控应用技术

→ 能够认识在生产中使用植物生长调节剂有几忌，理解安全使用植物生长调节剂的注意事项，以实施好相应的化学调控技术

一、植物生长调节剂的使用

1. 国内外植物生长调节剂的使用动态

20世纪中叶以来，全球随着植物激素的陆续发现及人工合成植物生长调节剂的问世，植物生长调节剂在调控作物生长、增加农作物产量、改善产品品质及产品储藏保鲜等方面显示了其独特的作用，取得了显著的成效。用植物生长调节剂调控植物的生长发育，已成为世界各国迅速兴起的一个重要科研与应用课题，也是将科研成果迅速转化为生产力的一个活跃领域。

2. 植物生长调节剂的独特功能

植物激素是调节及控制植物生理活动的代谢物质。研究植物激素的功能，能使之按人类生产需要有效调控植物的生长发育，提高作物的品质与产量。

人们在社会生产过程中，由于天然激素量少，不能适应大面积生产所需，因此，研究模拟天然激素，合成许多具有生理活性的化合物——植物生长激素，推动了化学调控技术在农业上的应用，在调节植物的新陈代谢、养分运输、诱导开花、性别控制、全株整形、塑造株型等方面取得了很大的进展。在某些情况下，合理地应用植物生长调节剂的生产效果甚至比常规的栽培与育种技术还要好。

二、玉米化学调控应用技术

玉米化学调控，就是利用植物生长调节剂（主要有玉米健壮素或乙烯利等），在适当时期进行叶面喷施，以控制株高，促进气生根发生和果穗伸长，能达到株矮、茎粗、抗倒伏的目的，提高抗旱能力，延长叶片功能期，增加光合同化产物积累，防止早衰，提高结穗率和结实率，减少缺粒、秃顶，实现高效、增产，其增产幅度为15%~20%。

1. 玉米健壮素的应用简介

玉米健壮素是以乙烯利为主要成分的复配型植物生长调节剂。工业产品为无色透明液体,易溶于水,易被叶面良好吸收,进入植物体内全面调节作物的生理功能。其作用效果优于乙烯利,是玉米生产上理想的植物生长调节剂。早年在石河子大学农学院玉米栽培试验田喷施后,表现为植株矮壮,节间短,叶片直立而宽短,叶色深,叶片变厚,叶绿素含量增加,根系发达,气生根明显增多,光合同化功能增强,空秆率下降,果穗丰满,秃顶显著减少,子粒增重明显,构成产量三因子全面提高,表现为早熟、抗倒、增产,可增产15%~20%。

2. 玉米健壮素成功使用的三项关键技术

(1) 适当增大种植密度是成功应用技术的前提。在施用玉米健壮素的栽培条件下,可比常规种植密度增大 $1.5 \times 10^4 \sim 2 \times 10^4$ 株/hm^2,即每亩多种 1 000~1 500 株。确保收获果穗数在 6.5×10^4 穗/hm^2 以上。

(2) 掌握适宜的喷药时机是增产的关键。依据石河子大学农学院多年试验研究,以叶龄指数为65%~70%时喷施效果最佳,增产作用明显。具体要求玉米大田大喇叭口期(抽雄前夕)群体形态指标:全田露雄株率在1%~5%时可及时进行喷药处理。

(3) 准确配制药液浓度和正确掌握用量是施药增产的技巧。经江苏、北京、新疆及石河子大学农学院多点、多年反复试验研究确定,施用浓度以 600~800 mL/L、单位土地面积用药液量为 400~450 kg/hm^2(即 25~30 kg/亩)为宜。

3. 使用玉米健壮素的注意事项

(1) 喷药液只需喷湿上部心叶即可,不必使药液喷到下滴为度。

(2) 配制药液应现配现用,不应存放过夜,以免挥发失效。

(3) 喷施后应加强田间管理,以使肥水效应发挥更大的增产作用。

三、玉米化学调控技术要点

1. 掌握好喷药时期

石河子大学农学院试验表明,于叶龄指数65%~70%时喷施乙烯利或玉米健壮素,既可明显控制株高,又能促进气生根层数和根量增多,且不影响穗分化发育,增产效果显著。

2. 掌握好药液浓度和用量

依据石河子大学农学院多年应用试验,玉米健壮素的适宜用量为 600 mL/hm^2,或用乙烯利的用量为 750 mL/hm^2;配制成 600~800 mL/L 的药液,按单位面积 400~450 kg/hm^2 喷施。须均匀喷湿上部心叶,不宜过多。大面积使用时,有航空作业条件的可采用飞机喷洒。

地膜覆盖栽培的玉米因长势旺,易发生倒伏,在玉米抽雄前夕,叶龄指数为60%~70%时,喷施玉米健壮素或乙烯利 600~800 mg/L 可有效控制株高,以利于壮秆防倒和稳定增产。

3. 植物生长调节剂的施用技巧

(1) 施用方法。植物生长调节剂的施用方法分为喷施法和土施法。喷施法是调节农作物高度和生长速度最常采用的方法。该方法容易掌握，简便而作用快速。适合采用喷施法的植物生长调节剂有矮壮素、乙烯利、玉米健壮素等。有些植物生长调节剂如果叶面喷施，可能会在某种程度上使叶片变形或抑制顶端分生功能，如要抑制茎的生长，可采用土壤施用法。适宜土施法的植物生长调节剂有缩节胺、嘧啶醇、矮化磷等。土施多效唑、烯效唑不仅省药，而且有效期长，不易降解。由于植物生长调节剂用量少，易被土壤固定或被土壤微生物分解，因此，大多数植物生长调节剂不宜采用土施法。

(2) 施用种类、浓度、次数。在选择植物生长调节剂时，应依据农作物的种类进行。一方面考虑它们具有不同的调节作用；另一方面不同作物对同一种抑制剂的反应不同，如前所述，乙烯利、缩节胺、矮壮素、矮化磷等对农作物的矮化作用明显。

确定植物生长调节剂最适宜的浓度时应考虑农作物的种类，若浓度过低，往往作用不明显，而浓度过高又会产生毒害，严重时会导致作物死亡。因此，妥善的方法是通过试验确定一个最适宜的范围。例如，矮壮素浓度高时抑制作物和叶片生长；而赤霉素浓度低时可促进株高生长，而浓度高时又压制作物体伸长。另外，在确定具体应用对象后，使用浓度和次数也应正确确定。

影响植物生长调节剂施用效果的因素很多，为达到既能取得最佳效果，又不影响农作物产品品质的目的，不要在苗期尚未旺长时施用，因苗期抗性差，苗体易受药害，会延缓生长发育速度。抑制剂应选择在高温条件下旺盛生长季节施用，以便达到最优效果。所以，使用植物生长调节剂的方法要得当。使用好植物生长调节剂，会对作物增产起到促进作用。但是，每种调节剂在应用上都有一定的条件和范围，尤其要掌握好使用的时间和浓度，不能马虎大意，否则就不能达到增产、增效的效果。

(3) 植物生长调节剂的配合施用。植物生长调节剂配合施用，可以弥补单一植物生长调节剂效果的不足，或者克服单一植物生长调节剂的副作用，达到利用植物生长调节剂的增效作用。例如，乙烯利与2,4-D按一定比例混合施用，可以抑制作物生长，同时又可以提高产品品质，并起到杀草作用。

4. 使用植物生长调节剂五忌

一忌以药代肥。植物生长调节剂是生物体内的调节物质，使用植物生长调节剂不能代替肥水及其他农业措施。即便是促进型的调节剂，也必须有充足的肥水条件才能发挥作用。

二忌改变浓度。玉米对植物生长调节剂的使用浓度要求比较严格。浓度过大，玉米叶片增厚变脆，易出现畸形，或叶片干枯脱落，甚至全株死亡；浓度过小，则达不到应有的效果。因此，不要随意加大或缩小浓度。

三忌不求时效。使用植物生长调节剂要根据其种类、药效持续时间和栽培需要，决定适宜的使用时期，以免造成不必要的损失。

四忌有违天时。在高温、干旱的气候条件下，药液浓度应降低；反之，下雨天土壤水分充足时使用，应适当加大浓度。施药时间应掌握在上午 10：00 以后、下午 4：00 以前，施药后 4 h 内遇雨要减半补施。

五忌随意混用。几种植物生长调节剂混用或与农药、化肥混合使用，虽可减少用工，发挥综合效益，但必须在充分了解混用之后产生增强或抑制作用的基础上决定是否混用。例如，叶面宝、喷施宝呈酸性，不能与碱性农药、肥料混用；植物动力 2003 只能兑清水用在各种作物上，若与其他农药、肥料混用，既起不到增产效果，又降低了药效，造成不必要的损失。

四、安全使用植物生长调节剂的注意事项

1. 施药人员必须经过训练，认真按操作规程安全、适度施药。
2. 未成年人或孕妇、哺乳期妇女不能从事喷药作业。
3. 认真仔细地了解药剂的配制方法和在不同作物类型上的用量，严格控制配药浓度以及需用数量。
4. 根据某些植物生长调节剂的毒理性质，严格控制施用方法和施药地点，注意当时的气候状况，特别是气温和风向等。
5. 施用有毒药剂或与农药混用时，必须注意安全操作和加强自身防护；配制药液时应远离人畜的饮水水源。
6. 施药操作结束后，必须及时洗手、洗脸及洗衣、洗澡；用剩或多余的药液应妥善处理，不得随意乱倒，应重视并避免污染周围环境。

单元测试题

1. 玉米栽培对肥料三要素的需求规律有哪些？
2. 玉米栽培对田间灌溉的水分管理技术要求如何？怎样做到适时适量、合理有效？
3. 复播玉米田间肥水如何运筹？
4. 植物生长调节剂的调控功能有哪些？玉米栽培中如何有效应用？可以玉米健壮素为例说明。

第17单元

田间试验与农业技术推广

- 第一节　田间试验和生物统计基础 /238
- 第二节　农业技术推广应用 /255

第三部分 农艺工——玉米种植（高级）

第一节 田间试验和生物统计基础

→ 能够结合当地作物生产条件，了解不同类型的田间试验设计状况

→ 能够依据科学试验计划要求，掌握不同项目的具体设计安排和田间管理

一、田间试验与统计分析

田间试验与统计分析，是运用数理统计理论与方法进行农业科学研究和技术工作中，所需的田间试验设计、实施和试验资料统计分析方法的一大应用学科，是植物生产类各专业的专业基础。在学习好高等数学、线性代数、概率论等知识的基础上，了解田间试验的基本要求、试验设计和实施方案以及试验数据资料的收集整理与统计分析，既涉及有关的数学理论和方法，又紧密结合农业生产和科学研究实践。这些理论和方法，既是进一步学习遗传学、作物栽培学、作物育种学等专业知识和从事专业工作必备的基础，又是进行农业科学研究和技术推广工作必不可少的手段，有利于培养农艺工分析问题和解决问题的能力。

1. 理论知识

要了解田间试验与统计分析的基本原理，具体包括：

（1）生物统计学的基本原理。

（2）试验误差的概念、来源及其控制途径。

（3）掌握试验设计的基本原则和各种设计的要点及特点。

（4）掌握几种统计方法的用途和应用条件、方法步骤和试验结果解释等基本知识。

2. 操作技能

要掌握各种田间试验的设计、实施方案和资料统计分析方法，具体包括：

（1）根据所给出的试验研究条件，能够正确选用试验设计方法，并制定试验设计方案。

（2）对收集到的试验数据资料，能够正确地进行初步整理，并能够选用适当的统计分析方法，进行准确分析及对结果作出合理的解释。

（3）了解常见统计分析软件 SAS、SPSS 等的上机使用方法，以及如何解决实际的试验资料统计分析问题，并能对软件运行结果作出合理解释。

要掌握好上述知识，应以高等数学、应用数学（含概率论和线性代数）为基础，了解田间试验与统计分析的基本概念、基本知识和基本方法,重点理解植物生产类各专业常用田间试验的设计、实施方案和统计分析方法。

本专业理论知识的概念较多、系统严密、实践性强、公式复杂、符号繁多、计算量也大,除理论学习外,要求学生认真完成习题作业,并结合农业生产和科学研究实践,有针对性地安排实验实习,注重培养农艺工运用所学知识和技能分析问题和解决问题的能力。

二、田间试验的基本概念

1. 田间试验的基本概念和专业术语

(1) 田间试验的概念。田间试验是指在田间自然条件下,以作物生长发育的各种性状、产量和品质等作指标,研究作物与环境之间关系的农业科学试验方法。

(2) 田间试验常用术语。有:试验指标、试验因素、因素水平、试验处理、试验方案、试验单元(小区)、试验效应、主要效应、简单效应和互作效应。

试验指标:是指度量试验结果的标志,如产量及其构成因子。

试验因素:是指试验中由人为控制的影响试验指标的因素。

因素水平:对试验因素所设定的不同量和质的级别。

试验处理:试验所设置的特定条件。

试验方案:是指一个试验的全部或处理组合的总数。

试验单元(小区):提供一个处理所用的具有随机误差的一个观察值的独立单位或者施加处理的材料单位。

试验效应:试验因素对试验指标所起的增加或减少的作用。

主要效应:一个因素内各简单效应的平均数。

简单效应:在同一因素内两种水平间试验指标的相差。

互作效应:两个因素简单效应间的平均差异。

2. 田间试验的任务、特点与要求

(1) 田间试验的任务。推动农业生产向前发展;使农业科学研究与农业生产实践相联系;改进农业生产技术和发展农业科学研究。

(2) 田间试验的特点。试验的复杂性;具有地区性;试验周期长;存在试验误差。

(3) 田间试验的要求。试验目的明确;试验结果正确;试验条件有代表性;试验结论能够重复。

三、田间试验的基本要求

无论选用哪种试验方法,都应该正确地反映作物生产的客观实际,获得正确可靠的试验结果，以便使试验结果更好地应用于科学研究和生产实际。田间试验必须满足代表性、正确性和重现性这三条基本要求。

1. 代表性

代表性是指试验区的条件应该能够代表该项成果将来应用地区的自然环境、生产条件和经济状况。这对于试验结果在当时当地的具体条件下可能应用的程度具有重要意义。在这样相近的条件下进行试验，新品种或新技术在试验中的表现，才能真正反映今后拟应用和推广地区实际生产中的表现，才能使试验研究成果在现在或后来的生产中发挥作用。但还应考虑到：试验条件的代表性既要考虑其能代表目前的条件，也要注意将来可能被广泛采用的条件，比如有些试验项目根据长远需要，可以在高于一般生产条件的水平下进行试验，使新品种或新技术的试验结果能在今后出现的新的生产条件和经济条件下被广泛采用，也即试验结果能跟上生产水平的不断发展，否则试验的成果就难以发挥为推广地区服务的作用。

2. 正确性

正确性是指试验结果正确可靠，能够把品种或处理间的差异真实地反映出来。如果不能把新品种或新技术的优点充分表现出来，好坏不分，甚至优劣颠倒，就失去了试验本身的意义。

正确性包括准确性和精确性两个方面。准确性（或准确度）是指试验中某一性状的观察值与其相应真值的接近程度，越接近，准确性越高。但在试验中真值一般为未知数，故准确性不易确定。精确性（或精确度）是指试验中同一性状的重复观察值彼此接近的程度，以及试验误差的大小，它们是可以计算的。误差越小，处理间的比较越精确。通常所指的准确性包含精确性。

试验的正确性越高，试验结果越可靠，越能反映实际情况，才能起到指导生产和促进生产的推动作用。因此，为了提高试验的正确性，在进行田间试验时，应力求减少或避免试验误差，以求试验结果准确可靠。在一般情况下，田间试验过程中所获得的数据资料总是和客观实际有些出入。这主要是由于作物本身的遗传特性十分复杂，又以不同的方式和环境条件相联系，在环境条件经常变动的条件下，必然产生或大或小的误差。例如，品种比较试验的目的之一是比较每个品种丰产性的差异，因此，除品种这个因素之外，其他因素如土壤、气候、田间作业质量、肥水管理等方面的差异应尽可能缩小到最低限度；否则，地力不均，前茬作物不同，施肥灌水的次数、时间和数量不同，都会使品种的丰产性失真。即使是在各种外在条件都相对一致的条件下，也会由于不同品种的丰产性在某一特定环境条件下发挥程度不同，而使品种的丰产性的比较产生误差，这就是误差的不可避免性。尽管这些误差在某种程度上来说是不可避免的，但在试验设计上应把这些误差减少到最低限度，以提高试验的正确性。

3. 重现性

重现性是指通过田间试验所获得的试验结果，在相同或类似的条件下进行重复试验或大面积生产时，可以获得相同或相似的试验结果。这对于在生产实践中推广科学研究成果极为重要。重现性是由田间试验的正确性和代表性所决定的。因此，为了保证试验结果的重复获得，提高试验的重现性，必须严格注意试验中的各个环节。其中，最重要的是，严格要求试验的正确性和试验条件的代表性。没有这两个前提，若重复实践，必不能重复得到原有的结果。所以，应从试验地的选择、正确进行田间试验入手，在整个试验的过程中，充分了解和掌握试验区的自然环境条件和栽培管理水平，细致、完整、及时地进行田间观察记载，分析各种试验现象，找出规律性，以便正确估计试验误差。田间试验的结果能不能重现，在很大程度上是受当时当地的自然条件所左右，为了提高试验重现性，最好每一项试验在本地区重复2～3年。这样一来，由于每年的自然环境条件总有不同程度的差异，所获得的试验结果是在不同年份、不同自然条件下的平均值，因此，可使重现的可能性提高，更容易被别的地区或大面积生产所重复。这在品种选育试验中具有相当重要的作用。

四、田间试验设计的基本原则

1. 重复

试验中同一处理种植的小区数即为重复次数。如每一处理种植一个小区，则为一次重复；如每一处理有两个小区，称为两次重复。

重复的一个主要作用是估计试验误差。试验误差是客观存在的，但只能由同一处理的几个重复小区间的差异估得。同一处理有了两次以上重复，就可以从这些重复小区之间的产量（或其他性状）的差异中估计误差。如果试验的各处理只种植一个小区，则同一处理将只有一个数值，无从求得差异，也无法估计误差。

重复的另一个主要作用是降低试验误差，以提高试验的精确度。数理统计学已证明误差的大小与重复次数的平方根成反比。重复多，则误差小。有四次重复的试验，其误差只有两次重复的同类试验的一半。此外，通过重复也能更准确地估计处理效应。因为单一小区所得的数值易受特别高或低的土壤肥力的影响，多次重复所估计的处理效应比单个数值更为可靠，使处理间的比较更为有效。

2. 随机排列

随机排列是指一个区组中每一处理都有同等的机会设置在任何一个试验小区上，避免任何主观成见。进行随机排列，可用抽签法、计算器（机）产生随机数字法或利用随机数字表。随机排列与重复相结合，就能提供无偏的试验误差估计值。

3. 局部控制

局部控制就是将整个试验环境分成若干个相对最为一致的小环境，再在小环境内设置成套处理，即在田间分范围分地段地控制土壤差异等非处理因素，使之对各试验处理小区的影响达到最大限度的一致。因为在较小地段内，试验环境条件容易控制一致。这是降低误差的重要手段之一。田间试验设置重复目的在于降低误差，但是增加了重复，由于相应增加了全试验田的面积，必然会增大土壤差异。为了克服这种困难，可将试验田按重复次数划分为相同数目的区组。如有较为明确的土壤差异，最好能按肥力划分区组，使区组内相对均匀一致，每一区组再按供试品种或处理数目划分小区，安排全套品种或处理。这样，试验误差的来源只限于区组内较小块地段的微小土壤差异，而与因增加重复而扩大试验田所增大的土壤差异无关。这种布置就是田间试验的局部控制原则。

4. 图示

将田间设计三原则的作用和相互关系用图17—1表示为：

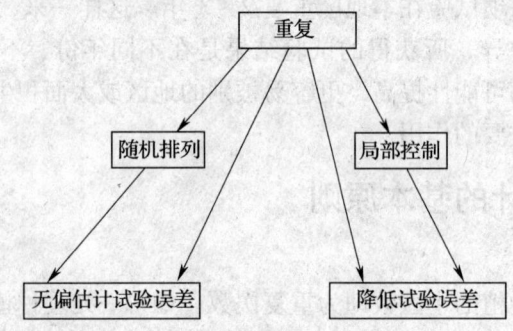

图17—1 重复、随机排列和局部控制的作用和关系

五、田间试验的类型

田间试验的种类按试验性质、试验进展阶段、试验涉及的因子数量、试验小区面积的大小以及试验年限、地点和场所等分为多种。

1. 按试验性质分类

（1）品种试验。主要研究作物育种和良种繁育过程中的各种问题。如原始材料观察、引种试验、品种选育试验和品种比较试验等。

（2）栽培试验。主要研究各种栽培措施及环境条件对作物生长发育的作用。如播种期试验、种植密度试验、育苗移栽试验、土壤肥料试验、灌溉及节水试验、地膜覆盖试验、简化栽培试验，以及温度、光照、肥水、激素、生长调节剂等对作物生长发育的影响等。

（3）植保试验。主要研究作物病虫害的发生规律、防治方法及各种新农药防治效果等。

2. 按试验进展阶段分类

在科学研究活动中按照科研工作自然发展顺序，人为地划分不同性质的阶段，对试验设计、试验方法及提供的科研信息都有不同的要求。

(1) 预备试验。预备试验也叫初步试验，是在科研工作开始阶段或正式开展科研工作之前所进行的一种规模小、设计简单、用时短、对试验结果准确性要求较低的小型科研活动。它往往涉及的材料很多，设置的处理较多，一般只是探索其科研课题的主要研究方向，观察科研方向的动向，提供简单的数字信息，并根据预备试验中可能发生的新情况来补充和修改原定的试验计划，为正式试验提供试验材料和处理的大致范围，在此基础上再作进一步研究，使正式试验建立在更有把握的基础之上。

(2) 正式试验。正式试验也叫主要试验或基本试验，是在预备试验的基础上，按照严格的试验设计和试验技术要求进行的试验。它往往涉及的试验材料不多，但常常处理较多，一般都要设置重复和对照，试验所获得的数字资料一般都要经过方差分析，其可靠性要求达到95%以上。在主要试验中所获得的科研成果，应尽快应用到生产上去。为此，要尽可能提高主要试验的准确性和代表性。

(3) 生产试验。生产试验是在主要试验完成之后，如把选育出的品种或筛选出的某项技术措施用于生产中的鉴定试验。它的试验面积较大，田间栽培管理技术水平和当地一般栽培管理技术水平相一致。此试验既是在生产条件下验证主要试验的结果，又具有示范作用。对生产试验所获得的数据资料，通常不进行方差分析，一般只要求出主要数量性状的平均数或者只进行直观分析。

此外，还有区域化试验，主要是指品种的区域化试验。它是把主要试验的结果放在某一地区的不同地点做试验，品种经过区域化试验后，才能决定是否扩大推广。区域化试验时间的长短因试验材料种类不同而有所差别，比如玉米品种区域化试验，应连续参加区试3~5年，才能作出正确结论。

3. 按试验涉及的因子数量分类

(1) 单因子试验。在同一试验中只研究某一个因子的若干处理的效应，而其他非试验因子则处于相对相同的条件下的试验叫单因子试验。例如，品种比较试验，就是在力争其他栽培管理条件和气候条件相对相同的条件下，比较鉴定不同品种的优劣，只涉及不同品种这一个因子。这种试验在设计上比较简单，且统计分析比较容易，易迅速得到明确的试验结果，是研究某一个因子具体规律的有效手段，实际应用比较广泛。但作物的某一种性状的反应，往往会受到很多因子的同时影响，这些因子间常有相互联系、相互制约的关系。在进行单因子试验时，往往由于两种以上因子间的相互作用，给单因子试验带来干扰，甚至不能得出正确的结论。单因子试验提供的信息局限性较强，往往不能较全面地分析说明问题。

(2) 复因子试验。在同一个试验中同时研究两个或两个以上因子效应的试验，称为复因子试验。例如，不同品种、不同密度、不同施肥量等对产量均产生影响，可把品种与密度、品种与施肥量、密度和施肥量，或者把品种、密度、施肥量三者结合起来，研究其对产量的影响。这种两个以上因子的综合比较试验，就是复因子试验。复因子试验不仅可以分析出各个因子的单独效应（主要效应），而且可以分析各个因子结合起来的综合效应，这种作用是两种或两种以上因子间的相互作用产生的，故叫因子间的交互作用。所以，复因子试验比单因子试验能够更全面、更深刻地说明试验问题，实用价值比单因子试验高。但是，复因子试验在试验设计和资料分析方面都比较复杂，有时当试验因子过多时，往往由于试验设计不当或试验过程中误差较多，结果反而不好分析，甚至得不出试验的正确结论。

（3）综合性试验。这也是一种多因子试验，但与上述复因子试验不同。综合性试验中的各个因子的水平不构成平衡的处理组合，而是将若干因子的某一水平组合在一起作为处理进行试验。综合性试验的目的在于探讨一系列供试因子的某些处理组合的综合作用，而不是研究也不能研究个别因子的效应和因子间的交互作用，所以，这种试验必须在对起主导作用的那些因子及其交互作用已基本清楚的基础上才好设置处理。它的一个处理组合就是一系列经过实践初步证明的优良水平的配套。这对于选出较优的综合性处理，总结和推广一整套综合栽培管理技术是一种快速而有效的方法。

4. 按试验小区面积大小分类

在田间试验中，安排每一个处理所需材料的基本单位称为一个试验小区，简称小区。小区可以是一定面积的一块地，也可是若干盆（盆栽试验），单作（清种）或复合群体等。一般把小区面积大于或等于100 m^2的试验称为大区试验，把小区面积小于100 m^2的试验称为小区试验。

（1）小区试验。小区试验是农业科学研究中应用较广泛的试验方法，其优点是：由于小区面积小，可以利用合理的田间试验设计方法来控制土壤差异、小气候差异、作物群体间竞争误差等；田间作业也容易做到时间和质量上的相对一致，从而降低了试验误差；可以用数学统计的方法去排除和估计试验误差，提高试验结果的可靠性。其缺点是：与大面积生产作物群体的生态环境及耕作条件差别较大，试验结果代表性不强，不便于大面积生产示范和推广；田间试验设计和结果的统计分析比较复杂。

（2）大区试验。大区试验是试验后期常采用的方法，是科学研究成果用到生产上去的必要环节。其优点是：群体生态环境和栽培管理条件接近于大面积生产水平；在土地肥力均匀、注意加强田间管理的条件下，能够获得较为可靠的试验结果，从而能把试验结果较快地、有把握地推广到生产上去；大区试验不需要复杂的田间试验设计，数据统计资料可以从简。其缺点是：一次试验的品种或处理不能够太多；有时试验条件和栽培管理条件难于控制一致，人为误差反而加大；由于一次试验消耗人力、物力过多，所以，在大区不宜做探索性的试验。

5. 按试验年限、地点和场所分类

一个试验只进行一年的称为一年试验，重复进行几年的称多年试验。多年试验是在历年相对不同的自然环境条件下进行，能综合历年不同气候等环境条件对作物生长发育的影响，观察其在不同条件下的反应和效果，这样就能对试验结果有更全面的认识，有利于试验结果的推广和应用，一年试验则做不到这一点。

一个试验只安排在一个地点进行的试验称为单点试验。同一个试验同时在几个地点进行则称为多点试验。多点试验结果的代表性高于单点试验，它有助于提早确定试验结果的适应范围，有利于加速新品种、新技术的推广和应用。对于生产上一些重大技术措施以及新育成的品种在推广之前必须进行多年多点试验，以鉴定其对不同生态地区、不同气候条件的适应性。

按试验场所不同可分为设施试验和露地试验，可以利用不同的场所，开展不同性质的田间试验。例如，利用设施试验可以较好地研究不同生态因子对农作物生长发育的影响等问题。

以上介绍了田间试验的主要种类，究竟采用哪种方法进行试验，可根据科学试验的性质、要求达到的目的和本单位的人力、物力，加以灵活运用。

六、实验设计的具体安排

1. 控制土壤差异的小区技术

（1）小区面积。在一定范围内，小区面积增加，试验误差减少。

小区的参考面积：$6 \sim 60 \ m^2$。在确定面积时要考虑下述因素：

1）试验种类。如机械化栽培试验、灌溉试验等的小区要大些；而品种试验则可小些。

2）作物类别。种植密度大的作物如水稻、小麦等的试验小区可小些；种植密度小的作物如玉米、棉花等应大些。

3）土壤差异的程度与形式。土壤差异大，小区面积应大些；土壤差异小，则小区面积可小些。

4）育种工作的不同阶段。在新品种选育过程中，品系数由多到少，种子数量由少到多，对精确度的要求从低到高，因此，在各阶段所采用的小区面积是从小到大。

5）试验地面积。有较大的试验地，小区可适当大些。

6）试验过程的取样会影响小区四周植株的生长，也影响小区最后的产量测定，因此要相应增大小区面积。

7）边际效应和生长竞争。

（2）小区的形状和方向。小区的形状是指小区长度与宽度的比例。在通常情况下，长方形尤其是狭长形小区，容易调匀土壤差异。小区的长宽比一般为 $(3 \sim 10):1$，甚至可达 20:1。

在田间分地段地控制土壤差异等非处理因素，使之对各试验小区的影响达到最大限度的一致。

(3) 重复次数。重复次数即每一处理的试验小区数，重复次数越多，试验误差越小。但重复次数与试验误差大小之间并不存在线性关系。重复次数的多少，一般应根据试验要求的精度、试验地土壤差异大小、试验材料的多少、试验地面积的大小、小区面积的大小等因素来确定。小区面积小的试验，通常可用3~6次重复；小区面积大的，可用3~4次重复。在试验地总面积不变的情况下，降低试验误差，增加重复次数，比增大小区面积更有效。

(4) 对照区。对照是试验中用作比较处理的标准。因此，对照采用的应该是当地大面积推广的良种或最广泛应用的栽培技术措施。

设置对照区的目的：便于在田间试验中对各处理进行观察比较时作为衡量品种或处理优劣的标准；用以估计和矫正试验田的土壤差异。

(5) 保护行。试验地四周必须设保护行，其作用是：①保护试验材料不受外来因素如人、畜等的践踏和损害。②减少边际效应的影响，使处理间能有正确的比较。保护行的数目视作物而定，如禾谷类作物一般至少应种植4行以上的保护行。保护行种植的品种，可用对照种，最好用比供试品种略为晚熟的品种。

(6) 重复区（区组）与小区的排列。将全部处理小区分配于相对同质的一块土地上，称为一个区组。

小区的排列有两种方式，一是顺序排序，小区在各区组内按顺序排列，存在系统误差，无法作出无偏的误差估计。二是随机排列，各小区在各重复区内的位置完全随机决定，可避免系统误差，提高试验的准确度，得到无偏的误差估计。

2. 试验材料及人员结构

(1) 试验场地的确定。事前要认真研究确定试验场地和管理人员，选择符合科研要求的地块，所用试验材料必须严格筛选，保证种子品质和用具质量。

(2) 参试人员要求。参与工作的人员对本项研究有较好的理解，田间试验态度认真，工作积极性较高。

(3) 熟悉设计方案。全体人员都应了解试验设计的具体要求，分工负责、包干到人，使大家工作起来责任明确、有条不紊。

七、田间试验的实施步骤

1. 制订试验计划

首先必须制订试验计划，明确规定试验的目的、要求、方法以及各项技术措施的规格要求，以便试验的各项工作按计划进行，便于在进程中检查执行情况，保证试验任务的完成。

(1) 田间试验计划的内容。一般包含以下项目：试验名称；试验目的及其依据，包括现有的科研成果、发展趋势以及预期的试验结果；试验年限和地点；试验地的土壤、地势等基本情况和轮作方式及前作状况；试验处理方案；试验设计和小区技术；整地播种施肥及田间管理措施；田间观察记载和室内考种、分析测定项目及方法；试验资料的统计分析方法和要求；收获计产方法；试验的土地面积、需要经费、人力及主要仪器设备；项目负责人、执行人。

（2）编制种植计划书。种植计划书把试验处理安排到试验小区作为试验记载簿之用。肥料、栽培、品种、药剂比较等试验的种植计划书一般比较简单，内容只包括处理种类（或代号）、种植区号（或行号）、田间记载项目等；育种工作各阶段（除品种比较）的试验，由于材料较多，而且试验是多年连续的，一般应包括今年种植区号（或行号）、去年种植区号（或行号）、品种或品系名称（或组合代号）、来源（原产地或原材料）以及田间记载项目等。不论哪种试验，都应按其包括的项目依上述次序画出表格。材料较多时，为了避免编写区号发生遗漏或重复，可用打号机顺次登记当年区号。种植计划书的内容可以根据需要灵活拟订，应遵守便于查清试验材料的来龙去脉和历年表现的原则，以利于对试验材料的评定和总结。随着计算机的普遍使用，许多研究工作者已使用计算机来编制并打印种植计划书。

试验计划与种植计划书应该备有复本，一份用于田间种植，播种后绘制田间种植图，附于种植计划书前面，以后将经常用来作观察记载；另一份应誊抄全部内容，以备用。必须妥善保管好试验档案。

2. 试验地的准备和田间区划

试验地在进行区划之前，首先观察前茬作物的长势，作为土壤肥力均匀度的参考。试验按要求施用质量一致的基肥，而且要施得均匀。所使用厩肥必须充分腐熟并充分混合，施用时最好采用分格分量的方法，要尽力设法避免施基肥不当而造成土壤肥力上的差异。

试验地在犁耙时要求做到犁耕深度一致，耙匀耙平。犁地的方向应与将来作为小区长边的方向垂直，使每一重复区内各小区的耕作情况最为相似。犁耙范围应延伸到将来试验区边界外几米，使试验范围内的耕层相似。整地后应开好四周排水沟，做到沟沟相通，使田面做到雨后不积水。

试验地准备工作初步完成后，即可按田间试验计划与种植计划书进行试验地区划。通常先计算好整个试验区的总长度和总宽度，然后根据土壤肥力差异再划分区组、小区、走道和保护行等。在不方整的土地里设置试验时，整个试验地边界线先要拉直，在试验地的一角用木桩定点，用绳索把试验区的一边固定，再在定点处按照"勾股定理"画出一直角。在此直角处另拉一根绳，即为试验区的第二边，再在第二边的末端定点用相同方法画出直角，就可得第三边和第四边。画出整个试验区后，即可按试验设计要求和田间种植计划，划分区组、小区、走道、保护行等，绘出田间布置图，以便实际布置落实试验时可完全依循它进行操作。

3. 试验材料的准备

在品种试验及栽培或其他措施的试验中,须事先测定各品种种子的千粒重和发芽率。各小区(或各行)的可发芽种子数应基本相同,以免造成植株营养面积与光照条件的差异。在育种试验初期,材料较多,而每一材料的种子数较少,不可能进行发芽试验,则应要求每小区(或每行)的播种粒数相同。

按照种植计划书(即田间记载本等)的顺序准备种子,避免发生差错。根据计算好的各小区(或各行)播种量,称量或数出种子,每小区(或每行)的种子装入一个纸袋,袋面上写明小区号码(或行号)。

需要药剂拌种以防治苗期病虫害的,应在准备种子时做好拌种,以防止苗期病虫害所致的缺苗断垄。

准备好当年播种材料的同时,须留同样材料按次序存放仓库,以便遇到灾害后补种时应用。

4. 播种或移栽

如人工操作(这是当前田间试验采用的基本方法),播种前须按预定行距开好播种沟,并根据田间种植计划的区划插上区号(或行号)木牌,经查对无误后才按区号(或行号)分发种子袋,再将区号(或行号)与种子袋上号码核对一次,使木牌区号(或行号)、种子袋上区号(或行号)与记载簿上区号(或行号)三者一致。无误后开始播种。

播种时应力求种子分布均匀,深浅一致,尤其要注意各处理同时播种,播完一区(行),种子袋仍放在小区(行)的一端,播后须逐行检查,如有错漏,应立即纠正,然后覆土。整个试验区播完后再复查一次,如发现错误,应在记载簿上作相应改正并注明。

如用播种机播种,小区形状要符合机械播种的要求。先要按规定的播种量调节好播种机;在播种以后,还须核定每区的实际播种量(放入箱中的种子量减去剩下的种子量),并记录下来;播种机的速度要均匀一致,而且种子必须播在一条直线上。人工或机械播种后,必须作全面检查,如有露粒,应及时覆盖。

出苗后要及时检查所有小区的出苗情况,如有小部分漏播或过密,必须及时设法补救;如大量缺苗,则应详细记载缺苗面积,以便以后计算产量时扣除,但仍须补苗,以免空旷对邻近植株发生影响。

如要进行移栽,取苗时要力求挑选大小均匀的秧苗,以减少试验材料的不一致;如果秧苗不能完全一致,则可分等级按比例等量分配于各小区中,以减少差异。运苗中要防止发生差错,最好用塑料牌或其他标志物标明试验处理或品种代号,随秧苗分送到各小区,经过核对后再行移栽。移栽时要按照预定的行穴距,保证一定的密度,务使所有秧苗保持相等的营养面积。移栽后多余的秧苗可留在行（区）的一端，以备在必要时进行补栽。

整个试验区播种或移栽完毕，应立即播种或移栽保护行。将实际播种情况，按一定比例在田间记载簿上绘出田间种植图，图上应详细记下各区组的位置、小区面积与形状、每条田块上的起讫行号、走道、保护行设置等，以便日后查对。

5. 田间管理

试验田的栽培管理措施可按当地丰产田的标准进行，在执行各项管理措施时除了试验设计所规定的处理间差异外，其他管理措施应力求质量一致，使对各小区的影响尽可能没有差别。例如病虫害防治，每一小区用药量及喷洒要求质量一致，数量相等，并且分布均匀。还要求同一措施能在同一天内完成，如遇到天气突然变化，不能一天完成，则应坚持完成一个区组。至于中耕、除草、灌溉、排水、施肥等管理措施，各有其技术操作特点，也同样要做到尽可能一致。

总之，要充分认识到试验田管理、技术操作的一致性对于保证试验准确度和精确度的重要性，从而最大限度地减少试验误差。

6. 观察记载和测定

在作物生长发育过程中根据试验目的和要求进行系统的、正确的观察记载，掌握丰富的第一手材料，为得出规律性的认识提供依据。因试验目的不同，观察记载项目也有差异，现列举田间试验中常采用的观察项目：

（1）气候条件的观察记载。正确记载气候条件，注意作物生长动态，研究两者之间的关系，就可以进一步探明产量高低的原因，得出较正确的结论。气象观察可在试验所在地进行，也可引用附近气象台（站）的资料。有关试验地的小气候，则必须由试验人员观察记载。对于特殊气候条件，如冷、热、风、雨、霜、雪、雹等灾害性气候以及由此而引起的作物生长发育的变化，试验人员应及时观察并记载下来，以供日后分析试验结果时参考。

（2）田间农事操作的记载。任何田间管理和其他农事操作都在不同程度上改变作物生长发育的外界条件，因而也会引起作物的相应变化。因此，详细记载整个试验过程中的农事操作，如整地、施肥、播种、中耕除草、防治病虫害等，将每一项操作的日期、数量、方法等记录下来，有助于正确分析试验结果。

（3）作物生育动态的记载。这是田间观察记载的主要内容。在整个试验过程中，要观察作物的各个物候期（或称生育期）的形态特征、特性、生长动态、经济性状等。

（4）收获物的室内考种与测定。有些项目需在作物收获后考种、观察与测定，如种子千粒重（百粒重）、结实率、种子成分分析及品质分析等。

试验的观察记载必须由专人负责。不确切或片面性的记载，会造成偏差，甚至得到完全错误的结论。

7. 收获脱粒与计产

田间试验的收获要及时、细致、准确,绝不能发生差错,否则就得不到完整的试验结果,影响试验的总结,甚至前功尽弃。

收获前须先准备好收获、脱粒用的材料和工具,如绳索、标牌、布袋、纸袋、脱粒机、暴晒工具等。收获试验小区之前,如保护行已成熟,可先行收割。如为了减少边际影响与生长竞争,设计时预定要割去小区边行及两端一定长度的,则也应照计划先收割。查对无误后,将以上两项收割物先运走,然后在小区中按计划采取随机方法取样作考种或作其他测定所用,挂上标志小牌,并进行校对,以免运输脱粒时发生误差。运入挂藏室要按类别或不同处理分别挂好,不能混杂堆放。暂不脱粒的计产材料须常翻动,以免霉变。如果各小区的成熟期不同,则应先熟先收,未成熟小区以后再收(边行、两端也要在以后割)。

脱粒时应严格按小区分区脱粒,分别晒干后称重,还要把取作样本的那部分产量加到各有关小区,以求得小区实际产量。为使小区产量能相互比较或与类似试验的产量比较,最好能将小区产量折算成标准湿度下的产量。折算公式如下:

$$标准湿度的产量 = \frac{小区实际产量 \times (100 - 收获的水分)}{100 - 标准水分}$$

如为品种试验,则每一品种脱粒完毕,必须仔细清扫脱粒机及容器,避免品种间的机械混杂。脱粒后把秸秆捆上的塑料牌转扣在种子袋上,内外各扣一块,以备查对。在暴晒时须注意避免混杂和搞错。

为使收获工作顺利进行,避免发生差错,在收获、运输、脱粒、暴晒、储藏时,必须专人负责,建立验收制度,随时检查核对。

八、试验误差

为了提高田间试验的准确性,必须尽最大可能减少试验误差。因此,在田间试验过程中,尽量排除非试验因子的干扰是田间试验的主要任务。

现就误差的概念、来源及控制途径加以简单介绍。

1. 误差的概念

在田间试验所得到的观察值中,除了含有处理的真实效应外,还包含有其他非试验因子的干扰和影响,这样就使处理的真实效应不能完全反映出来,这种使观察值偏离试验处理真值的影响称试验误差,简称误差。

试验中发生的误差一般可分为两种:一种是系统误差,是由处理以外的其他非试验因子的明显不一致所造成的。比如土壤肥力梯度、测量工具的误差、栽培管理操作不一致,以及某人的观察习惯等均属此类。另一种是偶然误差,是指在严格控制非试验因子相对一致后,仍不能消除的偶发性误差。它具有随机性质,所以也叫随机误差。比如病虫害侵袭，土壤、管理、试验材料等方面存在的微小差异以及人畜对农作物的损坏等属于此类。对于系统误差，通过适当的控制措施是比较容易克服的，而对于随机误差只能尽可能降低而不可避免。

误差影响试验的准确性和精确性，它们则是衡量试验精确度的依据。显然，只有误差小，才能作出处理间差异的正确而可靠的评定。现代田间试验的特点在于注意到试验设计与统计分析的密切关系，为了对试验资料进行统计假设测验，必须计算误差，因此，在田间试验的设计与执行过程中，必须注意合理估计和降低试验误差的问题。

应当提醒大家注意：试验误差与试验中发生的错误是完全不同的。在试验过程中，由于不注意操作规程或疏忽大意而人为造成的错误是不应该发生的。例如，观察记载工作中记错了数字，称错了重量，丈量错了小区面积，整理资料时看错了数据和分析方法错误等。只要工作认真、细致、严密，避免错误发生是完全可以做到的，而试验误差却是不可避免的。

2. 误差的来源

（1）土壤差异所引起的误差。土壤差异包括肥力差异和理化性质方面的差异。土地是田间试验的最基本的条件，土壤肥力的均匀一致是田间试验正确性的保证。在自然界中，土壤肥力的差异是普遍存在的，它引起的误差对试验结果的影响最大，而且难以克服。所以，在进行田间试验设计时，最主要的问题是把土壤肥力差异降到最低程度。实际上，田间试验设计就是围绕解决这一中心问题而提出的一系列技术措施。

造成土壤肥力差异的主要原因是土壤形成过程中，由于发生、发展历史不同，土壤的机械组成、有机质的含量、矿物质种类和含量的差异，土壤中水分运动的规律及地温变化的规律都是不相同的，由此形成了不同地块土壤理化性质和肥力差异。这种差异有的是有规律地向某一方向变化着，有的呈斑块状而无明显的规律性。在人们对土壤利用过程中造成的人为误差主要是人工肥力误差。人工肥力占土壤总肥力的比例较大，故应注意这一误差。它包括前茬作物不同对肥力的影响，以及施肥量的高低、灌水和排水方法的不同等，都对人工肥力有显著的影响。自然和人为造成的地形或地貌的不同，对土壤中的水分和养分分布影响也很大，这也是造成土壤差异的重要因素。

（2）小气候差异造成的误差。这主要是由于试验地所处的位置引起。比如试验地的周围有高大的建筑物或较大的水面，或有防护林或宽阔的公路，或试验地四周与小区间的植株高矮不一，温室内的位置不同等，都会造成试验地各小区的不同的小气候条件，从而影响各小区植株生长发育的差异。组成实验小区的内部不同地点的气候条件差异常常是显著的，且多呈规律性变化。例如，距离高大建筑物和防风障远近不同的地块，温室的前、中、后部及其方向，塑料大棚的周围和中间的不同小区，气温、地温、光照强度和湿度的差别较大。这些因子大都有一定的规律性变化，例如，高大建筑物和防风障的阳面，随着离防风障和建筑物距离的增加，地温、气温都有逐渐变低的趋势。

(3) 作物群体间竞争引起误差。这是指两个相邻品种或处理始终靠在一起，由于相互影响而造成的误差。例如，在田间试验顺序排列法中，甲乙两个品种或处理始终靠在一起，如果甲品种或处理的作物生长发育速度较快，它的地上部分营养器官优先吸收阳光、二氧化碳等，地下部分的根系较多地争夺水分和养分。这样一来，甲品种或处理占了优势，乙品种或处理处于劣势，结果二者的本质差异不能真实地表现出来，干扰了田间试验的正确性。

(4) 试验材料的差异。这是指试验中各处理的供试材料在其遗传上和生长发育情况上存在着差异。这种差异包含很多方面，比如种子大小、质量的不一致，苗高、生长势强弱不一致等。当要求尽量使各个处理的试验材料相对一致后，在同一个试验小区里，同一个品种或处理群体的不同植株个体间也经常存在差异。即使一个纯度较高的品种或一代杂交种，甚至是自交系，也往往由于不同植株个体间遗传性的某种差异，以及农业技术管理措施对不同个体的影响不同，而产生植株个体间的差异。如果观察取样时不注意，在甲品种或处理的群体中选取了一些偏小的个体，而在乙品种或处理群体中选取了一些偏大的个体，取样的测产工作必然不能正确地反映出二者的本质差别，造成人为的取样误差。因此，试验材料的差异也是造成试验误差的重要因素之一。引起这种差异的原因有多种，如作物遗传因素、自然环境条件、繁殖方法不同以及栽培管理措施不同等。

(5) 一些不易被人们所控制的、偶然性的原因造成的误差。其中包括病虫害、鸟害、人畜为害、自然灾害等偶然因素造成的误差，它具有一定随机性，对各个处理小区的影响不完全相同。

3. 控制试验误差的途径

(1) 土壤差异的控制。减少、排除和估计因土壤差异而产生的误差，除了严格选择试验地之外，主要是通过正确的小区设计技术和应用良好的田间试验设计方法来排除、减少和估计误差。通过这几种措施，不但可以有效地降低土壤差异，同时还可以控制其他来源所引起的误差。

(2) 栽培环境和操作管理。事前认真仔细地研究确定试验场地和管理人员，确定符合科研要求的地块，所用试验材料也必须严格选定，保证种子和用具质量；参与人员对本项研究有较好的理解，田间试验态度认真，工作积极性较高，这样可以减少不必要的误差。

九、实施试验的规范要求

1. 试验地的选择

(1) 试验地要有代表性。要使试验具有代表性，首先试验地要有代表性。试验地的土质、土壤肥力、气候条件和栽培管理水平能代表本地区的基本特点，以便于试验成果的推广应用。

（2）试验地的肥力要均匀一致。试验地的肥力均匀是提高试验效果的首要条件。这是因为在所有非试验因子中，土壤肥力的差异是最难控制的，特别是土壤发育层次及地形差异较大，而造成的差异对试验的干扰最大。如耕作层下有一条沙带，几乎无法消除它对试验的影响。判断土壤肥力状况的方法有两种：一种是目测法，另一种是空白试验法。

目测法是观察拟作为试验地的地块上生长着的作物和杂草的种类及其生长发育状况，根据作物的生长势和整齐程度来粗略判断肥力是否均匀及其差异变化特点。若植株的生长发育整齐一致，说明肥力均匀一致，否则反之；而田间地头的杂草种类也有助于我们了解土壤的理化性状和肥力状况（如茅草、蒺藜常见于瘠薄沙地，碱蓬在重盐碱土壤上可以生长良好，苇草多的地方往往地势低洼、土壤偏碱等）。空白试验法则是在整个试验地上种植单一品种的作物（这类作物以植株较小而适宜条播的谷类作物为好），在作物生长的整个过程中，从整地到收获，采用一致的栽培管理措施，并对作物生长情况仔细观察，遇有特殊情况如严重缺株、病虫害等，应注明地段、面积，以作为将来分析时的参考。收获时将整个试验地划分为面积相等的若干单位（一般以5~15m^{2}为一个单位），加以编号，分别计算产量和变异系数。根据变异系数的大小，以及各测量小区产量高低及分布情况来估计土壤肥力差异及分布状况。单位间变异系数大，则说明土壤差异大，否则反之。通常认为，当空白试验测定的变异系数小于10%或15%时，才符合试验地对土壤肥力均匀一致的基本要求。另外，在空白试验中，还可以组成不同数量的单位小区（即面积不同）以及不同的重复次数，再根据变异系数来找出合适的小区面积及重复次数。

土壤肥力差异通常有两种表现形式：一种形式是肥力高低变化较有规律，肥力从地的一边到另一边逐渐变化，即趋向性变化，这是较普遍的现象。另一种形式是斑块状差异，即田间有较为明显的肥力差异的斑块，面积可大可小，分布也无一定规律。因此，在进行试验的头一年，应对准备作为试验田的地块进行目测或空白试验，了解土壤肥力差异及分布状况，然后标明界限，以便规划试验地时加以弥补，并为采用正确的小区管理技术及选择合适的设计方法提供依据。

在正确选择试验地块的基础上，在有条件的情况下，最好在进行正式试验之前，先进行1~3年的匀地播种，即在准备做试验的地块上，在1~3年之内，每年种植同一种农作物，并在播种量、施肥量、施肥方法及栽培管理技术方面力求均匀一致。这不仅能使土壤肥力趋于均匀一致，也便于了解土壤肥力差异情况。

（3）选作试验地的田块最好要有土地利用的历史记录。因为土地利用上的不同，对土壤肥力的分布及均匀性有很大影响，故应选用近年来在土地利用上相同或相近的地块。若不能选得全部符合要求的土地，只要有历史记录，就能掌握田块的栽培历史，对过去栽培的不同作物、不同技术措施能分清地块，则可以通过试验小区的妥善设置和排列作适当的补救，也可酌情采用。

（4）位置适当。试验地应该选择在阳光充足、比较空旷的地块，而不宜安排在离道路、高大建筑物、树林、畜舍、住宅、水塘等较近的地方，以免使各小区受到这些条件引起的边际效应的影响。且试验地四周应种有与试验用的相同或不同的作物，以免试验地孤立而遭受其他偶然因素，如人、畜、鸟等的影响，造成意外损失。但是，也不能离住宅太远，造成田间管理、观察记载和看护的不便。

（5）地势要平坦。应尽量选择地势平坦的地块进行试验。如果在坡地上进行试验，应该选择局部肥力均匀的若干地块，以便田间试验设计时的局部控制。

2. 选择一致的试验材料

根据试验目的和要求，选择一致的试验材料也是控制误差的一个重要途径。例如，品种的种性要纯，要有代表性；种子大小及质量应相对一致；作物群体植株的年龄、生长发育应尽可能一致，比如我们在现有作物试验地观察时，在相同品种和生长季的植株中，选择其生育期相同或相近的植株。如果试验材料生长发育不一致，可按其生长发育状况分档，比如按植株高低、株型、叶色以及相应长相等分类，然后，将同一规格的安排在同一个区组内的各个小区中，这样可以减少试验材料的差异。

3. 改进操作和管理技术，使之标准化

总的原则：除了操作要仔细、一丝不苟，把各种操作尽可能做到完全一致外，一切管理操作、观察测量、数据采集等都要以区组为单位进行控制，即采用局部控制原理。例如，整个试验地的某种田间操作如果一天不能完成，则至少应完成一个或几个区组内所有小区的工作。这样每天之间若有差异，也由于区组的划分而得以控制。又如，进行操作的人员不同，常常会使相同的技术或观测发生差异，因此，如有数人同时操作时，最好一人能完成一个或更多区组，不宜分配两人进行同一区组的操作，以减少因人员不同而引起的误差。

正确地排除和估计试验误差，还要根据田间试验设计的基本原理，正确地进行小区设计，其中包括小区面积、形状、重复次数、小区的排列方式、合理地设置对照和保护行等来进行。

十、试验或实习内容

1. 准确高效处理实验数据

在迅速发展的信息化时代，存储、整理和分析处理数据是一件极其重要的工作。由于对实验数据的分析大都是基于基本的统计原理进行的，已编制了许多统计软件包，其中 SAS（statistical analysis system）系统是国际上公认的统计软件，它的包容量大，伸缩性强，在全球范围内被各行各业广泛采用。为了让农艺工了解 SAS 系统，并能正确地进行数据处理，计划安排几次相应的试验，做到充分应用收集到的数据自行独立完成。

2. 试验事例分析

结合当时现场观察项目，作出分析判断，以确定试验效果。

第二节 农业技术推广应用

→ 能够结合当地作物种植环境条件分析各自农业技术推广的原则要求

→ 能够掌握不同推广项目的执行标准，以实施相应的农业技术推广技术

一、农业技术推广的总体要求

1. 全力加强农业技术推广服务体系建设

认真学习贯彻《国务院关于深化改革加强基层农业技术推广体系建设的意见》（国发［2006］30号）（以下简称《意见》）以及国家农业部贯彻落实《意见》的精神，引导农业技术推广系统按照《意见》提出的基本原则、总体目标和各项要求，认真制订具体实施方案，积极主动地推动基层农业技术推广体制改革，切实优化基层农业技术推广队伍，着力创新农业技术推广机制，不断提高农业技术推广能力。认真贯彻落实《国务院办公厅关于推进种子管理体制改革加强市场监管的意见》（国办发［2006］40号）以及农业部贯彻落实《意见》的精神，引导种子行业健全质量监督、品种区试、信息服务三大体系，强化种子市场监管、品种管理，引导种子企业改制，推进现代种业建设。加强对各地贯彻落实国务院有关加强基层农业技术推广体系建设和推进种子管理体制改革文件精神及农业部有关贯彻实施方案执行情况的督导，跟踪各地基层农业技术推广体系改革进展，及时总结成功经验，大力宣传典型事例，针对改革中的问题研究相应对策，正确引导和推进农业技术推广改革。

2. 积极示范推广粮食作物增产增收生产技术

以所在地区和粮食主产区为主，大力推广水稻、小麦、玉米、大豆、马铃薯五大作物免耕栽培技术。在玉米主产区，重点推广增密高产栽培技术。

3. 努力示范推广重大生物灾害综合防控与科学用药技术

及时制定并发布重大农业有害生物应急防控预案，建立有害生物灾害应急处置机制。展示示范重大病虫害源头治理和抗病（虫）品种布局、生态控制、生物防治、生物多样性等绿色植保技术的协调应用，组织实施重大生物灾害应急防控行动。配合实施全面停止使用甲胺磷等五种高毒农药工作，强化高毒农药禁用宣传和农药安全使用管理，重点防止鲜食农产品生产中使用高毒、高残留农药，大力推广新筛选推荐的替代农药产品和高毒农药减量使用技术。加强重大有害生物抗性风险评估，继续抓好农药安全使用示范区建设，筛选、示范、推广一批高效低毒环保型新农药和新剂型，做好药害特别是除草剂药害防控宣传培训。推广农药低容量喷雾技术，加大精准施药机械推广力度，促进植保机械更新换代，提高农药利用率。

4. 加强植物检疫与作物品种管理

积极推进东南沿海、东北沿边和新疆、甘肃河西走廊地区三条重大植物疫情阻截带建设；深入开展检疫性有害生物检验、监测与防控技术研究，制定和实施非疫生产区配套管理办法、技术规程，开展对项目区人员技术培训，推进非疫生产区建设，并组织非疫生产区外围的疫情防控工作。全面推广农业植物检疫计算机管理系统，加快植物检疫标准化建设，推进引进种苗有害生物风险分析工作，完善引进种苗疫情数据库，进一步规范国外引种检疫审批管理，提高疫情监管和信息服务水平。

做好品种审定委员会换届工作，推动建立农作物品种退出机制，并研究部、省两级新品种审定标准的衔接工作。认真开展主要农作物新品种区域试验和生产试验，加强品种抗逆性鉴定工作，完善农作物品种审（鉴）定、区试标准体系和管理办法，开展区试技术培训与交流，强化以区试为基础、以审（鉴）定为核心的品种管理工作。进一步加强审定农作物品种的管理，推进非审定农作物品种的规范管理。推进水稻、小麦、玉米、大豆、油菜、食用菌六大作物的 DNA 指纹库建设和应用技术开发，通过应用分子检测技术鉴定品种特异性，提升区试、审定质量和品种管理水平。

5. 加强种子质量监督与鉴定监测检验

继续开展农作物种子质量监督抽查，扩大监督检验范围，做到监督重点关口下移，增强监督检验的代表性、时效性和覆盖范围，促进种子企业规范其生产与经营行为。做好种子检验员培训、资格考核、换证和省级种子质量检验机构和部级种子质检中心种子检验员专业知识考试与操作技能考评工作。抓好种子检测中心改扩建工作，加快品种纯度分子检测和转基因种子检测的实验室建设，加大品种纯度分子检测和转基因种子检测技术开发与推广力度，全面提升种子质量检测能力和监管水平。完善种子认证技术体系，开展认证能力验证活动，规范种子认证工作。积极承担种子质量监督检验、仲裁检验和司法鉴定及委托检验工作，并在生产关键季节配合有关部门开展粮食、油料、棉花、豆类等主要农作物种子质量监督检查活动，确保农业用种安全。加强国家、省、地、县四级耕地土壤监测网络建设，完善监测检验技术，并结合测土配方施肥项目和沃土工程的实施，开展耕地地力调查与评价、国家耕地土壤监测数据管理与成果展示系统和测土配方施肥数据库建设，及时发布监测信息。重点做好检测实验室质量控制，开展检测质量控制技术培训和考核工作，建立健全实验室质量保证体系。加强肥料质量检测体系建设，积极参与肥料市场质量监督检查。完成农业部"土肥质检中心""双认证"

评审，并对外开展工作。

6. 加强生物灾害和全国农情监测与信息发布工作

系统监测重大农业生物灾害发生动态和流行趋势，及时发布玉米螟等重大虫害发生趋势预报，为组织防治提供科学依据。全面推广农作物病虫害电视预报技术，推行重大病虫害信息可视化发布。加大"中国农作物有害生物监控信息系统"应用力度，完善省、县、乡农业生物灾害监测预警网络体系，逐步实现监测数据的标准化处理与网络化传输，完善农业重大有害生物灾害信息快速传递途径和机制，开发推广先进实用的测报技术与轻便、高效的测报工具，加强测报队伍建设，提高预报准确率和工作效率。组织农业技术推广系统开展主要农作物苗情系统监测，配合做好苗情信息采集、分析、报送和苗情调控技术信息发布。根据不同降水、农业布局和节水技术模式特点，在西北、东北和华北地区建立有代表性的墒情监测点，定期采集墒情与旱情数据；建立农田土壤墒情与旱情评价指标体系，开发墒情与旱情数据采集和信息传输快捷通道，通过快报、网络等方式及时发布墒情信息。

7. 大力推进农业技术推广机制创新

在新疆地区继续深化以考评为核心的农业技术推广机制创新研究，在认真总结完善2006年12个试点县经验的基础上，扩大到25个新的试点县进行示范验证研究与示范，并继续搞好CIDA农业技术推广运行机制研究。积极推行基层农业技术推广人员包村联户制度，大力开展主导品种和主推技术组装配套、展示示范和现场观摩，进一步加强"三电合一"等信息化远程服务，提高咨询服务的时效性。积极推广"以人为本"的农业技术社区IPM模式，开办FAO蔬菜、IPM农民田间学校，引导发展乡村农资连锁经营服务。引导基层发展多元化植保专业防治组织，完善重大有害生物统防统治、联防联控运行机制。积极探索依靠和支持农民专业合作社推广先进实用技术方式与方法，指导和扶持农民专业合作社开展农业新技术与农资新产品推广服务。

8. 不断提高各级农业技术人员的素质和推广服务能力

认真实施优粮工程、大型商品粮基地建设、种子工程、植保工程、沃土工程等重大行业建设项目，加强基础设施建设，不断改善技术推广手段；加强对已建成项目的规范管理，充分发挥项目的示范作用，提高农业技术推广服务能力。利用多种途径、多种方式，加快农业技术推广人员知识更新和技术培训，逐步建立起农业技术推广人员继续教育和定期培训制度，鼓励农业技术推广人员参加继续教育、业务培训和管理技能学习；加大农业职业技能开发工作力度，加强职业技能培训和鉴定工作，培养和造就各类农业技术推广人员和农业高技能人才。

二、农业技术推广的工作任务

目前，全国各地以主导品种、主推技术和主体培训为重点的"科技入户"工作深入展开,大大创新了我国农业技术推广机制。

1. 节水农业与提高土壤肥力

重点突破生物节水、农艺节水和非常规水安全高效利用等节水与节约农业关键技术,创制环保型节水制剂新材料,研发多功能、智能化节水农业关键设备与产品。重点突破区域退化农田土壤结构改良、保护性耕作、蓄水保墒与水肥一体化调控技术等,建立区域性农田地力培肥与污染治理技术体系,建立土壤资源管理利用系统。

2. 合理施肥与科学用药

重点研究快速、高效的有机肥料资源腐熟剂和便捷、实用的有机肥料资源无害化处理技术,开展土壤养分批量化测试方法、田间试验、施肥技术等研究,加快施肥指标体系建设,研发缓(控)释肥料等新型肥料。重点突破适合我国农业生产条件的低容量喷雾技术,研究喷雾助剂的应用技术,研制环保施药机械,制定农药使用技术标准,促进农药使用的规范化和科学化。

3. 各地高产田目标产量保障技术的集成与示范推广

针对不同区域、不同作物、不同生产潜力土地的地力水平和生产条件,确定优质水稻、玉米、小麦、大豆等主要粮食作物的产量目标。通过品种选择、水肥调控栽培和病虫害防控等技术的集成应用与示范,实现良种、良法配套,形成保障目标产量的"品种+技术"模式,促进粮食的稳产、增产。

4. 大宗进出口农产品质量安全技术规范与有效管理

在优势农产品区域产业带,完善产地环境监控、农产品品质提升与质量安全监测、投入品安全使用、有害物质降解等技术,开展标准化配套集成并进行示范,建立农产品"从农田到餐桌"全程质量控制技术体系,提高农产品质量安全水平。

5. 大田农作物生产全程机械化栽培技术集成与示范推广

针对大田农作物重点农时、重点环节和重点区域的需要,以成套的农业生产工程技术和装备为核心,将玉米、水稻、小麦、棉花、油菜、蔬菜等农作物生产关键环节(耕作、播种、栽插、收获等)的工程技术和实用高效成套技术装备进行智能组装示范,发展保护性耕作,提升生产的集约化程度和全程机械化生产服务能力。

6. 精准农业生产技术示范与推广

在粮食主产区,针对水稻、玉米、小麦、大豆等不同作物和区域自然特点,将精细整地技术、精量选播技术、精确施肥技术、精准施药技术、精量调水技术等进行组装集成,构建五大作物精确农业技术示范体系。

7. 加强农业技术入户示范工程的应用推广力度

以技术示范户能力培养为核心,强化农业技术推广能力建设,完善政府组织推动、市场机制牵动,科研、教学、推广机构带动,农业企业和技术服务组织拉动,专家、技术人员、示范户和农户互动的多元化农业技术推广体系,建立科技人员直接到户、良种良法直接到田、技术要领直接到人的科技成果转化应用新机制,形成人、财、物直接进村入户的农业技术推广新模式。

8. 建立健全新型农民职业技能培训工程体系

大力实施新型农民科技培训工程、农村劳动力转移培训"阳光工程"和农村实用人才培养"百万中专生"计划,大力开展绿色证书培训,建立农民科技书屋,多渠道、多层次、多形式培育新型农民,提高农民科学种养水平和转移就业能力,培养一大批有文化、懂技术、会经营的新型农民,全面提高农民科技文化素质,为社会主义新农村建设提供强有力的人才支撑。

9. 全力加强全国粮食综合增产能力科技促进工程

在粮食主产区,重点推广测土配方施肥技术,保护性耕作技术,农业机械化技术,水稻免耕抛秧、机插秧、超高产栽培技术,小麦氮肥后移和精量、半精量播种技术,玉米覆膜及增密技术,大豆窄行密植技术,病虫害综合防治技术等,提高粮食综合生产能力。

10. 全社会重视农产品质量安全科技推进工程

示范和推广粮棉油、果蔬、茶叶、糖料、畜产品、水产品、天然橡胶和特色热作产品等加工关键技术、农产品精深加工技术、传统工艺的现代化技术与装备,有效推行良好农业规范(GAP)、良好操作规范(GMP)、危害分析与关键控制点(HACCP)、ISO 9000等质量安全管理技术体系;在优势农产品产业带,推广龙头企业原料标准化生产技术,建立产业化基地。

11. 继续坚持发展"一村一品"产业科技推进工程

根据农业生产布局,结合资源特色,通过规划先导、知识培训和科技服务载体建设,构建"一村一品"产业发展的科技支撑体系,推进技术升级和品牌建设,提高产业的科技含量和产品的核心竞争力,提升"一村一品"的发展规模和层次。

三、农业技术推广工作存在的问题

1. 农业技术推广的形势与任务

我国是一个农业大国,全国农民人数最多。农业产业发展现已十分迅速,农业科技发展也很快,必须快速提高全体农民的科技素质水平,对农业技术推广提出了更高的要求。面对我国加速建设现代农业和社会主义新农村的历史任务,面对世界农业科学技术的快速发展,农业技术发展状况还存在许多不适应,急需改进。尤其是全国性的全面的农业技术推广体系的建立健全和进一步发展,有更多的工作在等待着我们积极去做。

2. 农业技术推广工作中存在的主要问题

(1) 自主创新能力不强,科技的支撑和引领作用还未完全发挥。重大原始性创新成果和产业发展关键技术成果供给明显不足,除主要农作物育种外,一些畜产品、园艺产品的品种和重大农业技术装备还主要依赖进口；产前、产中、产后等系列化技术集成、配套不够；拓展农业结构功能，延伸农业产业链的养殖业、加工业等重点领域技术成果严重缺乏；提高农业资源的产出率、劳动生产率和农产品商品率的技术成果明显不足。

（2）政府财政对科技投入严重不足，没有形成稳定的科技投入机制。据现有统计结果，农业科研财政投入占农业GDP比重仅为0.49%左右，低于1%的国际平均水平，科研基础条件不能适应新时期创新任务的需要。农业科技投入的结构、方式还不完善，一些长期性和基础性农业技术推广工作尚需建立稳定的支持机制。

（3）科技创新和应用体系不完备，还存在一些体制性和机制性障碍。农业科研体系条块分割、力量分散仍未得到根本解决；科研联合协作不够强，导致突破性、标志性的大成果不多；科研和生产两者还有脱节现象，农科教、产学研联系还不太紧密；大量的高水平农业科技人才不足的问题仍比较突出，农业技术推广队伍不够稳定，社会各界重视程度不够，农业科研与推广的体制、机制有待进一步健全完善。

（4）科技成果转化还不快。必须加速已有成果的积极转化应用，以保证全体农民持续增产增收，迫切需要拓展科技转化渠道和增收空间，不断提升广大农民的生活水平。现阶段，我国科技成果转化应用率不高，转化渠道不畅，科技产业发展相对滞后，科技转化为现实生产力的速度不快。因此，必须依靠科技开辟农业发展空间，拓展农业功能，组装配套实用化适用技术，壮大农业科技产业，丰富农民科技增收致富手段，使广大农民从应用新技术、新成果中得到实惠。

四、农业技术推广工作办法

1. 认真落实国家相关政策法规

深入贯彻落实《农业法》《科技进步法》《农业技术推广法》等法律法规和相关财税、金融等政策，根据农业技术发展需要制定和完善相关配套政策。引导各级地方政府对相关农业科技项目实施配套。加强转基因生物安全管理法律法规宣传，完善转基因生物安全管理的技术支撑体系、行政监管体系和风险交流体系，加大转基因生物安全执法检查力度，提高转基因生物安全管理水平。加强农业野生资源保护，完善国家行政监管体系，健全资源采集、进出口审批制度，对重要濒危农作物、近缘野生植物进行抢救性收集和入库、入圃。同时，扩大原生境保护点，尽快遏制生物资源衰竭与严重流失状况。

2. 健全完善全国性农业技术推广服务体系，以适应21世纪新阶段农业产业和农村经济发展、推进社会主义新农村建设的形势

根据《国务院关于深化改革加强基层农业技术推广体系建设的意见》的精神，按照强化公益性职能、放活经营性服务的总体要求，改革基层农业技术推广机构，明确基

层农业技术推广机构承担的公益性职能,合理设置县、乡农业技术推广机构,理顺管理体制,逐步建立起以国家农业技术推广机构为主导,农村合作经济组织为基础,农业科研、教育等单位和涉农企业广泛参与、分工协作、服务到位、充满活力的多元化基层农业技术推广体系。发展农资连锁配送、病虫害专业防控等社会化农业技术服务组织,积极稳妥地将可交由市场来办的一般技术推广和经营性服务分离出来,鼓励其他经济实体依法进入农业技术服务行业和领域,参与基层经营性推广服务实体的基础设施投资、建设和运营。鼓励国外组织和个人创办农业技术服务中介机构。建立农业技术中介机构市场准入制度,提高服务质量和市场信誉。积极争取社会各方面的支持,保证履行公益性职能所需资金的有效供给。

3. 健全完善提高全体农民科技素质的培训服务体系

大力建设和不断完善中央农民科技培训媒体资源与传播中心及省级农民远程科技培训资源服务中心、县级农民远程科技培训中心、乡镇农民远程科技培训站,增强新闻媒体信息资源制作、数字化储存、服务管理、资源传播和远程教育培训的能力。充分发挥各省区各级农业广播电视学校、农业院校和社会各界各方面的力量,开展农业科技教育培训,建立由政府组织、农业部门主导、农科教结合、社会各界群众广泛参与的农民教育培训网络系统。实施现代农民培训工程,通过国家扶持的重大项目管理,加强农业科技培训基础设施建设,完善农民绿色通道培训条件,推进农业职业技能培训鉴定,不断探索和完善农民培训的运行管理机制和制度。在全国继续努力推进农民科技书屋建设,大大提高农民学科技、用科技的水平。

4. 扩大农业技术推广领域和农民职业技能培训渠道

各级政府部门应积极采取有效措施,加快现有农业科学研究和农业技术推广体系的改制、整合,使之适应市场经济发展及当地农民生产生活的实际需要。同时,拓宽农业技术推广和农民职业技能培训的渠道,不断调动农业生产、技术协作组织,与农户有订单协议的企业和专业经营户的积极性,建立农业技术推广长效机制。特别强调需要努力加强西部边远地区的农业技术推广工作,充分利用电视、网络等媒介传播农业科技知识和市场供求信息。各地省级电视台,应使用当地语言制作有关的农业科技节目,向边远少数民族地区不断传播新的农业科技信息,使其跟上东部发达地区的发展。

5. 大力加强农业科技情报与信息资源开发利用

可以多方面采用综合归纳、分析加工与系统论证的方法,对农业科技情报的重要地位与宣传作用、国内外农业高新技术动态、生物工程技术的研究和开发进展、玉米新品种引进与选育种技术、棉花抗枯萎和黄萎病、杂交棉和彩色棉育种、地膜覆盖栽培、种衣剂丸粒化包衣技术、新型高效复合肥料、盐碱地生物改良等数个系列专题研究进行专门讲座分析评论、归纳综合已有成果开发出新的研究动态和方向。向社会各界报道农业科技新成果,具有很高的开发利用价值和重要的生产、加工、营销一条龙的指导意义。

单元测试题

1. 为了从事田间试验，对生物统计分析需学习哪些内容？
2. 在从事田间试验时，需把握田间试验有关方面的哪些基本要求？
3. 田间试验根据不同的划分方法，有哪些基本类型？
4. 试验误差的含义是什么？误差的来源何在？怎样有效控制试验误差？
5. 农业技术推广的工作任务有哪些？

第18单元

玉米育种及良种繁育

- 第一节　玉米育种目标的确定 /264
- 第二节　玉米自交系的选育 /268
- 第三节　玉米杂交种的选育 /272
- 第四节　玉米良种繁育 /275

玉米的发展史表明，育种理论和技术手段的进步是影响玉米育种发展的两个关键因素。1876年，Darwin第一个指出玉米存在杂种优势现象。1907年，Shull（1902—1909）首次提出"杂种优势"（heterosis）这一术语，以统称杂种一代较其亲本具有异常强大的生长势这类现象，对于推进杂种优势的研究和应用起了重要作用。Shull和East（1908）进行的玉米自交系选育和杂种优势研究指出，自交导致衰退，自交系间杂交种生长优势远大于品种间杂交种，从而在遗传理论和育种模式上为玉米自交系间杂种优势的利用奠定了基础。1909年，Shull提出了单交种制种操作程序。1917年，Jones提出玉米双杂交法，生产上相继推出了双交种、综合种、顶交种和三交种等类型杂交种，最后发展为目前广泛应用的单交种。自20世纪40年代起，美国开始玉米群体改良工作，加强了玉米种质改良研究，为玉米生产长期、稳定地发展奠定了基础。

分子生物技术与常规育种的结合，是21世纪玉米育种的重要特征。随着分子生物技术的飞速发展，常规育种中很棘手的问题可望轻松解决。分子标记辅助育种和转基因技术在玉米育种中的应用正展现出巨大潜力。

第一节 玉米育种目标的确定

单元 18

→ 了解玉米育种目标的确定原则

育种目标是指育成品种应当具备的一些特征或指标，体现了育种专家对新品种的总体构思。制定育种目标，应从实际出发，从解决实际问题入手，并预测与之相关因素的发展趋势。我国地域辽阔，全国各地几乎都有玉米种植。制定育种目标，应针对所在生态区自然条件、耕作制度、玉米生产及其相关产业发展的现状与趋势，制定品种在产量、品质、抗性和生育期等方面应有的指标。

一、制定育种目标的原则

1. 立足本地，辐射周边

适宜玉米栽培的区域很广，但不同品种的地区适应性却有所不同。育种工作的目的在于不断提高本地玉米生产水平。因此，制定育种目标应立足于本生态区，综合考虑本地的自然、经济和人文因素，着力解决当地问题，并适当考虑周边地区的情况。在种质的选用上，应以当地适应性好的材料为主，适当利用周边地区和其他生态区的种质资源。育种中应以熟期较早的当地种质为主，以保证育成杂交种正常成熟，在此基础上可适当增加一定比例的外来优良种质，育成早熟、高产、广适杂交种，在满足本地需要的基础上，在其他生态区推广种植。

2. 着眼当前，兼顾长远

玉米育种的首要任务是发现和解决当前生产上存在的问题，同时增强育种的预见性，尽量避免新问题的出现，保证玉米生产持续、健康地发展。

当前我国玉米生产基本是手工和半机械化操作。随着农村产业结构调整，农业人口分流，土地相对集中，农业人口老龄化程度加剧等形势的变化，玉米生产将逐步实现农业机械化，与机械化管理相适应的一些农艺性状，如抗倒性、穗位整齐度、果穗着生状态、子粒脱水速度和机械破损程度等性状将成为相对重要的育种指标。

3. 分清主次，突出重点

玉米生产是一个动态的发展过程，育种目标也应由一些动态的指标组成，应随着生产的变化不断予以修正。在制定育种目标时，要分析特定发展阶段的主要矛盾，突出重点，兼顾其他。没有任何一个品种会完美无缺。"高产稳产、优质专用"是育种的总目标，它受众多环境和品种本身因素的影响。当某个因素成为生产的限制因子时，与之相关的性状就成为重点性状，成为育种的主要目标。比如在玉米病害重发区，抗病育种是育种的主要目标，不同时期的主要病害又是抗病育种中的主要目标；在生长季节内常伴有大风的地区，抗倒性是育种的主要目标；在有效积温少的地区，早熟性是育种的主要目标。

二、主要育种目标性状分析

玉米育种目标要通过对育种素材特定的表现型进行选择来实现。与"高产稳产、优质专用"这一总目标相关的性状主要有：耐密性、果穗性状（如穗粒数、千粒重、子粒容重、结实性和出子率等）、抗病性、抗逆性、适应性、生育期等。需要说明的是，玉米品种的表现是所有目标性状共同作用的结果，任何一个性状的改变都会或多或少地影响到其他性状。选育高产稳产品种不应只突出某一两个性状，而应发挥主要性状协调增产的作用。比如，在特定的种质背景下，过于突出穗粒数，则千粒重和子粒容重就可能下降；突出长穗，则往往难以育成多行的品种。

1. 耐密性

种植密度是产量构成的第一要素，它与单位收获面积上的果穗数密切相关。适宜的种植密度是玉米丰产和稳产的重要保障。耐密性好的品种在单位面积上具有较高的成穗率和较好的结实性，具有较强的耐旱性和抗倒性，对品种的稳产性影响很大。

国内种质中，耐密性与株型关系密切。紧凑型的品种一般具有较强的耐密性。但耐密性与株型是两个概念，紧凑型的品种若穗上叶宽大，穗部遮光严重，一样不适宜密植；而株型半紧凑的品种，如果具有穗上节间长、穗上叶较小、果穗处透光性好、茎秆坚韧等性状，可能也会有较好的耐密性。实践表明，耐密性与选择压力有关，育种过程中采用高密度选择压力，是选育耐密性好的自交系和杂交种的一条重要措施。

2. 果穗性状

(1) 穗粒数。穗粒数由穗行数和行粒数所决定，是产量构成的第二要素。

玉米穗行数的遗传以加性效应为主，可以在选系基本材料分离的早代进行选择。玉米的穗行数差异较大：少者仅有 8 行，多者可达 28 行。杂种 F_1 代的穗行数介于双亲之间，如要选育多行杂交种，应选择穗行数较多的自交系进行组配。一般来说，配制杂交种所用的亲本自交系的穗行数以 12～18 行为宜。穗行数与穗粗关系密切，考虑到各生态区的自然条件不同，育种策略应有所不同。一般选育的杂交种穗行数可适当少些，因为中小果穗易于实现早熟目标，高产目标主要通过增大群体来实现。在新疆春玉米区穗行数可适当多些，以充分利用光热资源，适当突出大穗品种的单株生产力，实现高产目标。

行粒数与穗长紧密相关。实践表明，大多数玉米杂交组合 F_1 代的穗长都表现出明显的超亲现象。穗长的遗传是多种遗传效应互相作用的结果，以基因的显性效应为主，因而行粒数的遗传也符合上述规律。行粒数的多少不但与品种遗传因素有关，还与环境因素密切相关。在光照、温度、肥水或密度等条件不能满足时，往往影响其结实性，形成较多的无效子粒，影响产量。

(2) 粒重和容重。粒重是产量构成的第三要素。粒重属加性遗传，可以在育种材料分离的早代进行筛选。子粒的粒重与容重是两个概念。子粒胚乳中淀粉粒和蛋白质体的大小和排列的紧密程度，形成了角质和粉质胚乳两种类型。一般来说，角质成分多的子粒具有较高的子粒容重。实践表明，子粒的大小和容重是十分重要的增产因素，注意筛选子粒容重高的种质，是玉米高产育种的一个方向。国外的玉米种质大多具有较高的子粒容重，国内玉米种质中，黄早四及其一些衍生系具有较高的容重，现存的很多农家种质也有较高的子粒容重，有待于进一步开发利用。

粒重与子粒的灌浆时间和灌浆速度相关。然而，灌浆时间长的晚熟品种未必会有重的粒重。而且，随着灌浆时间延长，影响子粒灌浆的不确定因素随之增多，不利于实现稳产目标。只有灌浆速度快、时间较长的品种才能形成较重的粒重。对于玉米生长期短、产量不稳定因素多的地区来说，子粒灌浆速度快的材料因能够在短期内形成较重的粒重，因而具有重要利用价值。

(3) 结实性。玉米果穗的结实性对玉米产量有显著影响。结实性受环境的影响较大，特别是密度、光照、温度、水肥等因素对其影响较大，但不同品种间存在差异。孟昭东等（2001）认为：玉米的结实性是一种遗传特性，是由雌穗的开花习性所决定的，玉米雌穗存在有限开花类型和无限开花类型。有的品种在一定的肥水条件下表现为整穗籽粒大小差别不大，结实封顶，是由于其雌穗小花分化的有限性造成的，为有限结实品种；而有的品种，即使在肥水条件十分充足的情况下，果穗依然秃顶，靠近果穗顶端的子粒瘪小并伴有未授粉的小花，这是由于其雌穗小花分化的无限性造成的，由于后期分化的小花没有花粉受精，后发育的子粒所需的营养条件无法满足，因而造成了后期分化的小花形成瘪粒或无法受精结实的现象，这类品种称为无限结实品种。

在一定的群体密度下，玉米果穗和子粒大小的一致性是该品种产量性状杂种优势的最终体现，有限结实品种稳产性好。生产上大面积推广的玉米杂交种，一般都具有良好的结实性，对环境因素影响不敏感。这似乎反过来证明了结实性好的品种稳产性更好，适应性广。在育种过程中，应当有意识地筛选结实性好的品系，以组配结实性好的杂交种。

（4）出子率。玉米品种的出子率一般在70%～90%之间，少数超过90%。穗轴细、子粒长且容重高的品种出子率高。育种中应尽量利用出子率高的种质材料，以实现玉米的丰产、稳产。除去种质因素外，在灌浆期，高出子率的中小穗品种对根系和茎秆的压力远小于低出子率的大穗品种，因而具有更强的抗倒性。

3. 抗倒性

每年风灾都会对玉米生产造成不同程度的危害，这在黄淮海夏玉米区尤其突出。由于该区玉米生长季节高温、高湿，玉米生长速度快，在开花前至灌浆初期茎秆纤维化程度一直较差，而此时正是多风、多雨季节，很容易发生倒伏和茎秆折断，造成不同程度的减产。因此，培育根系发达、茎秆坚韧、植株疏朗、穗部透光好、出子率高而果穗大小适中的品种，增强抗倒性，实现玉米的高产稳产，是玉米育种的重要目标。

4. 抗病性

各产区的主要病害，如玉米丝黑穗病、茎腐病、纹枯病、粗缩病毒病、大斑病、小斑病、弯孢菌叶斑病、灰斑病、锈病等每年都会对玉米生产造成不同程度的危害，抗病育种已成为玉米育种的重要方向。近年来，全国大面积推广的玉米品种抗病性明显增强。当前生产上推广的一批杂交种因综合抗性优良，推广面积迅速扩大，有力地推动了玉米生产的发展，如郑单958、农大108等。1998年，在我国黄淮海夏玉米区，玉米南方锈病大范围流行，温带种质材料均高度感病，而含国外杂交种78599种质的杂交种，如农大108等却表现出高度抗病性，从而避免了玉米生产损失的进一步扩大。

5. 适应性

当前，我国主要玉米产区玉米育种把高产、稳产、优质作为主攻目标，但对适应瘠薄地、盐碱地和山地丘陵等不同生产和生态条件的品种缺乏足够的研究。立足本地生态和生产条件，选育一些适应不同生态区和不同生产条件的优良品种，对于促进生产发展具有重要的现实意义。

育种中应以本地育种材料为基础，多引用一些不同生产条件或不同生态区，特别是我国主要玉米产区的优良种质，加强育种材料的异地选育，例如生产季节在本地育种，而冬季则去海南加代选育，可提高育成品种的适应性。

6. 生育期

品种生育期的确定应以能较充分地利用当地光热资源为原则。生育期过长的品种，在光照不足、气温较低的年份将无法正常成熟，造成减产。此外，生育期过长，影响玉米产量的不确定因素也会随之增加，增加了潜在的危险性；而生育期过短又难以获得高产。制定育种目标，应针对当地的光、温等自然条件和生产实际确定合适的熟期，选育生育期适宜的杂交种，充分发挥良种的增产作用。

第二节 玉米自交系的选育

→ 掌握玉米自交系的概念
→ 了解玉米自交系的选育过程

自由授粉转变为控制授粉是玉米育种史上的重大转变。控制授粉以杂种优势的研究与应用为基础，最初体现在选育品种间杂交种，随后发展到利用自交系组配双交种、三交种，直至目前普遍采用的单交种。

杂交种的性状表现与其亲本自交系密切相关。选育优良的自交系是选育杂交品种的难点。不同的育种专家采用同一份选系基本材料选育自交系，会选出很不相同的自交系。在特定年份、特定地点和特定气候条件下，育种专家不同的育种策略和见解，使其对分离世代采取不同的选择，致使自交系的选育出现不同的走向。

一、自交系的概念

选系基本材料经多代强制自交和人工选择后，产生的遗传上相对纯合、表现型稳定的自交后代称为自交系。根据选系基本材料的不同，自交系可分为一环系、二环系和多环系。从品种、品种间杂交种或群体中选育的自交系称为一环系；从单交组合中选育的自交系称为二环系；从三交、双交等杂交形式的组合中选育的自交系称为多环系。

选系基本材料在自交过程中，随着基因的分离与重组，表现型会出现大量分离，在自然鉴定或人工选择压力下，不利基因就会随着表现差的单株而被淘汰，最后留下的自交后代由于汇集了较多有利基因而表现优良。结合配合力测定结果，就可能育出符合育种目标的优良自交系。

优良自交系应具有如下特征：配合力高，产量高，长势强，花期协调，吐丝快，散粉好，抗病虫，抗倒折，活秆成熟，熟期适中。

1. 配合力高

配合力是自交系的价值所在。它是指自交系与另外的品种或自交系组配的杂交种在产量或其他数量性状方面的指标。配合力分为一般配合力和特殊配合力两种。一般配合力是指某一自交系在许多杂交组合中所产生的杂种一代产量或其他数量性状的平均表现；而特殊配合力是指某两个特定的自交系组配的杂交种产量或其他数量性状的表现。

优良的自交系应具有较高的一般配合力和特殊配合力，这样才能组配出强优势的杂交种。黄早四、Mo17、自330、478、丹340等优良自交系均具有很高的配合力，用这些自交系或其改良系组配出一大批优良杂交种，有力地推动了我国玉米生产的发展。

2. 产量高

自交系自身的产量是衡量自交系价值的另一指标。随着玉米种子生产商业化程度的迅速提高，种子企业非常重视玉米自交系的自身产量。用高产自交系作母本制种，可降低种子成本，为商家带来丰厚利润。需注意的是，高产自交系需要有较高的自身生物产量作为保障，以免自交系在自然条件较差的年份发生生理性早衰，造成减产。

3. 抗性好

玉米杂交种的抗性与其亲本自交系的抗性密切相关。随着自然条件的不断恶化，病害、风灾、旱涝灾害频繁发生，玉米抗病、抗倒折、耐旱、耐涝等抗逆境的能力已成为玉米丰产和稳产的重要因素。活秆成熟的自交系可防止后期植株早衰，增强品种的抗性，更好地促进子粒灌浆。

4. 生育期适宜

适宜的生育期既可保证自交系较充分地利用本生态区的光热资源，又能适当减少玉米生产上不确定因素对产量的影响。杂交种的生育期与亲本自交系密切相关。

二、自交系的选育

自交系是在一定的选择压力下，通过连续自交、田间筛选、室内考种、配合力测定等育种环节和技术手段育成的。选用的育种材料不同，材料稳定所需的世代数也不尽相同。一环系的选育一般要经过5代以上的自交，从群体、农家种或综合种中选育自交系，因其遗传基础广、变异丰富，往往需要8代以上的自交才能稳定成系。

1. 环境条件

在选系材料自交分离的过程中，优良和不良的一些性状均会表现出来。为提高选择效率，应对选系材料施加一定的选择压力，以促进不良基因型的表现，做到及时淘汰。历史上育种成绩突出的单位，一般都诞生在病害重发区，病害实际上就提供了一种环境压力。因此，选择一个病虫害重发生区或通过人工接种创造一个病虫害的高压环境，是抗病育种的重要保证。

实践表明，对选系材料进行一定程度的高密度筛选，通过增加密度营造一个不利于玉米生长的环境，对于检验选系材料的抗倒性、育性、结实性、花期协调性、耐旱性等具有良好的效果。

2. 基本材料

优良杂交种的选育在根本上是选育优良自交系。能否育出理想的自交系，要看育种者有无创造性的思路和丰富的育种经验。这种思路和经验首先体现在选择或组配玉米育种基本材料方面。

可用做选系基本材料的主要有：

(1) 农家种、综合种或群体。

(2) 根据育种目标组配的各种形式的杂交组合。

(3) 玉米的近缘种属。

玉米育种发展到今天，从农家种中选育的自交系数量所占比例越来越小，从生产上主推杂交种中选育的自交系，在组配新杂交种时会受一定局限。因为主推杂交种代表了一种高产杂交模式，从中育成的自交系与其双亲自交系的近缘系之间将难以配出更优良的高产杂交种。除继续以群体或综合种作为选系的基本材料外，当前最常用、最快捷的方法是参照现有的杂种优势模式，有目的地组配不同形式的杂交组合作为选系的基本材料，选育二环系。

为提高选育自交系的效率，在一定程度上保证育成系的高配合力特性，可采用如下的方法：

(1) 改良高配合力骨干系。

(2) 参考现有杂种优势模式，采用与同一自交系均有杂种优势的两个自交系组配选系基本材料，选育新的自交系。举例来说，如果 A×B 为一个优势杂交种，A×C 为另一个强优势杂交种，可用 B×C 作为选系材料，育成系再和 A 系杂交，可望产生杂种优势超过 A×B 或 A×C 的杂交种。

除上述方法外，作为育种长期发展的考虑，还要从根本上重视新的高配合力种质的筛选与创新工作，重视优良种质的群体改良研究。

三、选育程序

1. 自交后代选择

第一季：在小区内种植选系基本材料，记作 S_0。对 S_0 群体中株型理想、抗性优良的单株进行套袋自交获得 S_1 种子。收获时，按育种目标淘汰感病或农艺性状差的单株，果穗进行室内考种脱粒，编号保存。考种时，淘汰感病或穗粒性状不理想的果穗。选育二环系，S_0 代一般选留 3~6 个优良果穗。在遗传基础相对复杂的材料中选育一环系时，

S_0代一般可选留 10~30 个或更多的优良果穗。

第二季、第三季：将上季选留的每个果穗种成一个穗行，即 S_1、S_2 代穗行，择优株进行自交，分别得到 S_2、S_3 种子。这两个世代是选系材料自交后代广泛分离的世代。从苗期一直到收获期，应对各个穗行的单株仔细观察跟踪，根据育种目标，层层筛选。在每个时期都淘汰掉病株或性状不理想的植株，收获时有重点地选留优良果穗，视育种材料的表现可留 5~15 个。

由于穗行数、子粒重、出子率等性状具有较高的遗传力，可在这两个世代加强选择，其他的性状可适当放宽选择标准。筛选时应注意选留不同类型的后代材料。

第四季及以后：继续种植上代穗行，重复类似上一季的自交与选择工作，S_3 代以后穗行间差异更加明显，应着重于穗行间单株的选择，重点在优良的穗行中选优良单株，继续自交选择，淘汰表现差的穗行。一般经过 5 代以上的自交，后代穗行内植株的外观性状表现就基本趋于一致。选留其中表现最好的一个穗行自交留种，完成自交系选育程序，同时另选 2~3 个姊妹穗行自交留种，作为该自交系的备用系。出于多代自交会导致育种材料生活力出现不同程度的衰退，留种的穗行可采用混粉或姊妹交方式代替自交，适当恢复自交系的生活力。

2. 配合力测定

选育自交系是杂交育种中重要的一环，但不是育种的最终目的，其最终目的是用自交系组配优良的杂交种。从某种意义上讲，配合力是自交系真正的价值所在，它涉及一个自交系能否组配出高产杂交种。

要了解自交系配合力的高低，必须进行配合力测定。为提高育种效率，可采取测用结合的办法，早代测定配合力。

（1）一般可在 S_3 代，筛选农艺性状优良的 1~2 个穗行作父本，选择分属不同杂种优势群的 1~2 个骨干自交系作母本进行测交，选择具有不同生态特点的 3~5 个试点进行测交种比较试验，以测定该选系材料的一般配合力和特殊配合力。

（2）将穗行内单株自交到 S_4 代，并根据上年测配结果，将一般配合力高的选系材料中所有优良穗行用作父本，与骨干自交系复配杂交组合，同时与该种群的其他优良系列、未知种群的新自交系测配，进行多点测比、品比试验。

（3）自交到 S_5 代以后，穗行内单株间表现逐渐趋于一致，对特殊配合力高、性状稳定的优良穗行继续自交纯化，淘汰表现不良的穗行，对稳定的优良穗行自交留种，留待进一步扩繁。同时，根据上年测比、品比结果，对两年试验结果优良的杂交组合大量复配，提供杂交种区域比较试验，并对上年测比试验中表现优良的组合继续复配进行产量比较试验，择优提供区域试验。

四、我国主要玉米自交系来源

我国的玉米杂交育种与美国等发达国家相似，也经历了由品种间杂交种、双交种、三交种到目前广为采用的单交种等几个发展阶段。每个阶段的更替，都使玉米杂种优势的利用提高到一个新的水平。特别是自交系间杂交种的出现，使得玉米产量水平迅速提高，这一趋势在单交种水平上得到最佳体现。自交系的选育成为推动玉米杂交育种飞速发展的强有力的技术支撑。

在我国几代玉米育种专家的不懈努力下，引进或育成了众多体现不同发展阶段特色的优良自交系，如 Mo17、5003、丹340、掖107、掖478、黄早四等著名自交系，用其组配出一大批杂交种，有力地推动了我国玉米生产的发展。

第三节　玉米杂交种的选育

→ 知道玉米杂交种的分类
→ 了解玉米自交系间杂交种的组配原则

一、杂交种的分类

依据组配杂交种的亲本不同，可将玉米杂交种分为品种间杂交种、顶交种和自交系间杂交种。依据组配亲本自交系数目与方式的不同，可将自交系间杂交种分为单交种、双交种、三交种和综合杂交种等。其概念如下：

品种间杂交种：两个品种间组配的杂交种。

顶交种：一个品种与一个自交系间组配的杂交种。

单交种：两个自交系间组配的杂交种。

双交种：将按计划组配的两个单交组合再杂交所得到的杂交种。

三交种：先将两个自交系杂交，再与另一个自交系杂交所得到的杂交种。

综合种（综合杂交种）：由一些符合育种目标的自交系经过充分的相互杂交育成。

鉴于品种间杂交种已不再应用，本节主要介绍自交系间杂交种的选育方法。

二、自交系间杂交种的组配原则

自交系间杂交种的组配以充分体现亲本间的杂种优势，使双亲的优良性状在杂交种水平上得到最大限度的发挥为准则。选用自交系组配杂交种，主要原则如下：

1. 配合力高，制种产量高

选用高配合力自交系作亲本，是育成高产杂交种的前提。育种中有很多育种材料农艺性状非常好，但就是不能配出强优势的杂交种，这类自交系若无特殊的优点可以利用，如可作为某种病害的抗原等，宜尽早淘汰。

双亲自交系最好都具有较高的自身产量，至少母本自交系应如此。虽然亲本自交系的产量高低与杂种优势间不存在显著的相关性，但在商业化育种形势下，亲本自交系的高产性状已成为商家看好杂交种的一个重要因素。此外，父本系应具有较大的花粉量和相对较长的散粉期，花粉活力强。

2. 亲缘关系远，遗传差异大

研究和实践表明，亲本自交系间亲缘关系的远近、遗传差异的大小与杂种优势的大小相关。根据自交系间遗传距离的大小，结合长期的育种经验，我国育种专家将玉米育种和生产上常用的自交系进行了杂种优势群划分，群间的自交系一般比群内的自交系间亲缘关系远，遗传差异大。杂种优势群的划分和杂种优势模式的建立为杂交种选育提供了一定的参考价值。

目前，普遍认可的我国杂种优势群主要有：Lancaster、Reid、黄早四及其衍生系和旅大红骨。各杂种优势群的代表系主要有：Mo17、C103 等（Lancaster 种群）；5003、5005、U8112、掖 478、掖 107、鲁原 92、郑 58 等（Reid 种群）；黄早四、文黄 31413、H21、昌 7—2、Lx9801、K12 等（黄早四及其衍生系）；丹 340、E28 等（旅大红骨种群）。除我国的黄早四及其衍生系与旅大红骨两个种群间少有强优势杂交种外，上述四个种群间其他任何方式的杂交都育成了许多强优势杂交种，代表性的组合有：Mo17 × B73（Lancaster × Reid）、烟单 14 号（Lancaster × 黄早四及其衍生系），掖单 2 号、掖单 4 号、郑单 958 号（Reid × 黄早四及其衍生系），丹玉 13 号（Lancaster × 旅大红骨），掖单 13 号、沈单 7 号（Reid × 旅大红骨）。需要指出的是，自交系类群的划分一方面是根据其选系材料的来源，但更主要的方面是根据其配合力的测定分析结果。因为自交系选系基本材料经过若干代自交后，在人工选择的干预下，育成的系可能已远非原始的种质组成比例。

3. 目标性状能互补，类型有差异

由于自交导致育种材料不同程度的衰退，育成完全符合育种目标的自交系不太现实。因而可把育种目标分解在不同的亲本自交系中加以体现，以期育成符合育种目标的杂交种。实践表明，不同类型间的玉米自交系杂交，一般会比同类型间的自交系杂交有更强的杂种优势。硬粒型与硬粒型自交系杂交，大多数组合子粒品质较好，但杂种优势较弱；马齿型与马齿型自交系杂交，有少数的组合有较强的杂种优势，但子粒的品质较差；而马齿型与硬粒型自交系杂交，大多数组合具有较强的杂种优势，容易育出强优势的杂交种。为进一步提高品质，可选用半马齿型的自交系与硬粒型的自交系进行杂交，以便育出高产又优质的杂交种。同样，果穗长的自交系与穗行数多的自交系间相配，可望育成长穗、多行的大穗杂交种。

4. 适应性强，无严重缺陷

玉米杂交种的适应性是衡量其价值的重要指标之一。玉米杂交种经营与种子生产的范围通常不只局限于选育地区。选用适应性强的自交系，育成的杂交种适应性也广，在外地制种时会获得较高的产量。当前，我国大规模的制种聚集在西北的甘肃、新疆等地，适应性强的自交系制种产量高，可大幅度降低种子生产成本。

三、自交系间杂交种的选育方法

1. 单交种

两个自交系杂交组配的杂交种称为单交种，组合方式为 A×B。单交种是我国目前最主要的杂交种推广类型。单交种的优点是产量高，抗性好，农艺性状整齐一致，育种程序和繁育体系简单，生产种子只需 3 个隔离区。缺点是某些自交系产量较低，导致制种成本相对较高。

为克服母本自交系产量低的不足，可以用改良单交种来代替单交种。方法是以两个姊妹系的单交种为母本，与父本系配制杂交种。这种做法虽然在一定程度上解决了制种产量低的问题，但存在的问题是，如果两个姊妹系差别小，则制种产量的增长就不会大；如果差别较大，从理论上讲改良单交种就会出现单株间遗传上的差异，从而表现为整齐度和产量不如单交种。目前，生产上应用的自交系产量普遍较高，有效地降低了制种成本，促进了单交种的推广利用。

单交种的选育一般采用测、配结合的方式，在自交材料分离的早代先测定其与优势种群的配合力，参考测比结果，将新育成的高配合力材料优良穗行与测验种的姊妹系和近缘自交系测配，并将新育成系与无法归类的优良自交系进行测配，筛选优良杂交种。

杂种优势群概念的建立与划分提高了单交种的选育效率，增强了育种的预见性。尽管如此，育种中也只能作为参考，不能拘泥于固有的模式，要积极尝试新的杂种优势模式，筛选具有突破性的一些新杂交组合。特别要说明的是，对属于同一优势种群的自交系，如果亲本来源上关系不是很近而农艺性状差异又很大时，也可以进行测比试验，看是否能育成强优势杂交种。

2. 三交种

三交种的组配是用一个单交种作母本，与另一个自交系杂交，组合方式为 (A×B)×C。三交种的整齐度优势优于双交种，不及单交种，制种产量比单交种高，但程序比较复杂，生产种子需要设置 5 个隔离区。

第四节　玉米良种繁育

→ 掌握玉米自交系繁殖方法
→ 了解良种繁育的目的和意义

一、繁育制种的任务和意义

繁育制种的任务主要是繁制符合质量和数量要求的种子，具体可分为两个方面：一是迅速繁殖新品种种子，使优良品种有足够的种子数量，能及早投入生产，按计划迅速推广，扩大栽培面积，尽快发挥优良品种的增产作用，以代替生产上已有的老品种。二是采取先进的种子繁育技术措施，保持和提高品种的优良特性和纯度，确保种子质量。因此，从新品种开始推广起就必须建立科学而健全的种子繁殖和生产体系，定期地为生产提供所需要的优良种子。

二、玉米自交系生产

1. 二圃法或三圃法

二圃法或三圃法是玉米自交系提纯复壮基本方法。三圃是指株（穗）行圃、株系圃、原种圃。二圃是指三圃中去掉株系圃后的株（穗）行圃、原种圃。用二圃法或三圃法进行玉米自交系原种的生产时，首先要进行单株选择。单株选择的基础种子田应当特性典型，纯度较高，否则不能采用二圃法或三圃法。玉米作为异花授粉作物，非常容易引起生物学混杂，一旦发生生物学混杂后，很难通过二圃法或三圃法提纯复壮。因此，在利用二圃法或三圃法时应特别注意单株选择田块的种子纯度。

2. 穗行测交提纯法

二圃法和三圃法适合新育成的及种子纯度较高的自交系的提纯，对于使用多年的自交系由于混杂退化，仅从形态上提纯常常难以满足要求，会引起在形态上无法选择的一些特征、特性的变异，丧失自交系原有的优良特性。如自交系的配合力，在采用二圃法和三圃法生产时，就很容易引起变化。目前生产上使用多年的黄早四、掖107、丹340等自交系就有多种类型，其形态性状基本相同，但它们的配合力差异较大，造成不同制种单位生产的同一组合杂交种产量水平有较大差异。因此，对于使用多年的自交系宜采用穗行测交提纯法。

3. 穗行半分提纯法

该法适合于纯度较高的自交系，简易省工。缺点是只做一次典型性鉴定，供应繁殖区的种子量少，原种生产量小。其程序是：首先选株自交，收获后室内决选、单穗脱粒、保存。其次田间鉴定，将中选自交果穗的种子，取一半田间种植观察和室内鉴定，评选优良的典型穗行。剩余的一半种子妥善保存。根据田间评选和室内鉴定，将保存下来的一半种子，除去淘汰穗行，全部混合，在隔离条件下扩大繁殖，生产原种。

4. 自交混繁法

（1）建立保种圃。建立保种圃是自交混繁法生产原种的核心。建立保种圃的步骤基本同二圃法，包括单株选择自交（200株以上），株行比较，决选100个以上株行，组成保种圃的材料。每年从每一株行中选典型株自交2~3株，作为下年该株行的种子，同时严格去杂，去杂后的保种圃内材料开放授粉。保种圃的位置设在基础种子田的中间。

（2）基础种子田。设在保种圃的周围，基础种子田周围设原种田。基础种子田严格去杂，开放授粉，主要繁殖原种田的种子。

（3）原种田。设在基础种子田的周围，原种田的周围设有500 m的隔离区，原种田严格去杂，开放授粉，主要繁殖原种。

自交混繁法的关键是保种圃的建立和保持，其他环节不需要太多的工作量。因此，对于生产高纯度的自交系是一种行之有效的技术。与穗行测交提纯法以及三圃法或二圃法相比，自交混繁法简单有效。在空间布局上，保种圃放在基础种子田的中间，有利于隔离和保纯。

三、亲本种子繁殖技术

原种生产分两种方法，一种是由育种专家进行直接繁殖，另一种是采用二圃法，以"选株自交，穗行比较，淘汰劣行，混收优行"的穗行筛选法进行。

1. 选株自交

在自交系原种圃内选择符合典型性状的单株套袋自交，纸袋以半透明的硫酸纸为宜。花丝未露前先套雌穗，待花丝外露3 cm左右，当天下午套好雄穗，次日上午露水干后开始授粉，一般应一次授粉，个别自交系雄雌不协调的两次授粉。授粉工作在3~5天内结束，收获期按穗单收，彻底干燥，整穗单存，作为穗行圃用种。

2. 穗行圃

将上年决选单穗在隔离区内种成穗行圃，每系不少于50个穗行，每行种40株。生育期间进行系统观察记载，建立田间档案，出苗至散粉前将性状不良或混杂穗行全部淘汰。每行出现杂株或非典型株即全行淘汰，在散粉前彻底拔除。决选优行经室内考种筛选，合格后混合脱粒，作为原种圃用种。

3. 原种圃

将上年穗行圃种子在隔离区内种成原种圃，在生产期间分别于出苗期、开花期、收获期进行严格去杂去劣，全部杂株最迟在散粉前拔除。雌穗抽出花丝占5%以后，杂株率累计不能超过0.01%，收获后对果穗进行纯度检查，严格分选，分选后杂穗率不超过0.01%，方可脱粒，所产种子即为原种。

四、自交系良种的生产

1. 定点

自交系良种的生产，应做到每系至少有两个基地同时进行生产。

2. 选地、隔离

分别同原种生产。

3. 播种

生产单位应做到精细播种，努力提高繁殖系数。

4. 去杂

在苗期、雄穗散粉前和脱粒前至少进行三次去杂。全部杂株最迟在散粉前拔除，散粉杂株率累计超过0.1%的繁殖田，所产种子报废；收获后要对果穗进行纯度检查，杂穗率超过0.1%的，种子报废。

五、玉米杂交种制种技术

1. 杂交玉米高产优质制种技术

当前玉米制种生产中出现的突出问题是种子质量不好，原种产量不高，直接影响到农民的生产和收益以及种子销售企业经济的发展。

玉米制种要实现优质、高效的栽培技术关键，主要强调如下几点：

（1）制种地实施地膜覆盖栽培，可突出解决部分山区因积温不足，影响种子成熟，后期水分偏高，播种发芽率低等问题，确保"五苗"——早、全、齐、匀、壮，早发促早熟，有效提高种子产量。

（2）父母本错开花期的调控技术，主要可通过调整播期、实施肥水调控，辅以切根，及时喷施生长调节剂等办法，使父母本花期如期相遇，保证正常顺利授粉。

（3）加强去杂、去雄技术，包括对杂种、劣株及杂穗的识别，及时摸苞去雄，做到高标准、严要求、干净、彻底。

（4）授粉完成后，及时去掉父本行及采用生物成熟后期快速脱水技术，有效提高母本群体产量，严防混杂，确保种子发芽率。

（5）高产优质栽培，主要有适宜的行比、种植密度、肥水管理及常规操作。

（6）改进种子烘干、清选、包衣、包装技术，进一步提高种子质量和商品化程度。

2. 紧凑型杂交玉米制种技术

紧凑型玉米具有植株株型紧凑、叶片直立上冲、根系多广发达、秆强抗倒、果穗成熟时苞叶不开裂、后期保绿性好、活秆成熟、产量高、品质好等特点。

通过各地多年来制种生产实践，总结出一套高产栽培制种保纯技术，这里简要介绍如下：

紧凑型玉米制种要点为母本植株紧凑，叶片直立上冲，应视地力状况适当密植，以每亩留母本 4 200～5 100 株、父本 600～700 株为宜。实施错期播种的应适当在制种田周围留出父本种植区，做辅助授粉时供采粉用。小苗长到 3 片叶时间苗，5 片叶时定苗。母本植株留中间苗，去大小苗；父本留大小苗，去中间苗。

(1) 选地隔离。应选择种植隔离条件好，交通运输方便，有一定玉米制种经验，团场连队技术人员作业水平较高、生态环境条件较好的基层单位建立生产制种基地。应选择连片的平坦肥沃地块制种。地块选定后，应严格确定隔离区，空间隔离不小于 350 m，如存在不利的地势或风向影响，隔离距离要不小于 800 m。隔离区内严禁种植常规生产玉米。

(2) 注意分期播种。亲本种子来源要绝对可靠，播前要精选，剔除异、劣、病、杂粒。母本实行宽窄行播种，宽行距 66 cm，窄行距 33 cm。父本种植于母本宽行内，株距 0.8 m。

(3) 花期调节和辅助授粉。开花期，父本应比母本少 1～2 片叶，否则应及时采取偏追肥、偏管理、根外喷磷、剪掉花丝、剪去苞叶等调控措施。必要时，进行人工辅助授粉，在晴天上午 10:00 左右，采集新鲜花粉，用授粉器授在母本果穗花丝上。

(4) 母本去雄、及时割父本。当母本雄穗形成，没有长出苞叶时，及时进行摸苞去雄，去雄要求做到去雄不见雄，及时、彻底。宽窄行播种的制种田，父本不占行，当父本完成散粉后，雄穗干枯时，应及时割除，不仅有利于种子保纯，而且可改善田间通风透光条件，提高母本光合效能，减轻病虫危害，提高制种产量。

(5) 站秆晾晒（内地）。因紧凑型玉米果穗的苞叶过紧，果穗成熟期如外界环境雨水过大，会使果穗发生霉烂，轻则产量减半，重则绝收。为防止此种状况发生，应采取如下措施：在雌穗授粉 20 天后，将苞叶剥开到底，待子粒变硬后，折断穗柄，但不与茎秆分离，再割除果穗以上茎株，一直晾晒到达标为止。在这个过程中应防止鸟兽危害。

(6) 全程去杂、及时收获、保证种子质量。在玉米制种的生产全过程中，要不间断地去杂、去劣，苗期和拔节期是关键时期。种子公司最好定期或不定期去制种单位检查。收获后要组织农户及时上房晾晒，防鼠、防霉，保证种子质量。

3. 杂交玉米制种高产栽培技术

玉米杂交种在制种中，有可能因其父本植株较矮、母本偏高而造成授粉不良，结实率较低，制种产量一般仅 4 500~5 250 kg/hm²，直接影响农民的经济收入和制种单位的效益。据相关报道，有一制种单位 2000 年曾繁殖制种 8.55 hm² 玉米单交种，种子平均产量为 7 774.5 kg/hm²，最高产量达 9 652.5 kg/hm²，创造杂交玉米制种高产水平；2006 年伊犁地区农四师 62 团场制种玉米产量达 12 900 kg/hm²，2008 年获得更高的制种产量，超过 18 000 kg/hm²。

现将其主要栽培技术介绍如下：

(1) 选地、隔离。应选择地势平坦、地力均匀、土壤肥沃、保水性能较好的地块，制种田全部实行秋翻冬灌，及时耙耱保墒。条田的播前准备，在上年处于待播状态。在地块计划安排上，保证制种田四周 500 m 内不种植其他常规玉米。

(2) 规格种植，增加密度

1) 种子处理。制种亲本选用纯度 98%、发芽率 85% 以上的种子。播种前将亲本种子进行严格挑选，选择大粒、饱满、无损伤的种子，晒种 3~4 天，然后配合肥药包衣，使出苗整齐，确保一播全苗。

2) 严格掌握父母本播期。父本应分两期播种。第 1 期父本与母本同期播种（每播种 10 穴、留 10 穴），相隔 5~7 天后，再播第 2 期父本（在第 1 期留的空穴中播种），播种深度 4.5~5.0 cm。

3) 适当增加母本密度。父母本播种比为 1:5，父本保苗 2.25 万株/hm²，母本保苗 7.95~8.25 万株/hm²，从而达到母本增行、增株、增穗、增粒、增产的目的。

(3) 科学施肥，合理灌溉

1) 采取前期重、中期轻、后期补足的施肥方法。在投入肥料量相同的情况下，采用前期重、中期轻、后期补足的施肥方法，即施足种肥，重施拔节肥，补施穗粒肥。播种前结合春耕，施优质农家肥 75 t/hm²、氮磷复合肥 225~300 kg/hm²、尿素 225 kg/hm²、硫酸锌 15 kg/hm²、硫酸钾 75~150 kg/hm²。玉米整个生育期应追肥 3 次，结合灌头水、二水、三水，分别追施尿素 150~250 kg/hm²、270~330 kg/hm²、225 kg/hm²。全生育期灌水 4~5 次。

2) 促控结合、化学调控。依据母本植株偏高、父本植株略低的特征，对母本除进行前期蹲苗外，在拔节期用玉米健壮素 375~450 mL/hm² 兑水 600~750 kg 进行叶面喷洒，抽雄灌浆期用喷施宝 75 mL/hm² 兑水 675 kg 进行叶面喷洒，对父本结合浇水偏施硝酸铵或尿素，在拔节期用丰收素 150 mL/hm² 兑水 675 kg 进行叶面喷洒，以达到促控结合、平衡株高的目的。

(4) 严格把好去杂、去雄质量关

1) 去杂。玉米制种田田间去杂一般可分两次。苗期结合间苗、定苗，根据幼苗颜色、叶色、叶形、叶鞘色、生长势等生育特征去除与亲本性状不一致的杂株；大喇叭口期是田间去杂的关键时期，必须根据父母本各自特征、特性，一次性将杂株彻底拔除干净。

2）母本雄穗超前去雄。在母本雄穗未露出苞叶时，抓紧摸苞带1~2片叶去雄，做到及时、干净、彻底。去雄时，将拔出的雄穗带出田外、集中处理，以防母本雄穗后熟时，散出花粉，影响种子纯度。

3）人工辅助授粉。人工辅助授粉是提高玉米产量的关键措施。新疆地区玉米开花期常遇到高温干旱天气，影响正常授粉，使果穗秃顶、缺粒，种子产量会下降。采用人工辅助授粉简单、易行，授粉效果好。可在母本吐丝后5~7天内，每天上午9：00—11：00或者15：00—17：00用一根细棍轻轻拨动父本植株上部雄穗，或使用高杆拉绳散粉，让其花粉充分散落，以增加母本雌穗花丝授粉率，提高种子产量。

4）及时割除父本。在全田授粉结束后，及时割除父本植株，以改善母本群体的生长发育环境，使田间通风透光更好，提高果穗的光合效率，又减轻病虫危害，增加千粒重，既提高种子品质，又大大提高了种子产量。

（5）适时收获，及时晾晒。制种田收获玉米一般在蜡熟末期，这时果穗苞叶松散，子粒已完全硬化，子粒表面有鲜明的光泽。制种玉米收获中，应及时剥去苞叶，清除有穗腐病感染的果穗，并及时进行晾晒，严防堆放引起霉变。在水泥晾台上摊晒、高挂晾晒、装尼龙网袋晾晒均可，以装尼龙网袋晾晒法最好。

具体方法：可将果穗装入尼龙网袋内，挂于木架上晾晒。这种方法脱水均匀，但应注意天气变化，注意防雨、防冻。当种子水分降低到15%以下时，要及时脱粒。脱粒精选后，按种子质量标准进行检验及收购。

4. 玉米育种花期不遇的处理方法

玉米制种田父母本花期相遇，是确保其丰产增收的关键所在。但由于亲本性状、气候条件、土壤类别、肥水管理等诸多因素的影响，有时很难使花期相遇，从而影响到产量的提高。

生产上应采取以下措施进行补救，以减少损失。

（1）对发育缓慢的亲本，应偏水偏肥，加快促进生长发育。

（2）对发育较快的亲本，在根部一侧进行断根，抑制其生长。这样做，可促使父母本花期协调相遇。

（3）对生长迟缓的亲本，可在12片可见叶时，叶面喷洒磷酸二氢钾水溶液，可使父本提前出雄穗或母本果穗提早吐丝，促使其花期相遇。

（4）父本散粉期限一般在7天左右，如果父本早出雄穗，要将母本及早摸苞带2片叶去雄；或将果穗苞叶剪掉1 cm，以促进雌穗发育，提前吐丝，使花期相遇。

（5）母本吐丝偏早，父本雄穗还未散粉，可剪短母本花丝，推迟两天接受花粉，增加结实率。

（6）实施人工辅助授粉。辅助授粉应在晴天上午9：00—10：00露水干后，散粉最多时候进行。授粉时应边采粉、边授粉，否则，时间过长会影响花粉的生活力。如果人工辅助授粉后在 2 h 内遇雨，应再补授一次花粉为宜。

六、我国玉米育种发展机遇

需要着重明确指出，目前我国玉米育种工作还面临不少挑战。

1. 与大型跨国种子公司的激烈竞争

随着全球经济一体化的发展，以及我国加入 WTO，中国作为全球第二大玉米种子市场，与各类大型跨国种子公司争夺市场的竞争是不可避免的，而且将是非常激烈的。如何发挥我国繁育种子的良好体制优势，并通过改革克服我国体制上的某些弊端，使我国种子工业在激烈竞争中处于主动地位是亟待解决的重要问题。

2. 加强完善作物品种法制管理体系建设

为了保证我国种子工业的健康发展，保护育种者、种子生产者、种子经营者和广大农民的利益，国家应该尽快制定有关的法律和法规，组建相应的执法队伍，逐步健全具有中国特色的农作物品种法制化管理体系。

3. 加快建设玉米种质扩增、改良、创新工程

玉米种质的创新对于提高玉米杂种优势的水平具有至关重要的作用，没有种质的创新就没有玉米杂种优势水平的突破和发展。为保证玉米遗传基础资源丰富保存，也必须加强种质资源的扩增、改良，不断筛选出优质遗传基因，这是一个国家保持生物资源持续利用的一大关键问题。

关于国内首次提出"超级玉米"的概念，北京市玉米研究中心首次提出我国"超级玉米"的 5 项指标为：超高产、优质、多抗、广适、易制种；以耐密植为核心的多抗、广适、稳产性育种技术路线：高配合力 + 理想株型 + 多抗广适，其理想株型指标为：紧凑型 + 小雄穗 + 坚茎秆 + 开叶距 + 大根系；明确提出超级玉米产量构成要素和实现模式：高密度 + 中大穗，密植而不倒，果穗全、匀、饱，群体协调稳定、零风险。

单元测试题

1. 玉米杂交品种类型有哪些？
2. 杂交玉米高产优质制种技术需把握哪些关键技术？

第 19 单元

植物保护及病虫草害防治

- 第一节　植物保护的基本知识 /283
- 第二节　植物病理的专业知识 /286
- 第三节　农业昆虫的专业知识 /294
- 第四节　玉米有害生物及其预防措施 /302
- 第五节　化学防治及其农药使用技术 /304

第一节 植物保护的基本知识

→ 能够结合当地生产条件了解农作物病虫害防治的基础知识
→ 能够掌握当地主要病虫害的危害状况以及产生危害的原因

一、植物保护的总体要求

1. 植物保护的生产意义和性质

植物保护技术是要求掌握植物病、虫、草等有害生物的发生规律及其综合治理,是直接服务于农业生产的一种重要手段和方法,在培养农艺工的职业技能和综合素质中有重要作用。通过理论学习以及在实践中学习,明确"预防为主,综合防治"的植保方针,掌握植物保护的基本知识、基本原理和综合防治方法,熟练地运用所学知识在玉米等作物生产中,对病、虫、草等有害生物进行科学有效的防治。在教学和技能操作应用中,坚持理论联系实际,教学内容以我国北方及新疆玉米生产实践为主,做到学以致用、学用结合,提高职业技能和综合素质。通过学习,掌握病虫害防治的基本理论知识和熟练的操作技能,能识别主要农作物病虫害、了解发生发展规律,能运用所学知识,开展综合防治;能从事病虫害的一般调查研究、预测预报和科学实验工作。

2. 加速建设我国新型的植保体系

新型植保体系是一个系统工程,包括法规标准、监测预警、防治控制、科技创新、评估评价、支持保障等系统。

其基本思路和总体目标是:以科学发展观为指导,牢固树立"公共植保"和"绿色植保"理念,根据政府履行经济调节、市场监管、社会管理、公共服务的总体要求,按照"科学、统一、精简、高效"的基本原则,借鉴人类卫生防疫和疾病控制体系建设、兽医管理体制改革的成功经验,在县级以上建立健全国家公共植保机构,在乡镇设立国家公共植保人员,大力发展以企业、农科教技术经济实体、农村科技示范户、农民合作经济组织等为依托的多元化植保服务组织。

3. 植物保护知识的学习要点

植物保护的知识范畴就是学习研究农作物(大田作物、果树、蔬菜、花卉、林木等)病害的症状识别、发病规律以及害虫的形态特征、生活习性、预测预报和防治方法。主要任务是研究为害农作物的病原菌及害虫的生物学特性,以便认识病虫害,同时研究在外界环境条件作用下病虫的消长规律及植物对病虫危害的反应,从中找出薄弱环节进行综合防治,确保作物生长健壮,卫生安全,以获得优质、高产,取得良好的经济、生态和社会效益。

主要学习小麦、棉花、玉米、水稻、油料、蔬菜、果树、林木等作物上多年来发生的常见重要病虫害,了解农作物病虫害防治的重要作用,学会诊断病虫害的基本技术,掌握重要病虫害发生发展的规律,并结合当地生产实践,理论联系实际,将农业生产中已有的技术总结积累、行之有效的防治措施,指导应用于各地当前的生产实践中,以使农艺工掌握识别病虫害、了解病虫害、控制和消灭病虫害的理论和实践知识。要求在理论学习中密切联系生产实践,培养自己动手操作和分析解决问题的能力。

二、专业技术知识及职业技能拓展

1. 专业技术知识要求

作为高级农艺工应具有小麦、棉花、玉米、水稻、大豆等大田农作物的栽培管理、收获加工产品、安全储藏等生产全程中对初中级农艺工的指导能力。具有对有害生物及天敌标本采集、制作、鉴定、保存及有害生物检疫、测报等的综合防治能力。较好地掌握常用农药的理化性能、使用技术及田间药效试验基本知识,以及田间农药安全使用和中毒急救方法等,具有农业科研课题试验研究及示范推广的能力。

2. 职业技能拓展学习领域

(1) 具有农业生态与环境保护意识。具有大田农作物或蔬菜或果树栽培、农产品加工、设施农业、农业生物技术等方面的知识能力;具有进行植物检疫、组织无公害农产品生产,对有害生物进行测报、防治的工作能力。

(2) 具有从事与植物保护有关的咨询、技术指导的工作能力;具有从事与植物保护专业有关的应用、推广工作能力。

(3) 具有有害生物综合防治观念,了解各项防治技术措施的基本内容和相互协调的作用;识别当地主要农作物常见病虫害种类,掌握植物病虫害标本采集、制作、保存技术,基本达到可供鉴定的要求。

(4) 了解各类常用农药的主要性能和配制方法、使用技术,正确操作和保养常用植保工具,并能排除一般的技术故障以及田间农药安全使用和中毒急救方法等。

(5) 熟悉与农业生产和植物保护相关的方针、政策和法规,并能正确制订本单位主要农作物植保年、季、月的防治工作计划并组织实施。

三、植物保护的基本知识

1. 植物病害的基本知识

(1) 植物病害的基本概念。植物病害是植物生长发育过程中,表现出一定程度的不正常外形，形成人们肉眼可以见到的明显症状。植物病害一般可以分为非侵染性病害和侵染性病害。侵染性病害是由真菌、原核生物、病毒、线虫等病原生物侵染引起。病害的侵染过程包括接触期、侵入期、潜育期和发病期四个阶段。病害的侵染循环是病害发生发展的周年循环，包括病原物的初侵染和再侵染、病原物的传播、病原物的越冬、越夏几个环节。植物病害的发生流行主要受病原物、寄主植物、自然气候环境条件和人类生产活动的影响。学习植物保护能明确植物病害的概念，熟悉植物病害的诊断方法、植物病害的病程、侵染循环、流行规律及预测预报，掌握植物病害的防治原理及其方法。

（2）植物病害的负面作用。植物（包括作物）由于生物和非生物因素的作用，正常的生理出现各种病理变化，形态生理上和组织结构上表现不正常，甚至引起死亡，这种现象叫植物病害。植物病害发生都有病理程序。有些植物虽然表现不正常，但经济价值提高，不叫病害，如郁金香碎锦病。又如，水生蔬菜茭白就是黑粉病为害的结果；郁金香碎锦病则可增加这种花卉的观赏价值。

2. 农业昆虫的基础知识

（1）昆虫生活简史。明确认识昆虫在动物界中的分类地位及其与人类生活的关系，昆虫的主要形态特征及其各部附器的构造、功能及其与防治的关系，昆虫内部构造、生理特性和在农业防治方面的应用，昆虫的重要生物学特性与发生发展消长规律，为控害保益奠定理论基础。能识别昆虫主要类群，为有效防治害虫提供重要依据。重点理解昆虫（含螨类等）的形态、生理、生物、分类、生态学基础知识，掌握害虫的防治原理及其方法。

（2）昆虫属性及其正、负面影响。在为害植物的有害生物中，除少数是螨类、蜗牛、蛞蝓、鼠类之外，绝大部分是昆虫。昆虫是一些小型动物，属于节肢动物门昆虫纲，是动物界中最大的类群，约占动物总数的75%。全球昆虫数量和种类庞大复杂，而且适应性强，分布范围广，在整个地球上，从南极到北极，由海洋到陆地和沙漠，从田间土壤到空中大气层，由平原到高山，从城市到乡村都有昆虫存在。因此，昆虫与人类生活的关系极为密切。

昆虫绝大部分对人类有害，食性也多种多样，有咀嚼式取食的，也有吸食汁液的，还有蛀食式等多种取食方式。许多昆虫是农作物的重要害虫。蚜虫、粉虱、介壳虫等造成许多作物和花卉嫩枝、叶片苍白、卷曲以致引起植株死亡，对农业生产造成很大的经济损失；蚊、蝇、虱、臭虫等会传播各种疾病，影响人类的身体健康。这些都是害虫。

当然，昆虫中也有很多对人类有益的昆虫，如家蚕、柞蚕能吐丝；蜜蜂能酿蜜、传播花粉；白蜡虫、紫胶虫能分泌虫胶，蝉蜕、土鳖、蝼蛄、蟋蟀、斑蝥、冬虫夏草等可作医药治病；寄生蜂、寄生蝇产卵在害虫体内，造成害虫死亡；瓢虫、蜻蜓、螳螂、步行虫等能捕食多种害虫。这些都是益虫。有效消灭害虫，保护利用益虫，是农林业植物保护的重要任务之一。

第二节 植物病理的专业知识

→ 能够结合当地生产条件了解农作物病害类型及其诊断和防治的基础知识
→ 能够掌握当地作物生产中主要病害的危害状况以及产生为害的内外原因

一、植物病害的类型

1. 非侵染性病害

非侵染性病害是由不良的外界环境因素引起的，不具传染性，又叫非传染性病害或生理性病害。主要是由于土肥营养缺乏、水分供应失调、自然气候因素和有毒物质等引起。

2. 侵染性病害

侵染性病害是病原生物侵染引起的，具有传染性，又叫传染性病害。引起侵染性病害的病原生物主要有真菌、细菌、病毒等。

非侵染性病害和侵染性病害互为因果关系，不适宜的环境易引起非侵染性病害的发生。植物发生非侵染性病害后，对侵染性病原生物的抵抗能力下降，又容易发生侵染性病害。相反，植物发生侵染性病害后，对外界环境的抵抗能力下降，又容易发生生理性病害。

二、植物侵染性病害的症状

1. 症状、病状、病症的概念

(1) 症状。内外部发生病变。
(2) 病状。变色、坏死、畸形等。
(3) 病症。粉状物、霉状物、颗粒状物、菌核、菌索、溢脓。

2. 病状类型

(1) 变色。褪色、黄化、白化、红叶、花叶。
(2) 坏死。角斑、轮斑、环斑、条斑、疮痂。
(3) 腐烂。软腐、干腐、根腐、茎腐。
(4) 萎蔫。叶片或嫩枝下落。
(5) 畸形。增生型和抑制型。

3. 病症类型

病原物在发病部位表现出的特征,常见的有:

(1) 粉状物。病部出现许多粉状物,如锈粉、白粉、黑粉等。

(2) 霉状物。病部出现各种颜色的霉层,如红霉、黑霉、灰霉等。

(3) 粒状物。在病斑中央散生黑色颗粒状物。

(4) 溢脓(细菌性病害在潮湿时,病部流出污色黏液)。

病害的症状具有相对的稳定性,如白粉病、锈病、霜霉病等。

熟悉病害的表观症状,对准确诊断植物病害有重要意义。

三、植物侵染性病原物

植物侵染性病原物主要有真菌、原核生物(细菌和菌原体)、病毒、线虫和寄生性种子植物等。植物侵染性病害多数是由真菌引起的,其次为病毒和细菌所引起的。

1. 植物病原真菌

真菌病害是植物病害中种类最多和最重要的一类。真菌的主要特征是:营养细胞呈细小的丝状菌体,具有细胞壁和细胞核;主要繁殖方式是产生各种类型的孢子;不含叶绿素,不能自制养分,以寄生和腐生方式生存,属异养生物。

(1) 真菌的一般性状

1) 营养体。真菌营养生长阶段的结构称为营养体。除少数种类的营养体是圆形或近圆形的单细胞或变形体外,真菌典型的营养体是极细小又多分枝的丝状体。单根丝状体称为菌丝,成丛或交织成团的丝状体称为菌丝体。菌丝体通常呈圆管状,大部分无色透明,少数呈现不同颜色。低等真菌的菌丝没有横膈膜,称无隔菌丝;高等真菌的菌丝有隔膜,称有隔菌丝。

2) 繁殖体。大多数真菌的菌丝体生长发育到一定阶段后,转入繁殖阶段。真菌的主要繁殖方式是通过营养体转化,形成大量孢子。真菌的孢子相当于高等植物的种子,对传播和传代起着重要作用,而且是真菌分类的重要依据。真菌产生孢子的结构,不论简单与复杂都称为子实体,子实体是由菌丝体与部分寄主组织结合而形成的。真菌的繁殖方式可分为无性繁殖和有性繁殖两大类。

无性繁殖是不经过两性细胞或性器官结合而直接由营养体分化形成无性孢子的繁殖方式。常见的无性孢子有以下几种:游动孢子、孢囊孢子、分生孢子、厚垣孢子和粉孢子。

有性繁殖是经过两性细胞或两性器官结合而产生有性孢子的繁殖方式。真菌的性器官称为配子囊,性细胞称为配子。真菌典型的有性生殖都必须经历质配、核配和减数分裂3个步骤。常见的有性孢子有:卵孢子、接合孢子、子囊孢子、担孢子。

(2) 真菌的生活史。真菌的生活史是指从一种孢子开始,经过萌发生长和一定的发育阶段，最后又产生同一种孢子的过程。真菌的典型生活史一般包括无性和有性两个阶段。无性阶段，菌丝体经过一段时间生长，产生无性孢子。无性孢子在适宜的条件下萌发形成新的菌丝体。无性孢子在一个生长季节中可产生多次，产生的数量也很大，对植物病害的传播蔓延起着重要作用，但对不良环境抵抗力弱。有性阶段多发生在植物生长或病菌感染的后期，从菌丝体上分化形成配子囊，并由其结合经过质配、核配和减数分裂产生有性孢子。有性孢子在一个生长季节或一年中通常只产生1次，数量也少，但对不良环境抵抗力强，是许多病害的侵染来源。

(3) 真菌的主要种类。真菌属于菌物界真菌门。门下分鞭毛菌、接合菌、子囊菌、担子菌和半知菌5个亚门。

2. 植物病原病毒

到目前为止，发现的病毒病有700多种，已超过细菌病害。病毒是一类非细胞结构生物，在电子显微镜下才能看到。病毒具有传染能力和增殖能力。病毒是一类专性寄生物，只能在活的寄主上生活，不能进行人工培养。植物病毒病的数量比细菌性病害多，但少于真菌性病害。

(1) 病毒的主要性状

1) 病毒的形态。电子显微镜下观察，病毒的形状有球状、刺状、杆状、蝌蚪状，大小用nm表示。

2) 病毒的组分——核结构。病毒由核酸与蛋白质两部分组成，核酸在内，蛋白质在外，蛋白质对核酸起保护作用。病毒的核酸可能是DNA，也可能是RNA，植物病毒多数为RNA，少数为DNA。

(2) 病毒的复制和增殖。病毒本身可快速复制增殖。

(3) 病毒的传播和侵入。病毒生活在寄主细胞内，不具有主动传播的能力，并且病毒是专性寄生物，不能离开活的寄生物，故其传播有其独特的方式。

(4) 对外界条件的稳定性。稳定性可以简单理解为存活时间，不同病毒，稳定性不同，有的稳定性很强，如烟草花叶病毒TMV，较差的有黄瓜花叶病毒CMV。衡量稳定性的指标有：

1) 稀释限点（DEP）。保持侵染能力的最大稀释倍数。

2) 热钝化温度（TIP）。加热处理10 min，失毒的最低温度。

3) 体外存活期（LIV）。在室温条件下（20~22℃），保持侵染力的最长时间。

例如，TMV 100万倍 90~93℃ 一年以上；CMV 1 000~10 000倍 55~65℃ 一周左右。

(5) 病毒的分类和命名。分类按核酸的类型是单链还是双链及其他特征来进行。通过分类，发现绝大多数植物病毒的核酸是RNA，少数是DNA。

命名采用寄主植物+症状+病毒的方式。

(6) 病毒病的症状。病毒病的主要症状有：叶片变色、组织坏死、畸形等。

(7) 病毒病的防治。由于病毒是专性寄生物，且寄生在寄主细胞内，因此目前没有较好的防治方法，但是有一些物质对病毒有钝化作用。

3. 细菌及其所致病害

细菌属于原核生物。原核生物是一类结构简单、无典型细胞核的单细胞生物，包括许多类群，如放线菌、细菌及菌原体。放线菌多为抗生菌，而细菌及菌原体可以引起植物病害，如大白菜软腐病、黄瓜细菌性角斑病、辣椒疮痂病均为典型的细菌性病害，枣疯病、泡桐丛枝病、苹果锈果病为菌原体引起的。

(1) 植物病原细菌的一般性状

1) 形态和结构。在放大1000倍以上条件下观察，细菌有三种形态。植物病原细菌的形态主要是杆状。细胞壁由肽聚糖、蛋白质和脂类组成，由于不同细菌细胞壁的成分不同，革兰氏染色的反应不同，最后表现两种类型：阳性——紫色，阴性——红色。植物病原细菌绝大多数为阴性，少数为阳性。在细菌的细胞壁外，还有鞭毛，据鞭毛的着生位置和数目不同，可以进一步分类。引起植物生病的病原细菌有五个属，可以通过被害症状和培养性状进行分类。

2) 生长和繁殖。植物病原细菌以裂殖方式繁殖。

3) 生理特性。大多数植物病原细菌对营养要求不严格，可以在一般的人工培养基（PDA）上进行培养。一个细菌肉眼不能看到，经过生长、繁殖，很多细菌在培养基上繁殖成用肉眼可见到的大量个体，叫菌落，菌落可以有各种颜色和形状（也可以作为分类的依据）。

(2) 细菌的主要类群。植物病原细菌主要有五个属，即棒杆菌属、假单胞杆菌属、黄单胞杆菌属、欧氏杆菌属、野杆菌属。

(3) 细菌性病害的症状。细菌性病害的症状主要有斑点型，如假单胞杆菌属、黄单胞杆菌属；腐烂，如欧氏杆菌属；枯萎，如棒杆菌属；畸形，如野杆菌属。

1) 病原细菌无直接穿透寄主表皮的能力，只能通过自然空口和伤口侵入。传播主要是通过雨水的飞溅、灌溉水及昆虫危害等传播。有些细菌还可以通过农事活动、机械操作、枝条嫁接等方式传播。细菌的越冬场所主要是病残体、种子、杂草、无性繁殖材料。细菌性病害的发生需要高温、多雨，尤其是暴风雨，破坏力大，有利于细菌病害的发生和流行。

2) 细菌病害的防治。加强植物检疫，杜绝和消灭细菌来源；注意种苗消毒；消灭病残组织，尽量减少伤口；应用化学防治；农耕实行轮作倒茬；选育抗病品种。

四、植物病害的发生与流行

1. 病原物的寄生性和致病性

(1) 共生现象和寄生现象。共生表现为相互依存,可以结成统一的整体,如真菌与蓝细菌共生形成地衣;而寄生是一种敌对状态,如各种植物病原菌与宿主植物之间的关系。

(2) 寄生性和致病性

1) 病原物的寄生性。病原物依赖于寄主植物获得营养物质而生存的能力,称为寄生性。可分为三大类:

①专性寄生物。又叫严格寄生物,只能在活的寄主体上生活,如病毒、白粉病菌等。

②非专性寄生物。既能在活组织上寄生,又能在死组织上生活。

a. 兼性寄生物,以寄生为主。

b. 兼性腐生物,一般以腐生方式生活,在一定条件下也可进行寄生生活。

③专性腐生菌。以无生命的有机物作为营养来源,可造成木材腐朽,严重时可破坏建筑材料造成建筑物部分倒塌。

2) 病原物的致病性。病原物对受害寄主植物的破坏能力称为致病性。一般寄生性强的病原物致病性较弱;相反,寄生性弱的致病性较强。致病力只是决定病害是否严重的一个方面。例如,白粉病菌虽然是专性寄生物,但对植物的危害不一定小。

2. 植物病害的侵染过程及侵染循环

(1) 病害的侵染过程。病原物与寄主接触以后,引起病害发生的全部过程,称为侵染过程,简称病程。病原物的侵染过程是一个连续的过程,为便于掌握,把侵入过程划分为四个时期,即接触期、侵入期、潜育期和发病期。

1) 接触期。从病原物与植物接触,到病原物开始萌动为止。病害的发生,首先是病原物接触寄主,还必须接触在病原物侵染的部位,这个适宜侵染的部位称为感病点。接触期能否顺利完成,受外界各种因素的影响,如大气的温度、湿度、光照、叶面的温湿度以及外渗物等,只有克服了不利因素,病原物才能侵入寄主体内。

2) 侵入期。侵入期指病原物从开始萌发侵入寄主,到初步建立寄生关系为止的一段时间。病原物如果要顺利侵入寄主体内,必须克服寄主的抵抗力。病原物侵入途径有:

①自然孔口侵入。包括气孔、皮孔、水孔、蜜腺等。

②伤口侵入。包括病虫伤害、机械损伤和自然伤口等。

③直接侵入(又称表皮侵入)。病原物靠生长的机械压力获外生酶的分解能力,而直接穿透寄主的表皮或皮层组织。不同的病原物侵入途径不同,例如,病毒只能通过新

鲜的微伤口侵入，细菌可通过伤口或自然孔口侵入，真菌可通过三种途径侵入。

外界环境条件对病原物侵入有很大的影响，一般病原物的侵入受温度、湿度的影响大，湿度不仅影响病原物侵入的速度，而且常决定该病害发生的时期和季节；大多数病原物的活动和萌发需要高湿或水膜存在；同时，水分过多也不利于植物体伤口的愈合，大大降低了抗病力。南方的梅雨季节和北方的风雨季节，病害发生普遍而且程度严重，在干旱季节发病就轻。所以，湿度常是病原物能否侵入的主要限制因素。

3）潜育期。潜育期指病原物和寄主初步建立寄生关系到寄主症状表现出来的时期。这一阶段是寄主植物和病原物相互斗争的关键时期，是寄生关系进一步建立与病原物持续繁殖时期，也是决定能否发病的时期。当寄生关系建立以后，病原物在植物体内发生不同程度的扩展。很多病原物的扩展范围只限于某些器官或组织，症状的表现仅限于这些部位，这种侵入称局部侵入，所致病害称点发性病害。也有的病害侵入寄主后，可以在全株扩展，也称系统侵入，形成散发性病害（如病毒病）。不同病害的潜育期长短不同，常见的叶斑病潜育期一般7～15天，小麦的散黑穗病潜育期为1年，木本植物的病毒病或类菌原体病害的潜育期可长达2～5年。一般点发性病害的潜育期短，散发性病害的潜育期长。在潜育期内温度对潜育期的影响最大。温度条件适合，有利于病原物在寄主体内的扩展，使潜育期缩短。例如，葡萄霜霉病21℃潜育期13天，23℃潜育期4天，29℃潜育期8天。湿度影响小的原因是：由于病原物侵入后，几乎不受空气湿度的影响，植物组织中的湿度高，尤其是组织细胞充水，有利于病原物在作物体组织内的蔓延和为害。

4）发病期。发病期指症状出现后的时期。从出现症状开始即进入发病期，直到生长结束或植物死亡为止。发病期标志着病原物生长发育达到了一定阶段，并在植物受害部位产生新的繁殖体。同时，这时表明一个侵入过程的完成，或下一个侵入过程的开始。外界环境条件对症状表现有明显影响，特别是较高湿度和适当温度，有利于病症的产生和病害的流行。

（2）病害的侵入循环概念。由前一个生长季节开始发病，到下一个相同季节再度发病的过程，称侵入循环，也就是病害发生发展的周年循环。它包括三个环节：病原物的越冬或越夏、病原物的传播、初侵染和再侵染。

3. 病原物的越冬、越夏概念

当寄主植物收获以后或进入休眠期，病原物也将越冬或越夏，度过寄主植物的中断期。越冬、越夏场所主要有：田间病株、果实、种苗及其他繁殖材料、病株残体、茎秆堆积物、土壤肥料、传病介体。

4. 病原物的传播

（1）主动传播。病原物可以通过自身活动进行传播，病原菌普遍存在于大气空间中，在外界各种条件下都能传播蔓延。

(2) 被动传播。气流风力传播是病原物传播的主要方式，真菌的繁殖体、细菌病残体、病毒传播媒介都可借风力传播。风力传播的病害在田间没有明显的发病中心，防治技术方法较复杂，除消灭本地病原物外，还要防止外地菌原传播，有时还需要采取联防。

1) 雨水传播。雨水传播的距离较近，植物病原细菌和真菌必须经过雨水溶解后，才能发散传播，暴风雨可使病害在田间大范围内传播。对于雨水传播的病害，只要注意消灭本地菌原，即能取得较好的防治效果。

2) 昆虫及其他动物的传播。昆虫是病毒的主要传播介体，与细菌传播也有一定关系。

3) 人为传播。通过农事活动，无意中帮助病害传播。这种方式的传播数量大、距离远，常为病害发生蔓延开辟新区。因此，各地区要严格实行植物检疫，加强防范。

(3) 其他传播途径

1) 非介体传播（无其他生物的介入）

①机械传播。主要是植株间的接触、外界风雨、农机具、农事操作活动等。

②无性繁殖材料和嫁接。生长点一般不带毒，因而可进行组织培养。

③种子和花粉。大约有 1/5 的病毒可以由种子传播。这是远距离传播的携带者，又是田间作物群体的发病中心。

2) 介体传播。病毒的传播靠生物界活体来完成。传播的介体种类很多，最主要的是昆虫。在昆虫中以刺吸式口器昆虫为主。原因是口器首先刺破寄主组织，使作物表皮形成微伤口。其次，病毒在寄主植物体内随昆虫取食而获得营养，快速发展造成危害。

(4) 初侵染和再侵染概念。有的病害只有初侵染无再侵染，如麦类黑穗病菌只有初侵染，没有再侵染。有的病害则再侵染很频繁，如蔬菜腐烂病菌就是这样。

5. 病害的流行

植物病害在一定地区一定时间内，普遍发生而严重危害的现象称为病害流行。病害流行应具备三个方面的条件：

(1) 病原物。要有大量侵染力强的病原物，才能造成广泛的侵染。只有初侵染而无再侵染病害，病原物需要大量积累；借气流传播的病害较易造成病害的流行。种苗的频繁调拨，可能会使病害在新区流行。

(2) 寄主植物。病害流行必须有大量的感病植物存在，易感病的品种大面积连年种植可造成病害流行。

(3) 外界环境条件。自然环境条件既影响寄主，同时也影响病原物。当环境有利于病原物而不利于寄主植物时，常常会造成病害流行。

不同病害在一年内流行方式不同，有单峰式、双峰式、多峰式。

五、植物病害的诊断

要想有效地防治植物病害,必须对植物病害做出正确的诊断。

1. 植物病害诊断的步骤

(1) 田间观察(现场调查)。观察病害在田间的分布状况,鉴别是生理性病害,还是侵染性病害。

(2) 实验室检查。有些病害,如生理性病害,在田间可做初步诊断,也可在实验室作生理鉴定,如侵染性病害,需要诊断是哪类生物侵染的。有些特异性病害在田间即可作出正确诊断,如常见的病毒病、白粉病、锈病、霜霉病等;有些病害则无法直接判断,需要进行室内检查(镜检);有些真菌病害发病部位初期无病症,通过保湿培养,促使病症出现,再进一步进行观察。有时,在发病部位可能检查到不同的病原,到底哪种是病原物需要进行下一步检验。

(3) 病原菌的分离培养和接种,即诊断植物病害的科赫法则。其步骤如下:病组织→分离培养→获得病原物→回接→发病(症状同最初)→分离培养→病原物相同。此时的病原即为病原物。

(4) 提出相关防治方案。依据全面鉴定结果,可制订出进一步防治的方案。

2. 植物病害的诊断要点

(1) 非侵染性病害。非侵染性病害的诊断较为复杂,首先要排除侵染性病害,然后,再分别检查发病的症状(部位、特征、为害程度),分析发病原因(发病时间、气候条件、地形地貌、土壤质地、肥料种类、水分供应状况等)。例如,晚霜天气多发生在春季冷空气过后、晴朗无风的夜晚;永久性萎蔫发生在长期干旱或水涝情况下;空气污染往往发生在强大污染源周围的植物种植区;日灼发生在温度变化较大的高温季节或植株幼嫩部位;对于营养元素的缺乏,则要观察叶片的颜色变化,有条件时,还可以进行缺素症的实验。

(2) 侵染性病害。侵染性病害有一个发生发展的过程,在田间由轻到重、由点到面,除病毒病外,绝大多数真菌和细菌病害在发病部位有肉眼可见到的相关联病症。

1) 真菌病害。对真菌病害的诊断可分三步:

①田间诊断。许多病害具有特异性的病症,如白粉、黑粉、锈病等,如无特异病症,要给其创造适宜的发病条件再行诊断。

②保湿培养(待病原长出后检查),在室内以一定的温度、湿度条件进行培养观察。

③分离培养,然后回接。

2) 细菌性病害的诊断还须同时观察如下特征性状:

①溢脓物。
②细菌溢（喷菌现象）。
③特有病症。
3）病毒病害。主要观察病状类型。
4）线虫病。主要观察病状类型，还可以在显微镜下观察有否线虫卵存在。

第三节 农业昆虫的专业知识

→ 能够结合当地自然条件了解农作物虫害种类及其昆虫生活史的基础知识
→ 能够认识各种昆虫一生生长发育所需的内外条件以及昆虫与人类社会生活的关系

一、农业昆虫主要类群的识别

昆虫是一个庞大类群的总称，已定名的有100多万种，如何正确认识、鉴别昆虫种类，是有效防治害虫、保护天敌很重要的一步。

1. 昆虫分类的基础和方法

昆虫分类与其他生物分类一样，可分为一系列阶元，主要有界、门、纲、目、科、属、种，种是分类中最基本的单位。

种是自然界能够互相交配，产生可育后代，并与其他种群存在有生殖隔离的群体。例如，棉铃虫就是一个种。

根据生物进化理论，昆虫是由共同的祖先进化而来的。这样，就必然有些种类之间的亲缘关系比较接近，而有些昆虫之间的亲缘关系比较远。亲缘关系很近的种，其外形、习性很近似，我们称它们为姊妹种。许多亲缘关系密切的物种合在一起，就组成一个属。同理，特征相近的属组成一个科，科具有一目了然的特征。相近的科组成目，目的特征更明显。目上归为纲。这些属、科、目、纲等就是分类体系。

2. 昆虫的命名法规及学名组成

昆虫的命名法规是以外部形态为依据，以成虫的外部形态特征为主，因为成虫是昆虫发育的最后一个阶段，其外表形态已经固定，种的特征已经显示。

昆虫的科学名称又叫学名，由属名和种名以及命名人三部分组成，其中属名和命名人的第一个字母要大写，其余小写。在印刷时，属名和种名应排斜体，命名人排正体。

二、昆虫生长与环境条件的关系

昆虫生活与外界环境的关系又称昆虫的生态,学习了解这种关系就是为了搞好预测预报,有效防治害虫,充分利用益虫。昆虫生活与环境条件的关系包括气象因子、土壤因子及生物因子与昆虫的关系,重点了解温度对昆虫的影响及有效积温法则的利用,以及湿度对昆虫种群数量的影响,生物因子、食物及天敌对昆虫种群的综合影响。

1. 气候因素

自然气候因素中,对昆虫影响最大的是环境温度。

(1) 温度。昆虫是冷血动物(变温动物),其体温随外界环境的改变而改变。

1) 昆虫对温度的反应。不同昆虫对温度的反应不同,同一昆虫的不同虫态,对外界温度的反应也不同。

2) 积温定律。昆虫完成一定发育阶段,需要一定的温度热量积累,发育所需天数与该期有效温度的乘积为一个常数,该常数称为有效积温,这个规律称有效积温定律。

①有效积温法则的应用

a. 预测害虫发生期。

b. 控制害虫发育进度。

c. 估测一种昆虫在不同地区的年发生世代树。

②法则的局限性

a. 只考虑了发育起点和平均温度,而没有考虑温度过高或过低的影响。

b. 该法则在实验室恒温下测得,而昆虫是在自然界变温条件下发育的。

c. 该法则只考虑温度因子,而忽略其他一些重要因子。

d. 气象部门提供的平均温度,也不能完全反映昆虫所处环境的小气候变化。

(2) 湿度。实际是水分的问题,大气中的湿度主要取决于自然降水。水是一切生物生命活动的介质。昆虫虫体中含水量为46%~92%,一般来说,低湿延缓发育天数、降低繁殖力和成活率,但湿度过大,尤其是暴风雨,对弱小昆虫与低龄幼虫有冲刷作用。

(3) 光照。光主要影响昆虫的活动与行为。

1) 光的辐射。实际是代表温度的变化。

2) 光的波长(性质)。光的性质以波长来表示,波长不同,颜色不同。许多昆虫对紫外光表现正趋性。有的昆虫喜欢强光,白天活动多,如蝶类;有的昆虫喜欢弱光,都在夜间活动,如蛾类;有的昆虫喜欢长日照,如桃小食心虫。光的波长在290~2 000 nm,人眼可见光的波长范围在390~750 nm,低于390为紫外光,长于750为红外光。昆虫所适应的可见光在250~750 nm之间。许多昆虫对330~400 nm的光较为敏感，尤其是夜出活动性的昆虫，因而可利用这一特点诱集昆虫（使用黑光灯又叫紫外光灯，其波长为360 nm）。

3）光周期。光周期是指一昼夜中的光照时数与黑暗时数的节律，一般以光照时数表示，是影响昆虫滞育的主要因素。

(4) 风（气流）。风可以降低空气的温度和湿度，影响田间作物群体和植被的生长，间接影响昆虫的生活。风对昆虫的直接作用是：一些小型昆虫可借风力传播得很远，但大风雨可杀死幼小昆虫。

2. 土壤因素

土壤因素主要影响生活在土壤中的一些昆虫，如蝼蛄、金龟子等地下害虫。土壤温度、湿度对昆虫的影响同空气一样。除此以外，土壤的理化性质、土壤的酸碱度对昆虫生长也有影响。土壤质地和作物群体植被对昆虫有重要的间接影响。

3. 生物因素

(1) 食物因素。食物是昆虫生存最基本、最重要的条件，昆虫按照食物的种类可分为植食性（绝大多数害虫）、肉食性（多数天敌）、腐食性（如蜣螂）；按食物种类的多少，可分为单食性（如小麦吸浆虫等）、寡食性（如金纹细蛾等）、多食性（如棉铃虫等）。

1）食物的数量和性质。昆虫一生所需的食物数量及种类对其生长影响很大。

2）寄主植物的抗性。经过长期的自然选择和人工选择，形成了现在人工栽培的品种，如果植物没有抗性，则将被淘汰。抗性机制可分为不选择性（又叫排趋性）、抗生性、耐害性。

(2) 天敌因素及其在害虫控制中的作用。天敌昆虫包括捕食性天敌，如捕食性的螳螂、瓢虫等；寄生性天敌，有寄生蜂和寄生蝇；天敌微生物，包括真菌、细菌、病毒等；其他有益动物，包括蜘蛛、捕食螨、鸟类、青蛙等。

(3) 食物链及食物网。在昆虫世界里也具有互相依存的生存关系，植食性（绝大多数害虫）的昆虫依相应的作物为生，肉食性（多数天敌）的昆虫则以被其食用的昆虫为生，建立起食物链金字塔。

4. 人类活动对昆虫的影响

人类活动对昆虫的影响主要表现在改变一个地区的昆虫组成群落（包括引进天敌和害虫）、改变昆虫的生活环境和繁殖条件（如兴修水利工程、改良土壤质地、改变耕作种植制度、作物结构加以调整、种植抗病虫品种等）以及运用农业或化学、物理等手段直接消灭害虫。

三、昆虫的内部器官与功能

昆虫所有的生命活动都受内部器官的支配，内部器官包括消化器官、呼吸器官、生殖器官、神经器官、排泄器官、分泌器官等，其中消化器官、呼吸器官、神经器官和生殖器官的特性与生理功能与防治关系最密切。

1. 昆虫消化器官的结构及其与防治的关系

（1）消化器官的构造

1）咀嚼式口器昆虫消化系统的构造。其中可分为三部分：前肠、中肠、后肠。

2）刺吸式口器的构造。口器的各部分呈针状，针管适合吸取液体食物，如雌库蚊的口器。

（2）昆虫的消化、吸收与防治的关系

1）消化吸收。昆虫对糖类、蛋白质、脂肪等大分子的有机物质，在相应酶的作用下，分解成小分子的可溶性物质，被其吸收利用的过程，称为消化吸收。

2）与防治的关系。作物生产上利用毒饵诱杀进行防治效果很好。

2. 呼吸系统的结构及其与防治的关系

（1）呼吸系统的结构。主要由气门、气管和微气管组成。节肢动物呼吸器官形式多样，随着不同的生态类群而有一系列的变化。

（2）呼吸作用。昆虫的呼吸作用通常是靠空气的扩散和虫体的收缩来保证氧气的供应和二氧化碳的排除，促使自身新陈代谢的正常进行。

（3）与防治的关系。昆虫的呼吸作用与防治的关系十分密切，在一定温度范围内，温度高低与昆虫的活动、呼吸的快慢、气门开放的频率呈正相关，在高温条件下熏蒸效果较好。此外，大部分昆虫，气体交换的强度与体内二氧化碳积累的多少有关，如果二氧化碳在体内积累量增多，可刺激呼吸作用增强，促使气门开闭频率次数增加。因此，在种子仓库里熏蒸害虫时，室内空气中加入少量的二氧化碳，可使昆虫呼吸作用增强，以便于有毒气体大量进入虫体，从而提高熏蒸杀虫效果。由于昆虫气门的疏水性和亲油性，使用油剂可以堵塞昆虫的气门，使昆虫窒息死亡。

3. 昆虫神经器官的构造及其与防治的关系

（1）构造。神经原、轴状突、侧枝、端丛、树状突、神经节组成。

（2）功能与防治的关系

1）功能。接受外界刺激，通过神经器官的调节支配，对外界刺激做出相应的反应。

2）突触与化学反应。有机磷和氨基甲酸酯农药破坏乙酰胆碱酯酶，为典型的神经毒剂。

4. 昆虫的生殖系统结构及其与防治的关系

昆虫的生殖系统是产生精子、进行交配、繁殖种族的器官。因而它们的结构和生理功能就是增殖生殖细胞，使它们在一定时期内达到成熟阶段，经过交配、受精后产出体外。昆虫的种类繁多，生殖方式多种多样。

（1）生殖器官的构造。昆虫生殖系统的构造比较复杂，由三种不同来源的器官组成：由中胚层发育成的内部生殖器官，如卵巢、睾丸、侧输卵管及输精管等；外胚层部分内陷形成的管道，如中输卵管、阴道及射精管等；以及外部的交配和产卵附器，如产卵器、阳茎及抱器等。内部生殖器官的主要功能是储存和增殖生殖细胞，吸收必需的营养物质，供生殖细胞生长发育，达到成熟阶段；排卵或排精；分泌胶质或其他物质保护卵和精子；形成卵壳、卵囊或精珠等。外生殖器则保证完成雌、雄虫的交配和受精作用，并使雌虫表现种的产卵习性。

1) 雌性生殖器官的构造。昆虫的雌性生殖器官包括一对卵巢、二根侧输卵管及一根开口于生殖孔的中输卵管。除这些主要的部分外，大多数昆虫还在中输卵管后端连接着由体壁内陷形成的交尾囊、一个接受和储藏精子的受精囊以及一对附腺。交尾囊的形状和结构在各类昆虫中有较大的变异，一般可区别为两类：一类呈囊状而后端开口比较大的，称生殖腔；另一类呈管状的通道，称阴道。生殖腔或阴道常以阴门开口于体外，原始的生殖孔则位于生殖腔或阴道里面的基端。

2) 雄性生殖器官的构造。雄性昆虫的生殖器官主要包括由中胚层发育而来的一对睾丸、一对输精管、一对储精囊、射精管和雄性附腺。

(2) 昆虫的交配与受精

1) 交配，指雌性和雄性昆虫相互交尾的过程。

2) 受精，指精子和卵子结合的过程。精子进入雌性虫体的受精囊内，待卵子成熟后与卵结合，形成受精卵。

(3) 生殖器官与防治的关系

1) 利用昆虫性诱剂法防治害虫。利用昆虫雌虫分泌到体外的微量化学物质，引诱雄虫前去交配，诱杀田间雄虫，从而大幅度降低雌虫的产卵量和孵化率，如用玉米螟性诱剂可杀灭雄性害虫。

2) 利用绝育法防治害虫。破坏雄虫的生殖系统及其器官。

3) 进行害虫的预测预报。解剖观察雌性昆虫卵巢的发育程度及抱卵量，以指导治虫措施。

四、昆虫的生物学特性

1. 昆虫的繁殖

昆虫的繁殖方式主要有两性生殖、孤雌生殖、多胚生殖以及卵胎生。

(1) 两性生殖。绝大多数昆虫所具有的主要生殖方式。

(2) 孤雌生殖。又可分为偶发性的孤雌生殖（如家蚕）和周期性的孤雌生殖（如蚜虫）。

(3) 多胚生殖。膜翅目的天敌，一个卵可发育成多个胚胎。

(4) 卵胎生。受精卵不产出体外，而在母体子宫内发育成幼体再产出，胚胎发育所需营养由卵内的卵黄供给,受精卵与母体不直接发生营养关系。

昆虫的繁殖力很强,如小地老虎一生可产卵 800～1 000 粒。

充分了解害虫的生殖方式以及产卵能力,对防治害虫有重要的指导意义。

2. 昆虫的变态

昆虫在生长发育过程中,要经过一系列外部形态、内部器官和生活习性的变化,这种现象称为变态。常见的变态类型有不完全变态和完全变态,另外还有增节变态、表变态和原变态。

(1) 完全变态。符合这一变态形式的昆虫,其特点是一生要经过卵、幼虫、蛹和成虫 4 个虫期。幼虫与成虫在外部形态及生活习性上有很大差异。在幼虫老熟蜕皮化蛹时,幼虫形态消失,而蛹期形态与成虫基本接近。如鳞翅目蛾类和蝴蝶,幼虫时触角和翅全无,口器为咀嚼式,而变为成虫后,幼虫的模样全部消失,不但有翅可自由飞舞,口器也变为虹吸式。与鳞翅目同属全变态形式的还有鞘翅目、双翅目、膜翅目、脉翅目等。有些全变态类昆虫中幼虫的各龄之间形态也不一样,这一变态现象称复变态,如鞘翅目的步甲,双翅目的寄生蝇和膜翅目的姬蜂等。总之,在有翅亚纲中较高等的目都属完全变态形式。

(2) 不完全变态。这一变态形式的主要特点是昆虫成虫的特征是在经过卵期、幼虫期和成虫期三个时期的生长发育过程中逐渐显现的。此类变态形式又有 3 个不同变态类型:常见的直翅目、螳螂目、半翅目、同翅目、虫修目等,它们在生长发育中,幼虫期与成虫期形态上变化不大,只是翅未长出,生殖器官发育不全(此时期的幼虫也称为若虫),经过几次蜕皮,渐渐成长为成虫,这种变态类型为渐变态。蜻蜓是每个人都熟悉的,它的成虫是陆生,而它的幼虫则生活于水中,幼虫与成虫的呼吸器官和取食器官差异都较大,这类属于不完全变态范畴的类型叫半变态。有些昆虫的若虫与成虫差别不大,在若虫与成虫间存在一个不食不动的伪蛹阶段,如蓟马和雄性介壳虫,这种变态类型称为渐变态。

(3) 增节变态。如无翅亚纲的原尾目昆虫,它在幼虫期及成虫期除身体大小和器官发育程度有差别外,腹部由 9 节变为 12 节,体节数量是逐渐增加的。

(4) 表变态。如无翅亚纲的弹尾目昆虫,在幼虫时基本与成虫形态相同,只是在生长发育过程中,性器官逐渐成熟,触角、尾须节数不断增加,个体大小有些变化。

(5) 原变态。此类变态仅见于有翅亚纲的蜉蝣目昆虫,它由幼虫变为成虫要经过亚成虫期,这个时期较短,呈静休状态。

3. 昆虫发育的各个虫期

(1) 卵期。是昆虫个体发育的第一个时期,指卵从母体产下后到孵化出幼虫所经过时期。卵是一个不活动的虫态,所以昆虫对产卵和卵的构造本身都有特殊的保护性适应。

1) 构造。一个完整的卵包括卵壳、卵黄、卵核、卵黄膜、卵孔,如图 19—1 所示。

2）卵的大小和形状。一般卵长1~2 mm，螽斯卵最大可达9~10 mm，寄生蜂0.02~0.03 mm。卵的形状各异，有肾形（蝗虫）、球形（甲虫）、桶形（蝽）、半球（夜蛾）、带柄（草蛉）、瓶形（粉蝶）具光滑或饰纹等。

3）产卵方式。昆虫的产卵方式随种类而异，有的散产，如天牛、凤蝶；有的聚产，如螳螂、荔枝蝽象等；有的裸产，如松毛虫；有的隐产，如蝉、蝗虫等。

4）孵化。昆虫的胚胎发育完成后，幼虫破卵壳而出的过程叫孵化。

（2）幼虫期。幼虫期是昆虫个体发育的第二个时期。从卵孵化出来后到出现成虫特征（不完全变态类变成虫或完全变态化蛹）之前的整个发育阶段，称为幼虫期。幼虫期昆虫大量取食、积累营养、迅速增大，是危害盛期，也是防治的关键时期。

蜕皮：幼虫发育期间每隔一定时间脱去旧表皮换上新表皮的过程。

蜕：脱下的旧表皮。

龄期：相邻两次蜕皮的间隔期，初孵为1龄，每脱一次皮就增大1龄。

虫龄的计算公式为：虫龄 = 脱皮次数 + 1

幼虫的类型：完全变态类昆虫的幼虫由于食性、习性和生活环境十分复杂，幼虫在形态上的变化极大，根据幼虫足的数目可分成以下几类：无足型、寡足型、多足型，如图19—2所示。

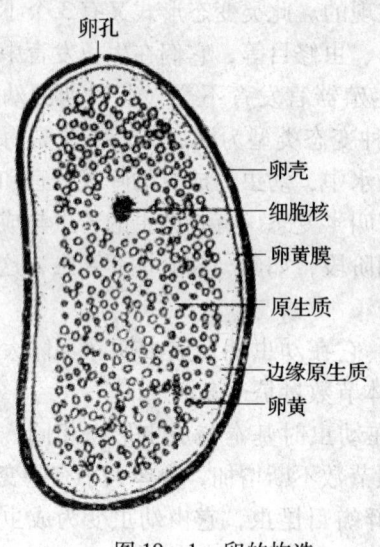

图19—1 卵的构造

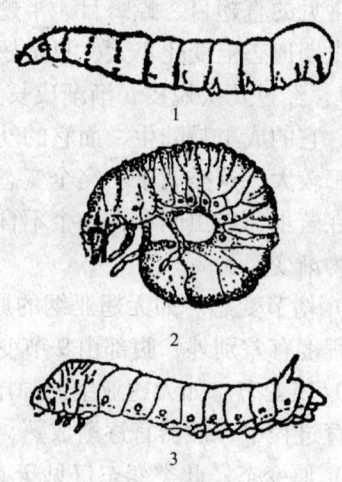

图19—2 幼虫类型
1—无足型 2—寡足型 3—多足型

无足型：无胸足也无腹足，如天牛、象甲、蚊、蝇等。

寡足型：有3对胸足无腹足，如金龟子、瓢甲、叶甲等。

多足型：有3对胸足，2~8对腹足，如蛾、叶蜂等。

(3) 蛹期。自末龄幼虫脱去表皮至变为成虫所经历的时间，称为蛹期。蛹是完全变态类昆虫由幼虫变为成虫的过程中必须经过的虫态，如图19—3所示。

离蛹（裸蛹）：附肢和翅不贴附在身体上，可以活动，腹节间也能活动的蛹。在脉翅目和毛翅目昆虫中，离蛹甚至可以爬行或游泳。

被蛹：主要特点是翅和附肢等粘于蛹体上不能活动，腹部仅少数体节可活动。

围蛹：蛹体实际上是离蛹，但蛹体外面有末龄幼虫所脱的皮形成的蛹壳包围。

(4) 成虫期。成虫是昆虫个体发育的最后一个时期。成虫期雌、雄性的区别已显示出来，复眼也出现，有发达的触角，形态已经固定，有翅的种类翅也长成，所以昆虫的分类以成虫为主要根据。成虫期本质上是昆虫的生殖期。

成虫的羽化：成虫从它前一虫态蜕皮而出的过程。

补充营养：成虫羽化后需取食一段时间达到性成熟，这段时间的取食叫补充营养。

性二型：同种昆虫除雌、雄性器官的差异外，在个体大小、体形、体色等方面的差异为雌、雄二型，如大袋蛾成虫雄性有翅而雌性为蠕虫状，如图19—4所示。

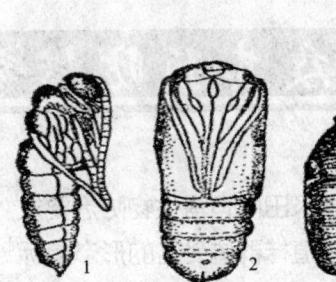

图19—3 全变态类蛹的类型
1—离蛹 2—被蛹 3—围蛹

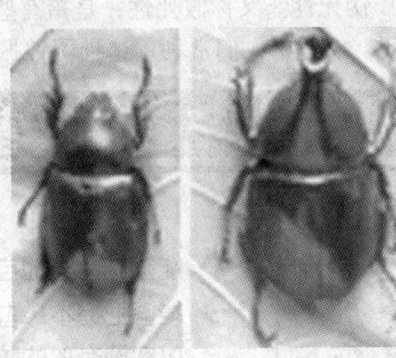

图19—4 性二型

多型现象：指同一种昆虫在同一性别上具两种或两种以上的个体现象，如蜜蜂、蜂王、雄蜂、工蜂、白蚁群等。

4. 昆虫的世代和年生活史

(1) 世代。昆虫从卵开始发育，直到成虫性成熟为止的个体发育过程，称为一个世代。不同种类的昆虫完成一个世代所需要的时间是不一样的。例如，蝉科的一些种类，完成一代需要几年；美洲有一种17年蝉，完成一代需要17年时间；蚜虫完成一个世代需要的时间很短，一年可以完成十几代。

(2) 年生活史

1) 概念。年生活史指昆虫由当年越冬虫态开始活动起，到第二年越冬结束为止的发育过程。

2）年生活史和防治的关系。掌握害虫的年生活史，可以抓住昆虫生活史中的薄弱环节，开展有效防治。

3）世代重叠。在一定的时间和空间昆虫的前后世代往往相互重叠，不同虫态相互并存，这种现象称为世代重叠。

5. 昆虫的主要习性及其与防治的关系

昆虫的习性主要有趋性、迁飞扩散性、群集性、伪死性等。

（1）趋性。趋性是昆虫受外界某种物质连续刺激后产生的一种强迫定向运动。趋性可分为正趋性和负趋性。

（2）迁移性。迁移性又称迁飞扩散性，指昆虫成群结队地远距离迁飞移动。对其有效防治应在迁移扩散之前进行。

（3）群集性。同种昆虫大量个体高密度地聚集在一起的现象称为群集性。正确了解昆虫的群集性，可以在群集时进行挑治或人工捕杀。

（4）伪死性。又称假死性，是指有些昆虫遇到惊扰后，立即收缩附肢蜷缩一团或坠地装死。农业中人们常利用这种习性振落昆虫实施捕杀。

第四节 玉米有害生物及其预防措施

单元 19

培训目标

→ 能够结合当地自然条件明确玉米田间有害生物防治要求
→ 能够把握本单位玉米不同地块植株群体受害的形态指标，以实施有效的防治措施

一、有害生物的类型

昆虫，如蟑螂、蚊、蝇、白蚁、跳蚤、虱等；蛛形纲节肢动物，如蜱螨、蜘蛛等；线虫类软体动物，如蜗牛、鼻涕虫、船蛆等；脊椎动物，如鼠类、蛇、鸟等；微生物，如细菌、病毒、支原体、霉菌等。

多数有机体不是有害生物。一个种类在某些情况下是有害的，在另外的情况下则可能不是有害的。一个有机体只有被证明是有害的时候，才可以认为是有害的。有害生物可以分为如下三类：

持续危害的有害生物：经常存在并造成危害，需要定期控制；零星的、迁移性的或周期性的有害生物：需要偶尔或间歇性的控制；潜在的有害生物：正常情况下不需要控制，而在特定情况下需要防治。

二、有害生物的综合治理

1. 综合治理的概念

有害生物的综合治理（IPM），又称有害生物的综合防治（IPC）。前面分析了各项防治措施及各项措施的优缺点，我们发现，单靠其中任何一项措施往往不能达到防治的目的，有时还会引起不良反应。联合国粮农组织（FAO）有害生物综合治理专家小组对综合治理的定义是：害虫综合治理是一个防治方案，它能控制害虫的发展，避免相互矛盾，尽量发挥有机的调和作用，保持经济允许水平之下的防治体系。

2. 综合治理的特点

（1）从生产全局和生态总体出发，以预防为主，强调利用自然界对病虫的控制因素，达到控制病虫发生的目的。

（2）合理运用各种防治方法，使其相互协调，取长补短。它不是许多防治方法的机械拼凑和组合，而是在综合考虑各种因素的基础上，确定最佳防治方案。综合治理并不排斥化学防治，但尽量避免杀伤天敌和污染环境。

（3）综合治理并不是以"消灭"病虫为准则，而是把病虫控制在经济允许水平之下。

（4）综合治理不是降低防治要求，而是把防治技术提高到安全、经济、简便、有效的水平。

3. 经济阈值及防治指标

（1）经济受害水平。经济受害水平指某种有害生物引起经济损失的最低种群密度。

（2）经济阈值。经济阈值为防止有害生物达到经济受害水平的有害生物密度。

（3）经济指标。经济指标指害虫达到何种数量即需要进行防治，超过此数量，就会造成更大损失。

4. 避免有害生物危害的效果

有害生物防治不仅仅是鉴别有害生物对象、采取防治措施。防治点不管是在室内还是室外，还存在其他生物（如人、动物、植物）和非生物（如空气、水源、建筑、物体等），所有这些会受到防治行为的影响。只有考虑到防治措施对防治对象存在区域的系统影响，防治才不会造成危害或导致持续的或新的有害生物问题。要依赖专业人员良好的判断力，以及在使用杀虫剂为防治措施的一部分时，还要强调使用人员仔细阅读杀虫剂说明书，做到有的放矢。

绝大多数防治处理点会或多或少受到防治活动的影响。这些场所或地点内的生物之间会保持一种平衡状态，防治工作可能会破坏这种平衡。当原有平衡被打破时，一些有机体会消亡或数量减少，而另外的生物体会取而代之占据优势，后者有时可能会成为新的有害生物。

第五节 化学防治及其农药使用技术

→ 能够结合当地生产条件了解化学防治的重要意义及其防治要求

→ 能够明确掌握本单位主要农药的使用技术,以实施有效安全的施用措施

一、化学防治及其农药使用

随着现代科学技术的发展,人们在病虫害综合防治中,越来越重视各种防治措施的协调运用,而化学防治在综合防治中仍然占有重要地位。研究表明,使用农药能挽回15%~30%的农作物产量损失,因而农药在农业生产中对保产、增产具有重要意义,在可预见的将来,还会有更大贡献。

1. 化学防治及其生产意义

(1) 化学防治的概念。化学防治指用各种有毒的化学药剂来防治病虫、杂草等有害生物的方法。

(2) 化学防治的优点。快速高效、使用方法简单、不受地域限制、便于大面积机械化操作。

(3) 化学防治的缺点。引起人畜中毒、污染环境、杀伤天敌、引起次要害虫再猖獗;长期使用一种农药,使病虫产生不同程度的抗性。

当病虫害大发生时,化学防治可能是唯一的有效方法。因此,决定了今后相当长时间内,化学防治仍然占有重要地位。至于化学防治的不足,可通过发展选择性强、高效低毒、低残留的农药以及通过改变施药方法,减少施药次数等逐渐加以解决。

2. 化学防治的局限性及其克服途径

(1) 引起病虫杂草等产生抗药性。例如,棉铃虫对菊酯类农药(如溴氰菊酯)的抗药性是原来敏感浓度的近300倍。又如,1987年使用灭扫利防治红蜘蛛,使用浓度6 000倍液,防效98%以上,10年后,使用1 000倍液,防效不足50%。

1) 抗药性的分类

①多种抗性。一种害虫或病原菌对几种农药均有抗药性。

②交互抗性。害虫或病原菌对某种农药产生抗药性后,常对化学结构相似和作用机制相近的其他药剂也有抗性。

③负交互抗性。一种害虫或病原菌对某种农药产生抗药性后,反而对另一种药剂表现更加敏感的现象。

2）害虫抗药性的机制。在害虫或病原菌的种群中，也有抗性强的个体。当这个种群长期与药剂接触，敏感的个体被淘汰，抗性强的个体得以保存，经过交配、繁殖，将抗性基因传给后代，抗药性的特性就逐代发展并稳定下来，形成新的抗性种群。

生物抗药性的机制有两个方面：一是形态上的保护作用，指害虫的表皮或病原菌的细胞壁在药剂长期作用下，变得不利于药剂的侵蚀，形成保存害虫和病原菌的一种特性。二是生理上的解毒作用，也称体内抗药性，指杀虫剂侵入虫体后，受到体内特殊生理作用而解毒。

目前，发现生物体内抗药性有两个方面：一是使酶的敏感性降低，二是体内解毒酶的解毒作用增强，促使药剂很快降解失效。

3）克服抗药性的措施
①综合防治。
②交替使用农药。
③合理混用农药。
④施用增效剂。

（2）杀伤有益生物，破坏生态平衡。克服的方法如下：
1）使用选择性强的或内吸性强的农药。
2）提倡使用有效又低浓度的农药。
3）选用合理的施药方法。
4）选择适当的施药时间。

（3）农药对生态环境的污染及人体健康的影响
1）生物富集。
2）农药在生物体内不断释放的现象。

克服的主要途径：
①贯彻"预防为主，综合防治"的植保方针。
②开发研究高效、低毒、低残留及无公害的农药新品种。
③改进农药剂型，提高制剂质量，减少农药的施用量。
④严格遵照农药残留标准和制定农药的安全间隔期。
⑤认真宣传和贯彻农药安全使用规定。
⑥注意安全间隔期。
⑦最后一次用药距收获的时间长。

二、生物化学防治

1. 生物化学防治重要意义

选用多种植物提取物及其他安全助剂，经反复优化配方，用特殊工艺制成的水溶性农用喷雾助剂，具有良好的湿润展着性与渗透力，与同性农药桶混喷雾施用，能减少用水量和农药用量，提高农药利用率，增强药效，降低施药成本，提高农药对人畜和环境的安全性。可在多种环境条件下与用喷雾方式施用的各种剂型农药混合使用，适用于绿色食品的生产及其他无公害农林牧业的病虫草害防治，也可用于家居环境和大中城市、各地村镇的公共环境中。

新疆地区和生产建设兵团垦区防治害虫的生物药剂和化学药剂，如 Bt 可湿性粉剂、拉维因可湿性粉剂、赛丹乳油等，在农药使用技术上提出带状喷雾技术、滴心技术，这是对传统化学药剂使用方法的改进和创新。科学合理使用化学、生物药剂防治害虫，不仅可以及时控制害虫危害蔓延，最大限度地减少害虫对作物生产的影响，而且可以保护农田生态环境，减少药剂的使用对农田害虫各种天敌的伤害，充分发挥天敌对害虫的自然抑制作用，还可以降低防治成本，从而达到节本增效的目的。在不少示范区推广后，有效地控制了害虫的发生和危害，使损失率降至5%以下，获得很好的社会、经济和生态效益。

2. 生物化学防治的特点

（1）省水省工。其超强的湿润性可使药液在喷雾时易于黏着并快速扩散在作物表面，从而使单位面积的药液用水量比常规药液用水量减少一半以上，既节约用水，又节省劳力。

（2）省药省钱。由于药液快速扩散，使药物在作物和害虫表面的铺展面积显著增大，可大幅度提高农药利用率，与常规药液比较，可减少农药用量一半以上，提高药效30%以上。

（3）增强药效。其很好的黏附性和渗透力，使药物快速进入虫体和植物体内，使药效得以充分发挥。

（4）广谱性。可与用喷雾方式施用的各种同性剂型的杀虫剂、杀菌剂、除草剂、植物生长调节剂等农药和叶面肥混合使用。

（5）安全性。对人、畜安全，不污染环境，可安全储存、运输、使用。

使用方法：每桶水（15 kg）里先加入 5 g 增效剂，再依据所配用的农药（肥料）特性及常规用量，加入减量的农药或肥料喷雾，现混现用。

植物保护及病虫草害防治

单元测试题

1. 高级玉米种植工需掌握的植物保护的基本知识主要有哪些方面?
2. 植物病害的发生与流行有哪些特点?
3. 植物病害的诊断步骤及要点是什么?
4. 昆虫的内部器官与形态特征和功能分类有哪些方面?
5. 有害生物种类及其综合预防措施包括哪些方面?
6. 化学防治的局限性及其克服途径有哪些?

第20单元

玉米防灾减灾技术

- 第一节 玉米生产中发生的灾害类型 /309
- 第二节 玉米主要气象灾害及减灾对策 /312
- 第三节 新疆干旱地区玉米生产流域规划问题分析 /316

第一节 玉米生产中发生的灾害类型

→ 能够结合当地自然气候条件理解玉米区不同的灾害发生状况
→ 能够懂得农业生产中各种灾害的危害性以及造成灾害的内外原因

一、我国的自然灾害发生以及受灾情况

1. 农业受到的自然灾害大

我国的自然灾害是严重的。由于中国是一个农业大国，所以，农业自然灾害的损失，基本上就反映了自然灾害的严重程度。已有统计资料表明，1959—1963年、1976—1980年及20世纪末至21世纪初，显然是发生自然灾害最严重的时期。对农业生产来讲影响最大的是气象灾害。自然灾害的损失除与灾害强度有关外，与当地人民群众的文化科技素质和国民经济发达程度也有密切的关系。

2. 每年的洪水或干旱灾害损失都较大

我国是世界上自然灾害最为严重的少数国家之一。新中国成立60多年来，各种自然灾害造成的经济损失高达25 000多亿元，平均每年造成的损失大约是平均GDP的3%~6%，财政收入的30%左右，是发达国家的数十倍。

因为干旱，新中国成立以来每年平均0.2亿hm^2土地受灾，因此造成粮食减产占全国灾害损失的50%。持续干旱还会引发土地荒漠化、森林及草场受旱、地面沉降、城市用水困难、工业停产等多种自然灾害和人为灾害。

沿海台风及其引起的暴雨、风暴潮、海浪等对东南沿海地区造成的损失呈直线上升趋势。另外，农作物灾害每年平均造成粮食减产200亿kg。大暴雨造成的洪灾位于自然灾害之首，是一种世界性的自然灾害。我国是一个洪水灾害严重的国家，特别是进入20世纪90年代以来，不仅洪灾次数越来越多，而且范围越来越大。1991年江淮流域梅雨期连降暴雨、大暴雨，直接经济损失629亿元；1997年的华南、华中洪灾，直接经济损失1 100亿元；1998年长江、嫩江、松花江暴发百年不遇的大洪灾，直接经济损失达3 290亿元。2003年长江流域洪涝灾害范围较为分散，但局部地区灾害损失严重，总体上属中等受灾年份。全流域共有775个县市、7 900万人受灾，因灾死亡644人，直接经济损失约350亿元，因此几乎每年的防灾、抗灾、救灾的任务都十分繁重。

二、我国自然灾害的几大主要特征

综合我国有关部门各方面的研究分析及统计资料，我国发生的自然灾害具有以下特征。

1. 发生灾害的成因背景复杂

我国地域辽阔，地形和地质构造很复杂，新构造运动强烈。我国处在欧亚板块、太平洋板块、印度洋板块的交界地区，新构造运动十分活跃，处在世界两大地震带之间。据研究认为，太平洋板块、印度洋板块每年分别以 10 cm、7.5 cm 的速度漂移。我国地势西高东低，且呈阶梯状下降；地貌类型复杂多样，尤其风沙、黄土、岩溶地貌分布地区，易成为各种地质、地貌灾害多发地区。

我国大部分领土位于受季风控制下的气候不稳定地带，冬、夏季风时空变异复杂；平均每年遭热带风暴侵袭次数达 6~7 次，寒潮入侵 3~4 次。

我国人口众多，开发历史悠久，各地区域经济水平相差甚大，防、抗、救灾能力各地不一。

2. 发生自然灾害种类多

我国突发性自然灾害主要有：洪涝、台风、冰雹、霜冻、雪灾等气象灾害；地震灾害；滑坡、泥石流等地质地貌灾害；病虫害等生物灾害；森林、草场火灾等。气候及环境灾害主要有：干旱、低温冷害、高温热害；水土流失、沙化、盐渍化、草场退化；地面沉降、地裂缝；海水侵没；环境污染等。

3. 频率高、强度大

我国有史以来就是地震频发的国家。20 世纪以来，全球共发生 7 级以上大地震 1 200 余次，其中 1/10 发生在中国。20 世纪我国大陆地震占全球大陆地震的 29.5%，三次 8.5 级特大地震，两次都在我国。我国城市的 46% 及许多重大工程设施分布在地震带。登陆台风平均每年 6~7 次，居同纬度大陆东部首位。2 000 多年中（公元前 206 年—公元 1945 年）发生水旱灾害 1 750 次，其中大旱灾 1 000 多次，大水灾 600 多次，平均约 81% 的年份都经受着不同程度的水旱灾害。每年大小崩塌、滑坡数以万计，有泥石流沟一万多条，现在全国受泥石流威胁的城市有 70 多个。我国有 20 多个城市包括天津、上海、宁波、常州、嘉兴、西安、太原、北京等都发生了不同程度的地面沉降，沉降速度最快（塘沽）可达 188 mm/年，有 200 个县、市发现了地裂缝。

干旱威胁着我国大部分地区，现在我国已有 236 个城市缺水，今后全国缺水可能超过 300 亿 m^3，部分农村人口的饮用水也将面临危机。土地风蚀沙化面积局部控制，整体扩展，目前沙漠化土地扩展速率每年仍在 1 000 km^2 以上。

4. 灾害类型的地域差异明显

根据发展历史和现代自然灾害发生的时空分布规律，虽然各类灾害在地区上交织发生,但相对以某一主导灾害为核心,伴生其他自然灾害。旱灾主要分布在黄淮海平原和黄土高原;水灾多出现在七大流域中下游沿河两岸;台风多见于东南沿海,雪灾、寒潮大风主要分布于青藏高原和内蒙古高原;沙暴多发生在西北地区。地震主要发生在华北、西北、西南三大地震带上。滑坡、泥石流集中在地貌二级阶地上且以西南地区最盛。生态脆弱带(沿海、长江中上游、北方农牧交错带)环境灾害严重。

5. 灾害多发与少发交替,未来10年处在灾害群发与多发时期

我国20世纪50、80年代多水灾;60年代,水灾、寒潮、雪灾、霜冻多;70年代多旱灾。根据地球气候变化规律,20世纪末至21世纪初将是气象灾害与气候灾害相当严重的时期。在河北唐山地震后我国大陆一度平静,但从20世纪80年代中期开始,地震活动又趋频繁。根据我国地震活动的时序规律推测,1988—2020年,将有两个地震活跃期发生。空气中二氧化碳及其他气体含量的增高,使"温室效应"对全球各国各地环境影响更加明显,未来世界气候变暖,不仅使海平面上升,淹没沿海滩涂及其他资源,而且使区域水热配置关系重新组合,这样必将加重一些国家不少地区的环境灾害。

三、我国几大主要的灾害类型

1. 干旱灾害

特殊的地理条件和气候特征,决定了我国是一个干旱及旱灾频繁发生的国家。自然灾害中,影响面最广、最严重的灾害就是干旱。与其他自然灾害相比,旱灾具有发生频率高,影响范围大,持续时间长,危害大的特点。在历史上,我国大范围、连年持续干旱的情况屡屡发生。20世纪80年代以后,我国华北地区持续偏旱,进入90年代,干旱从华北平原向黄河上中游地区、汉江流域、淮河流域、四川盆地扩展。持续的干旱,尤其是同时遭遇黄河、海河、淮河枯水期,给我国造成了极大的经济损失和社会影响。

2. 洪涝及其他灾害

(1)雨涝。雨涝是指大范围的暴雨或特大暴雨所造成的山洪暴发,江河水位陡涨,洪水泛滥,致使农田、房舍、人畜及交通设施等遭到淹没的洪涝灾害,以及低地积水难排,造成作物减产失收的渍涝灾害。

(2)洪水。洪水灾害是指水流脱离水道或人工的限制,并危及人民生命财产安全的灾害现象。

(3)凌汛灾害。凌汛灾害是因冰凌对水流产生阻力,而引起江河水位明显上涨并引起灾害的现象。

(4)地震水灾。地震水灾是指因地震而诱发的滑坡堵塞河流或震垮堤坝造成的洪水灾害。

3. 大风灾害

风力达到足以危害人们的生产活动、经济建设和日常生活的风,称为大风。

大风的危害：危害性大风主要指台风、寒潮大风、雷暴大风、龙卷风。根据大风对农业生产的影响，可归纳为机械损伤、风蚀、生理危害、影响农牧业生产活动等几个方面。台风在大风危害中的破坏力最为突出。

4. 冰雹灾害

冰雹是从发展强盛的积雨云中降落到地面的冰块或冰球。据冰雹大小及其破坏程度，可把冰雹灾害划分为轻雹害、中雹害和重雹害三级。我国是世界上雹灾较多的国家之一。

5. 热带气旋灾害

热带气旋是一种发生在热带或副热带海洋上的气旋性涡旋。强烈的热带气旋伴有狂风、暴雨、巨浪、风暴潮，活动范围很广，具有很强的破坏力，是一种严重的灾害性天气。我国是世界上少数几个受热带气旋严重影响的国家之一。

第二节 玉米主要气象灾害及减灾对策

单元 20

→ 能够理解玉米主要的气象灾害发生状况
→ 能够懂得农业生产中各种灾害的危害性以及灾害的危害机理
→ 能够结合当地实际情况灵活运用减灾对策

我国大部分属季风型大陆性气候区，每年玉米生产季节中，旱、涝、阴雨、低温、高温、大风、冰雹等气象灾害，造成全国玉米严重减产。1969年东北地区低温冷害，致使当年吉林、黑龙江、内蒙古、辽宁等地的玉米分别减产30.6%、24.2%、20.1%、22.6%，总减产50亿kg。各省的高温危害可造成减产40%。旱涝灾害更是不断威胁我国玉米高产稳产。因此，掌握各种灾害的发生规律，探明危害机理，提出相应的防灾、减灾对策，具有十分重要的意义。

一、玉米旱灾

旱害对玉米威胁很大，特别是发生在玉米大喇叭口至抽雄期的干旱，俗称"卡脖子旱"，可造成严重减产。

1. 危害机理

（1）干旱对光合作用的影响。根据相关研究，当叶水势低于 -0.3 MPa 时，玉米净光合速率开始降低；当叶水势低于 -1.2 MPa 时，净光合速率降低50%；叶水势低于 -2.0 MPa 时，净光合基本停止。干旱后叶绿蛋白降解，叶绿体受到破坏，减少了对光能的吸收，同时叶绿蛋白又是组成内膜的成分，叶绿蛋白降解后，使膜的结构受到损伤，抑制了光合磷酸化过程，使二氧化碳同化量减少。干旱时气孔保卫细胞水势降低，膨压下降，使气孔关闭，阻碍了二氧化碳的扩散及透过，这是净光合降低的又一重要原因。

（2）干旱对呼吸强度的影响。据研究，当玉米叶水势低于 -0.3 MPa 时，呼吸强度迅速上升；当叶水势至 -0.7 MPa 以后，呼吸强度下降；当叶水势至 -1.6 MPa 以后，呼吸强度保持低而稳定状态。当植株严重缺水时，呼吸释放的能量以热的形式散失掉，影响了代谢过程。

（3）干旱对氮素代谢的影响。干旱削弱了玉米的蛋白质合成，增强了其分解过程，影响了脯氨酸的形成及氮素的来源，由于脯氨酸的减少又减弱了植株的耐旱性。

（4）干旱对生长发育的影响。当叶水势至 -0.8 MPa 时，叶基本停止伸长；穗位叶水势至 -0.9 MPa 时，花丝基本停止伸长。干旱条件下玉米植株水分平衡遭到破坏，外部形态表现为暂时萎蔫，可使蒸腾失水减少 80%～90%。当水分降到凋萎系数时，迫使叶片从植株各部位吸取水分，根毛开始死亡，便发生永久萎蔫现象。

2. 减灾对策

兴修水利、广开水源、扩大灌溉面积是最有效的措施，同时要实行按需供水、节水灌溉、准确定量。植树造林也是减轻旱灾危害的有效措施。采用化学抗旱剂，推广塑料薄膜覆盖，具有良好的保水、防旱效果。平整土地、加厚活土层和培肥地力，可达保水、蓄水的目的。在山区修筑坑田、沟田也是有效的抗旱方法。抗旱播种，在北方各省采用提前 10～15 天抢墒播种可以提高玉米出苗率。在播种前将种子浸泡一昼夜，晾干再播可以耐旱。

二、玉米涝灾

我国是世界上涝灾较重的国家之一，据 1950—1990 年统计，每年涝灾 800 多万 hm^2，损失粮食 28.1 亿 kg，其中玉米减产 10.2 亿 kg，最严重年可减产 45.7 亿 kg。全国大面积涝灾年，平均减产 1.2%。

1. 涝害机理

（1）淹水对光合作用的影响。玉米三叶期淹水 6 天测定，叶绿素减少 42.1%，叶片含氮量减少 40.1%，因而光合能力降低。据山东省农业科学院研究，芽涝 3 天，玉米单株光合能力降低 15.3%。

（2）对出苗率的影响。据研究，玉米种子淹水 2～4 天，当土温达 20.5℃时，出苗率为 77.0%；当土温升至 26.8℃时，出苗率下降至 30.7%。

（3）对养分吸收的影响。据报道，玉米在小喇叭口期淹水 72 h，会抑制氮、钾的吸收，却促进了对磷的吸收，造成硝态氮等速效养分的流失，并抑制好气性微生物的活动，使有机质不能分解。

(4) 土壤中产生有毒物质。土壤中的有毒物质，如甲烷、氨、硫化氢、氧化亚铁等，可使根系中毒发黑。缺氧呼吸产生酒精，也引起根细胞中毒死亡。

(5) 对生长发育的影响。当土壤湿度达田间相对持水量的90%以上连续3天时，玉米三叶期表现红瘦细弱，生长停滞。拔节期和抽雄期淹水2天，减产20%；淹水5天，减产30%。

2. 减轻涝灾对策

(1) 工程措施。在雨季前进行清障挖泥、修砌水渠，使灌排联网配套。

(2) 垄台栽培。在易涝农田起垄，垄作种玉米。

(3) 调整布局，适期播种。在局部涝灾地区改种水稻、高粱等更耐涝的作物。在安排播种期上，尽量避开当地雨涝汛期。据山东省农业科学院统计，夏玉米自6月1日至25日，每晚播1天，芽涝发生概率增加2%。

(4) 选用耐涝品种。不同品种耐涝性显著不同。

(5) 合理施肥。在实行配方施肥的地块，受涝后玉米恢复生长快、减产较轻。

(6) 涝后晚播补种措施。

三、玉米阴害

玉米阴害是指连阴日数多、寡照少光对玉米的危害。以山东省为例，在8月上旬至9月下旬，每旬日照偏少10 h，玉米将减产60~120 kg/hm^2。

阴害的减灾对策：根据当地气候规律安排玉米播种期，各地都有较为集中的阴雨天气高发期，如黄淮海地区多在7月中下旬，故夏玉米播种期应尽量提前，可减轻阴雨危害；选育耐阴品种，矮秆、叶片上冲、雄穗较小、叶片功能期长的品种都有较好的耐阴性；增施肥料能明显提高群体净同化率，减轻连阴危害；实行东西行向种植，以减轻行间植株互相遮光。

四、玉米低温冷害与高温热害

低温冷害是我国北方玉米产区的主要气象灾害。

1. 低温对玉米生理影响

据研究，经4~10℃低温处理3天的玉米，光合强度降低34.8%~50%。低温使谷氨酸合成酶和氨基转移酶的活性降低，阻碍了氮合成为蛋白质、氨基酸，此时蔗糖含量成倍增加以提高耐寒力。在10℃低温下抑制了根系对离子的吸收，又由于吸水速度降低，而使植株出现萎蔫。低温冷害使细胞膜受损，内含物外渗。

2. 高温对玉米生理影响

在高温下玉米呼吸强度增高，消耗增多，净光合积累减少。当气温高于32℃时，不利于授粉，花粉粒在正常情况下可保持8 h左右，高温条件下只能保持1~2 h。试验证明：玉米受 38～39℃ 热害 3 h 之后，光合效率下降 70%；受害 1 h，下降 40%；受害植株移置 20℃ 环境，经历 5～7 h，光合作用仍能恢复；受热害 6 h，光合效率下降 75%。说明 38～39℃ 高温热害时间越长，玉米受害越重，恢复越困难。

3. 玉米冷害指标

玉米在日平均气温 15～18℃ 中生长为中等冷害，13～14℃ 为严重冷害。各生育阶段的生育速度下降 60% 的冷害指标：苗期为 15℃；生殖分化期为 17℃；开花期 18℃；灌浆期 16℃。以玉米拔节期为标准，轻度冷害为 21℃，中度冷害 17℃，严重冷害 13℃，其发育速度依次下降 40%、60%、80%。玉米苗期受冻死苗指标为 -4℃，成熟期为 -2℃。

4. 玉米热害指标

玉米热害指标以中度热害为标准，苗期 36℃，生殖期 32℃，成熟期 28℃。以全生育期平均气温为标准，轻度热害为 29℃，减产 11.9%；中度热害为 33℃，减产 52.9%；严重热害为 36℃，将造成绝产。

5. 减灾对策

搞好品种区划，使各品种所需的积温和当地可能提供的积温相协调，避免盲目选用晚熟品种。选育抗逆性强的品种，有些品种在 7.2℃ 时就会受冷害致死，有的品种遭受 -4.2℃ 的冻害仍有 0.2% 的植株存活。不同基因型品种杂交，以选育高产耐寒新品种。适期早播，黑龙江省按玉米种子萌动的下限温度为 7℃，把播种期从 5 月 15 日提前至 4 月下旬，可提前成熟 3～5 天，增产 10% 以上。用浓度 0.02%～0.05% 的硫酸铜、氯化锌、钼酸铵等溶液浸种，可提高玉米种子在低温下的发芽力并提前 7 天成熟，减轻成熟期冷害。

五、玉米风雹灾害

1. 风雹对玉米的危害

风雹对玉米的危害，一是造成植株倒伏，二是直接砸伤植株，三是冻伤植株，四是地面板结，五是茎叶创伤后感染病害。根据田间调查，雹灾对玉米危害的程度主要取决于雹块大小。

轻雹灾：雹粒直径约 0.5 cm。降雹时有的零碎几粒，有的盖满地面。玉米植株迎风面部分被击伤，有的叶片被击穿或打成线条状，对产量影响不大。

中雹灾：冰雹直径 1～3 cm。玉米叶片被砸破砸落，部分茎秆上部折断，可减产 10%～30%。

重雹灾：雹块直径为 3～10 cm，平地积雹可厚达 15 cm，低洼处可达 30～40 cm，背阴处可历经数日不化。玉米受灾后茎秆大部或全部折断，减产达 50% 以上，甚至绝产。但这种重灾区呈不连续的带状，带宽几千米至十几千米，断续带可延绵几十千米。

2. 玉米抗雹能力

玉米不同生育阶段，遭雹灾后恢复生长能力不同。苗期遭雹灾后恢复能力强，只要还残留根茬，都能恢复生长并取得较好收成。玉米抽穗以后抗雹灾能力减弱，灾后恢复力差，减产严重。此期间砸断穗节者，都不能恢复吐穗。但穗节完好者，灾后加强管理后仍能获得较好收成。

3. 减灾对策

（1）植树造林。改良环境，改变冰雹形成的热力条件，这是减灾的重要途径。

（2）合理布局作物。冰雹经常发生的地点多是山区小盆地、迎风坡等。在这些冰雹多发区应选种抗雹灾能力强的作物，如甘薯、花生等；冰雹在某一地区的发生季节都有相应集中的时段，应使抗雹力差的作物发育期避开雹灾高峰期。

（3）受灾玉米的补救措施。灾后首先要确定该地段受灾的玉米能否恢复生长并估计其减产幅度，再提出恰当的措施。对于苗期遭灾的玉米，因其恢复力强，不能采取翻种的方法。如果玉米抽雄期受灾并有20%~60%的梢节被砸断，要立即把砸断的玉米棵锄掉，种上绿豆、地芸豆等，以弥补损失。如抽雄期以后有70%以上穗节砸断，只要离初霜期还有3个月以上生长期，就应及时翻种早熟玉米，或改种早熟作物。雹灾后由于生育期推迟，也可以把晚玉米作为青贮玉米种植。

对于雹灾后不需要翻种的玉米，应立即进行逐块检查，根据苗情与生育期，加强田间管理，提高地温，促进恢复生长。

第三节 新疆干旱地区玉米生产流域规划问题分析

→ 能够理解干旱地区玉米生产灌溉制度
→ 能够懂得新疆干旱地区玉米用水的经济优先原则

一、平原区天然绿洲和人工绿洲应相互平衡

1. 新疆平原区年降水量小、蒸发量极大

新疆维吾尔自治区的平原地区年降水量小于200 mm，为干旱区。其中南部的塔里木盆地、东部的吐鲁番和哈密盆地降水在50~100 mm，为极干旱区，北疆的准噶尔盆地和塔额盆地在150~200 mm，为一般干旱区。新疆有近570条大小河流，在河流附近形成了规模大小不等，且相互分隔的近800个绿洲。没有河流地表水或补充地下水条件

的区域，则是沙漠或仅有部分旱生植物的荒漠区。

2. 地面径流补给少

新疆干旱区流域的意义在河流进入平原区后与非干旱区有较大差别。干旱区平原降水稀少，基本不形成地面径流，河流出山口后，没有径流补给，属纯耗散区。在自然状态下，河水被沿河生长的天然林和灌木小草耗用，最后流入尾闾湖泊或消失于荒漠中。这些林、灌、草，成了新疆平原区的天然绿洲，是河流水量的消耗用户，平原区内天然植被的总规模与河流出山口径流总量形成对应关系。

3. 绿洲农业用水量和生产生活用水都大

新疆干旱地区各族人民的生产和生活活动，主要分布在绿洲及其附近，由于降雨的作用基本可忽略不计，人工种植的各类农作物、林带和草场，在整个生长期都需灌溉，流域内其他各行业用水，同样需要供水系统维持。从这个角度上来讲，流域内水资源开发和利用的本质，就是人类为自身生存和发展对天然河流、湖泊水量在时间和空间上进行重新分配。而干旱区的特点，使这一水量的重新分配同时成为流域内植被种类和生长地域的重新分布的重要影响因素。从宏观发展上，重新分布后总耗水量是不变的，但由于天然植被对维持绿洲稳定作用比人工植被更强，起着分隔和限制沙漠等不可替代的作用，流域水资源配置中必须给生态系统留有一定的水量，国民经济用水量占用流域总水量的比例需根据流域内天然生态系统的情况确定。

4. 应积极保护生态蓄水

值得提及的是，在规划中人工绿洲（或灌区）内的防护林、果园林、人工种植的饲草地及城镇绿地建设用水，均属人类活动中重新分配流域水资源的内容，因此，属于国民经济用水范畴，不应列入流域的生态用水，这是干旱区流域经济发展和生态保护相协调中急需明确的重要内容。

中国工程院2003年初完成的重大咨询项目《西北地区水资源配置、生态环境建设和可持续发展战略研究项目综合报告》中提出"在西北内陆干旱区，生态环境和社会经济系统的耗水各占50%为宜"，并明确"按社会平均耗水率为用水量的70%，今后内陆河流按用水量的最高开发利用率应不超过70%"。这个比例与新疆维吾尔自治区下发的《贯彻落实〈全国生态环境保护纲要〉实施意见》中提出的"在以农业为主的人工绿洲及其外围，生态用水与农业用水的比例应以1:3为宜，流域水利工程建设要兼顾上、中、下游用水，坚决遏制和杜绝河流断流，确保流域生态用水"的要求基本一致。因此，在流域规划、规划修编和流域水资源管理中，应在不同的年份逐步达到这一比例，并使其成为新疆干旱区流域规划和水资源管理的一个基本原则。

二、用水保证率及用水过程中的经济优先原则

1. 注意用水保证率

国民经济和生态用水的保证率不一样。由于大多数流域中,工矿企业和城镇用水量占流域总水量的比例很少,因而主要矛盾集中在用水过程中农业生产和生态领域用水的优先权。有关流域规划设计规定,农业用水保证率为75%,生态需水为50%,这说明在一般枯水年份,农业用水是需要保证的,而生态需水则只要求在平水年得到保证。

2. 完善流域单元地表水平衡

我们把流域用水分为出山口以上的产流区单元、人工绿洲为代表的国民经济耗水单元和包含河流下游尾闾湖在内的天然生态系统生态耗水单元,利用水分平衡的原理,可得出流域单元地表水平衡方程:

$$S_{径流} = S_{国民经济耗水} + S_{天然生态耗水}$$

式中　$S_{径流}$——流域河流出山口径流量;

$S_{国民经济耗水}$——流域人工绿洲国民经济耗用地表水量;

$S_{天然生态耗水}$——流域天然生态系统耗用地表水量。

在分析平衡方程式中,当径流的来水频率为50%的情况下,等式右边两项均可按规划值满足。对某一具体年份,当年来水量是一个确定值,而等式右边的两个量有四种变化情况可以使等式左右平衡,相对应的有四种流域水资源配置及管理模式:

(1) 生态用水与生产用水均衡变化模式。当等式左边的 $S_{径流}$ 变化时,等式右边的 $S_{国民经济耗水}$ 与 $S_{天然生态耗水}$ 两个量同时变大或变小。

(2) 优先生态用水的模式。当等式左边变化时,等式右边的 $S_{天然生态耗水}$ 不变,$S_{国民经济耗水}$ 随着 $S_{径流}$ 同时变大或变小。

(3) 优先国民经济用水的模式。当等式左边的 $S_{径流}$ 变化时,流域人工绿洲耗水量 $S_{国民经济耗水}$ 不变,$S_{天然生态耗水}$ 随着 $S_{径流}$ 同时变大或变小。

(4) 丰水少用、枯水多用模式。当等式左边的 $S_{径流}$ 变化时,等式右边的 $S_{国民经济耗水}$ 与 $S_{天然生态耗水}$ 两个量同时变化,但变化方向相反。

这个等式在过去50年内,大都以等式右边国民经济耗水量不断增加、生态系统耗水量不断减少的形式出现。近年来,在新疆南部主要河流的治理规划中,采用了国民经济和生态用水同比例增减的模式,以表示人类对生态保护的重视。其实此模式并不符合新疆干旱区特点,因为枯水年河流的流水量本身就较一般年份少,从农业灌溉需水中挤出有限的水量输向河流下游,除了有象征意义外,对下游生态几乎没有大的实际意义,反而会给农田灌区带来较大损失,并加深流域管理中国民经济和生态用水之间的矛盾。

3. 满足国民经济耗水总量需求

根据新疆大部分河流径流量中冰川融水所占比重较大、年际变化不大的特点,在流域规划的水资源供需平衡方案中,国民经济耗水总量可作为一个固定值确定下来,并优先满足。可以采用上述第三种优先满足国民经济用水配置模式。这种模式便于稳定该流域内国民经济特别是灌区的生产规模，利于管理，有利于促进流域经济发展。流域的生态需水则用"以丰补歉"的方式在一个较长的时段（数年或近十年）内达到总量的平衡。这种方式还体现了天然生态系统的特点，即对某一具体年的水量要求并不严格，而对一个时段的水资源总量需要有严格的要求。年内需水过程也应优先满足国民经济要求，生态需水在国民经济用水总量不超过规划指标的前提下，在河道来水超过灌区引水能力或需水要求的情况下满足。流域国民经济总用水量在实现可持续发展的前提下确定，并在年际和年内优先满足，也应是干旱区流域规划的基本原则。

单元测试题

1. 我国的自然灾害发生以及受灾情况严重程度如何？
2. 我国主要的灾害类型有哪些？其主要危害表现在哪些方面？
3. 我国农业生产中玉米主要气象灾害的危害机理有哪些？
4. 新疆干旱地区玉米用水有何经验？